도시 비오톱 지도
작성 방법론

지은이

나정화

경북대학교 농업생명과학대학 조경학 학사
경북대학교 일반대학원 조경학 석사
독일 도르트문트대학교 경관계획학 박사
독일 도르트문트대학교 Post-Doc.
미국 유타 주립대학교 교환교수
현재 경북대학교 농업생명과학대학 산림과학·조경학부 교수

주요 저서

『자연 경관계획 및 관리』(2004, 공저)
『경관생태학』(2005, 공저)
『생태조경계획 및 설계』(2008, 공저)
『조경학의 이해』(2008, 공저)
『조경계획』(2011, 공저)
『녹색인프라의 이해와 구축방안』(2014, 공저)
『경관생태에 기초한 경관계획』(2021, 단독 저서)

김진효

경북대학교 농업생명과학대학 조경학 학사
경북대학교 일반대학원 조경학 석사
경북대학교 일반대학원 조경학 박사
현재 경북대학교 농업생명과학대학 산림과학·조경학부 조교수

경북대학교 학술총서 23

도시 비오톱 지도 작성 방법론

찍은 날 2025년 1월 6일 · **펴낸 날** 2025년 1월 31일
지은이 나정화·김진효 · **펴낸이** 허영우 · **펴낸 곳** 경북대학교출판부
출판등록 1973년 10월 10일 ㉣97호 · **주소** 대구광역시 북구 대학로 80 · **전화** 053-950-3830
팩스 053-953-4692 · **이메일** press@knu.ac.kr · **홈페이지** www.knupress.com
ISBN 978-89-7180-651-7 93520

정가는 뒤표지에 있습니다. 파본은 바꾸어 드립니다.

이 저서는 〈2024년 경북대학교 학술총서 집필 및 출간지원사업〉의 재원으로 출간되었습니다.

도시 비오톱 지도 작성 방법론

나정화·김진효 지음

경북대학교출판부

*

서문

국내에서 처음으로 비오톱 관련 연구가 시작된 1990년대 중반부터 지금까지 30여 년의 시간이 지났다. 그간 학계에서는 이와 관련한 많은 연구 결과가 있었지만 각 지방자치단체에서 도시 비오톱 지도를 작성하여 일선 실무행정에 반영하는 데는 한계가 있었다. 그러는 동안 각종 무분별한 도시개발로 인해 국내 도시들의 생태적 불균형은 가속화되어 왔으며, 이에 대응하기 위한 한 방안으로 도시생태적 기초자료 확보, 특히 도시 비오톱 지도 작성에 대한 요구가 지속적으로 이어져 왔다. 마침내 2017년 환경부에서는 「자연환경보전법」 속에 국내 대부분의 도시들로 하여금 의무적으로 도시 비오톱 지도를 작성하도록 하는 조항을 추가함으로써 일선 실무행정에 활용하도록 법제화하였다. 이는 학계는 물론 각 지방자치단체에서 도시 비오톱 지도 작성에 관한 연구를 본격적으로 활성화시키는 데 큰 기폭제가 되었다. 그러나 지금까지 출간된 비오톱 관련 국내도서는 질적·양적으로 매우 부족한 실정이며, 특히 도시 비오톱 지도 작성 방법과 관련한 도서는 전무한 상태이다. 이러한 점을 감안하여 이 책은 국내에서는 처음으로 이 분야와 관련한 학부생, 대학원생 및 전공자들이 도시 비오톱 지도 작성방법의 기본개념 및 원리를 보다 쉽고, 정확하게 이해하고, 응용능력을 향상시킬 수 있도록 하는 데 주안점을 두어 기술하였다. 이 책은 총 여섯 개의 장으로 구성되어 있으며, 각 장별 주요 내용을 정리해 보면 아래와 같다.

제1장에서는 도시 비오톱 지도 작성의 개요 및 현황을 먼저 기술하여 독자들의 이해력을 돕고자 하였다. 특히 경관생태학 속에서 비오톱 및 비오톱 지도의 개념, 도시 비오톱 지도 작성방법, 국내 도시 비오톱 지도 작성 현황, 법적 토대, 도시 비오톱 지도 작성의 전체적인 진행 프로세스에 주안점을 두어 기술하였다. 또한 비오톱 및 비오톱 지도의 개념을 지금까지 국내에서는 생물생태적 측면만 강조하는 협의적 의미로 해석해 왔으나, 국제적 흐름에 부합하기 위해 무생물생태적 측면, 휴양 및 자연 체험적 측면, 미시각적 측면을 포괄하는 경관생태적 맥락에서 광의적 의미로 비오톱 개념을 확대 해석하여 기술하였다.

제2장에서는 도시 비오톱 지도 작성을 위한 기초자료 및 기초조사방법에 대해 정리하였다. 기초조사는 기선정된 비오톱 유형 분류 및 가치평가 지표를 중심으로 1차 조사(포괄적 현황조사)와 2차 조사(현장 정밀조사)로 구분하여 기술하였다. 특히 2차 조사는 비오톱 가치평가에 직접적으로 활용되는 동·식물상에 대한 현장정밀조사로서 동·식물상의 각 분류군별(포유류, 조류, 식물상 등) 현장조사표를 활용한 조사방법에 주안점을 두어 기술하였다. 또한 1차 조사 결과는 이후 계속 진행되는 비오톱 유형 분류 및 비오톱 유형 평가 단계에서 주로 활용되고, 2차 조사 결과는 특별히 가치 있는 비오톱을 찾아내는 비오톱 가치평가 단계에서 주로 적용된다.

제3장에서는 도시 비오톱 유형 분류방법을 중심으로 기술하였다. 비오

톱 유형 분류는 기초조사 결과를 토대로 수행하며, 유형 분류 결과는 비오톱 가치평가를 위한 핵심적인 기초자료가 된다. 여기서는 비오톱 유형 분류를 위한 사전 기초자료 및 도면 분석방법, 유형 분류 기준 및 지표 선정 방법, 유형 분류 목록 검색키, 유형 분류 결과사례에 주안점을 두어 기술하였다. 특히, 비오톱 유형 분류를 위한 사전 기초자료 및 도면 분석의 목적은 현장조사 시 소요되는 인력, 시간, 재원을 절감하는 데 있으며, 이를 위해 최근 국제적으로 많이 사용하는 고해상도의 위성영상자료 및 드론 활용방법 등 최신기법들을 소개하였다. 또한 실제로 이와 같은 방법을 활용하여 비오톱 유형을 분류한 대표적인 국내 도시 사례를 소개하여 독자들의 이해력을 높이고자 하였다.

제4장에서는 분류된 각 비오톱 유형별 생태적 측면에서의 가치평가에 주안점을 두어 기술하였다. 가치평가는 1차 평가(비오톱 유형 평가)와 2차 평가(비오톱 평가)로 구분하여 기술하였다. 1차 평가는 분류된 모든 비오톱 유형을 대상으로 평가를 진행하며, 실제로 1차 가치평가를 수행할 때에는 전통적 가치평가모형과 전산화된 가치평가 모형을 동시에 활용할 수 있는 능력을 배양하는 데 주안점을 두어 기술하였다. 특히 전산화된 가치평가 모형은 기존의 전통적인 평가모형을 고도화하기 위해 국내외에서는 처음으로 경북대학교 경관생태계획학 연구실에서 파이썬(Python)을 활용하여 개발한 비오톱 가치평가 프로그램(BVAT)이다. 이 프로그램은 수기로 작성하는 전통적 평가방식보다 가치평가 결과의 정확도를 향상시킬 수 있음과 동시에 평가에 소요되는 시간, 인력, 재원을 획기적으로 절감할 수 있는 장점이 있어 소개하였다. 2차 평가는 1차 평가 결과 중간 이상의 가치가 있는 비오톱 유형을 대상으로 평가를 진행하며, 기선정한 평가 기준에 따라

특별히 보전 가치가 있는 비오톱을 찾아내는 데 주안점을 두고 있다. 또한 실제로 이와 같은 방법을 활용하여 비오톱 가치평가를 수행한 대표적인 국내 사례를 간략하게 소개하여 독자들의 이해력을 높이고자 하였다.

제5장에서는 도시 비오톱 지도 작성과 관련하여 서로 차별적 특성을 보이고 있는 국내외 대표적인 몇 개의 사례 도시를 소개하여 독자들의 비판적 사고능력 및 응용력을 기르는 데 주안점을 두어 기술하였다. 특히 비오톱 및 비오톱 지도 작성과 관련한 연구를 가장 먼저 시작한 독일의 대표적인 사례 도시로 베를린시를 선정하였으며, 베를린시의 도시 비오톱 지도 작성을 위한 전체 진행 프로세스를 소개하였다. 특히 활용방안에서 많은 시사점을 주고 있어 국내 사례 도시(서울특별시, 대구광역시)와 비교해 볼 수 있는 기회를 제공하였다.

제6장에서는 전국 대부분의 도시에서 이미 작성을 완료하였거나 작성 중에 있는 도시 비오톱 지도의 실효성을 제고해 보기 위해 다양한 측면에서 그 활용방안을 기술해 보았다. 활용방안은 크게 국토공간계획, 경관생태계획, 환경영향평가 및 추가적 활용방안으로 구분하여 살펴보았다. 특히 도시·군 기본계획, 도시·군 관리계획, 지구단위계획 등을 자연환경 및 경관친화적으로 유도해 나감에 있어 요구되는 핵심적인 생태적 기초자료, 즉 도시 비오톱 지도의 활용방안을 구체적으로 제시해 보았다. 또한 도시 공간을 자연환경 및 경관친화적으로 유도해 나가기 위한 공간계획적 핵심 수단으로서의 도시 경관생태계획을 수립하는 과정에서 직접적으로 요구되는 생태적 기초자료, 즉 도시 비오톱 지도의 효율적인 활용방안에 대해서도 검토해 보았다. 그리고 각종 도시개발사업에서 고려되고 있는 환경영향평가에서, 특히 자연생태계 및 자연경관 분야에서 개발사업으로부터

야기되는 부정적인 영향을 최소화하는 데 필요한 생태적 기초자료로서 도시 비오톱 지도의 활용방안을 살펴보았다. 이 외에도 도시공간 내 법정보호지역의 지정, 도시 비오톱네트워크 조성, 자연환경보전 부담금 제도 등 다양한 측면에서도 도시 비오톱 지도가 추가적으로 활용될 수 있음을 제시하여 그 활용방안의 범위 및 실효성을 높일 수 있도록 하였다. 마지막으로는 이 책의 가치 및 의의를 간략하게 요약함과 동시에 향후 해결해 나가야 할 주요 연구과제들을 언급하면서 마무리하였다.

또한 독자들의 이해를 돕기 위해 사례 사진, 도면 등을 가급적 많이 활용하였으며, 중요한 전문용어나 이해하기 어려운 원어들에 대해서는 주석을 달아 보충 설명하였다. 그리고 도시 비오톱 지도 작성과 관련한 국내외 최신기법 및 사례들을 많이 소개함으로써 독자들에게 국내외 연구 흐름 및 동향을 쉽게 파악할 수 있도록 하였다. 이 책이 향후 많은 전문인력을 배출하는 데 밑거름이 되고, 또한 지금까지 도시 비오톱 지도를 작성하는 과정에서 인지된 많은 문제점들을 다시 한 번 되짚어 볼 수 있는 논의의 장이 활성화될 수 있기를 기대해 본다.

마지막으로 이 책을 출간하는 데 도움을 주신 경북대학교출판부 편집진 분들께 진심으로 감사드린다. 또한 이 책이 완성되기까지 표, 그림, 사진, 그래픽 제작 및 원고 교정에 최선을 다해 준 경북대학교 조경학과 경관생태계획학 연구실생들에게도 고마움을 전한다.

2024년 12월

나정화·김진효

Contents
목 차

서문 5

제1장 도시 비오톱의 개요

1. 경관생태와 비오톱 17
   - 1.1 경관생태적 맥락 속에서의 비오톱 17
   - 1.2 비오톱 및 비오톱 유형의 학술적 개념 23
   - 1.3 도시 비오톱 지도 작성의 의미 26
2. 도시 비오톱 지도 작성방법 27
3. 비오톱 지도 작성의 법적 토대 29
   - 3.1 「자연환경보전법」 및 동법 「시행규칙」 29
   - 3.2 「도시생태현황지도의 작성방법에 관한 지침」 31
   - 3.3 도시 비오톱 지도 작성과 관련한 각 지방자치단체의 조례 36
4. 비오톱 지도 작성현황 37
5. 도시 비오톱 지도 작성절차 41

제2장 비오톱 지도 작성을 위한 기초자료

1. 사전 기초공간자료 수집 및 분석 47
   - 1.1 정사영상(디지털 항공사진) 47
   - 1.2 수치지형도 49
   - 1.3 토지피복지도 50
   - 1.4 임상도 51
   - 1.5 생태·자연도 52
   - 1.6 연속지적도 53
   - 1.7 위성영상 53
   - 1.8 라이다(LiDAR) 54
   - 1.9 기타 활용 가능한 공간자료 55

2. 비오톱 현장조사 56
2.1 1차 현장조사(개략적인 포괄적 현황조사) 57
2.2 2차 현장조사(현장 정밀조사) 60
2.3 1차 및 2차 현장조사의 고도화를 위한 조사기법 63
3. 야생 동식물 현장 정밀조사 67
3.1 포유류 조사 67
3.2 조류 조사 74
3.3 양서·파충류 조사 81
3.4 어류 조사 86
3.5 곤충류 조사 92
3.6 식생 조사 118

제3장 비오톱 유형 분류
1. 비오톱 유형 분류의 의미 및 목적 133
2. 비오톱 유형 분류를 위한 진행절차 134
3. 비오톱 유형 분류체계 및 분류기준 136
3.1 비오톱 유형 분류체계 136
3.2 비오톱 유형 분류기준 139
4. 비오톱 유형 분류방법 146
4.1 비오톱 유형 검색 목록키에 의한 전통적 분류방법 146
4.2 QGIS 도구를 활용한 분류방법 147
4.3 QGIS 도구를 활용한 주요 비오톱 유형별 분류방법 예시 153
5. 비오톱 유형 분류를 위한 목록 검색키 및 주요 비오톱 유형별 특징 161
5.1 비오톱 유형 분류를 위한 목록 검색키 161
5.2 주요 비오톱 유형별 특성 예시 167
6. 비오톱 유형 분류도 작성 178

제4장 비오톱 가치평가
1. 비오톱 가치평가의 의미 185
2. 비오톱 1차 평가(비오톱 유형 평가) 186
2.1 전통적 평가모형을 활용한 가치평가 방법 186
2.2 전산화된 평가모형을 활용한 가치평가 방법 212

3. 비오톱 2차 평가(비오톱 평가) 221
3.1 비오톱 2차 평가모형과 최종 가치등급 및 평가 기준 221
3.2 비오톱 2차 평가 지표별 평가 방법 225
3.3 2차 가치 평가모형을 활용한 적용사례 238
4. 비오톱 가치평가도 작성 239
4.1 공통사항 240
4.2 비오톱 1차 가치평가도 작성 240
4.3 비오톱 2차 가치평가도 작성 241

제5장 국내외 사례
1. 대구광역시 비오톱 지도 247
1.1 작성 목적 247
1.2 비오톱 유형 분류 248
1.3 비오톱 가치평가 250
1.4 비오톱 지도의 활용 253
2. 서울특별시 비오톱 지도 258
2.1 작성 목적 258
2.2 도시계획 조례에서 규정하고 있는 비오톱 지도 작성 주요 내용 259
2.3 비오톱 유형 분류 260
2.4 비오톱 가치평가 262
2.5 비오톱 지도의 활용 267
3. 독일 베를린시 비오톱 지도 271
3.1 작성 목적 271
3.2 비오톱 유형 분류 272
3.3 비오톱 가치평가 275
3.4 비오톱 지도의 활용 276

제6장 비오톱 지도의 활용

1. 도시·군 계획 및 도시 경관생태계획에서의 활용 283
   1.1 도시·군 계획에서의 활용 283
   1.2 경관생태계획에서의 활용 293
2. 환경영향평가에서의 활용 297
   2.1 자연경관 평가의 목적 297
   2.2 자연경관 평가의 대상사업 종류 및 기준 297
   2.3 평가 및 심의의 주요 내용 298
   2.4 도시 비오톱 지도의 활용방안 298
3. 추가적 활용방안 300
   3.1 생물상 목록 도출을 통한 생물종 보호 및 법정 보호지역 설정을 위한 기초자료 300
   3.2 비오톱 네트워크 조성을 위한 기초자료 303
   3.3 탄소흡수원총량제 산정을 위한 기초자료 306
   3.4 도시 열 쾌적성 분석을 위한 기초자료 308
   3.5 도시 바람길 숲 조성을 위한 기초자료 310
   3.6 생태·자연도 등급조정 및 갱신을 위한 기초자료 314
   3.7 생태계 보전 부담금 산정 및 개선을 위한 기초자료 316

마치며 319
참고문헌 324
찾아보기 331

제1장

도시 비오톱의 개요

1. 경관생태와 비오톱

1.1 경관생태적 맥락 속에서의 비오톱

경관생태(독일어: Landschaftsoekologie, 영어: Landscape Ecology)란 용어는 독일의 자연지리학자 Troll(1939)이 동아프리카 사바나 경관의 항공사진을 해석하면서 학술적으로 처음 사용하였다. 그는 경관생태를 생물적 특성 파악을 중심으로 한 수직적 관찰과 공간 구조적 배열 및 특성 파악을 중심으로 한 수평적 관찰을 기초로 이들 상호 간의 복합작용관계를 파악하는 것으로 이해했다. 이후 경관생태의 개념을 생물공동체(Biozoenosen)와 그것을 둘러싸고 있는 환경조건 사이에서 전체적 또는 제한적 특성들로부터 구분되는 경관단위를 조절하고 있는 자연적 질서를 연구하는 분야로 보다 구체화하였다.

독일을 중심으로 한 중부 유럽권 국가들은 오래전부터 축적해 온 경관, 경관생태 및 비오톱에 관한 다양한 연구들을 국토 공간계획에 접목하여 자연환경 및 경관 친화적인 국토관리에 박차를 가하고 있다. Schmithüesen(1948)은 경관을 3차원 공간의 외형적 모습을 표현하는 복잡하게 얽혀 있는 모든 요소들을 포괄하면서 주변과의 어떤 차별적인 특성을 보이고 있는 지표면의 한 조각이라고 정의했으며, 경관생태는 이러한 경관 속에 내재되어 있는 자연 생태적-인문적 요소들 간의 상호 복합작용체계를 연구하는 학문분야로 정의하였다. 즉 경관생태는 전체 경관 속에 내재되어 있는 복합작용체계, 즉 지 생태적, 생물 생태적 및 인문적 요소들의 조합을 통해 공통적 특징을 나타내고 있는 경관단위를 구분하고 이 속에 내재되어 있는 경관자원의 각 기능별 상호복합 작용체계를 연구하는 것으로 이해하였다. 또한 Neef(1963, 1969)는 지 생태적, 생물 생태적 및 인문적 요소들의 상호복합작용 체계 속에서 생물 생태적 요소(특히, 식생요소)를 경관생태 연구의 중심적 인자로 보았으나, 이후에는 지 생태적 요소 및 인문적 요소를 공히 고려하는 가치중립적인 관점에서 경관생태의 개념을 설명했다(Neef, 1981).

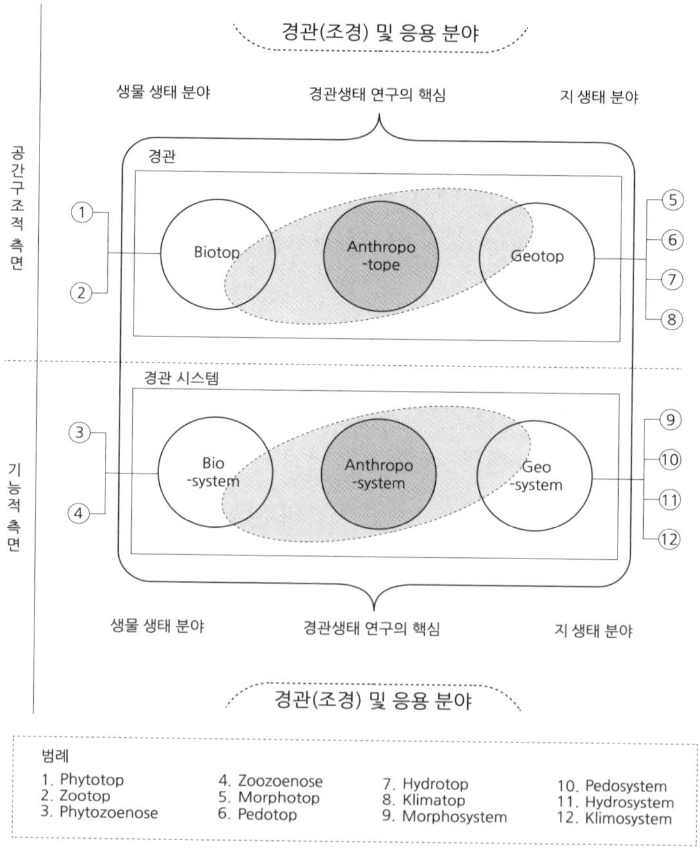

그림 1-1 경관 생태 연구의 범위 및 학문적 영역
출처: Leser(1984), 나정화(2021) 수정 후 재작성, 재인용.

특히 Leser(1984, 1991)는 이러한 경관생태의 개념을 토대로 경관생태연구의 범위 및 학문적 영역을 보다 더 명확하게 체계화하였으며(그림 1-1), 지 생태적 관점에서 경관의 공간 구조적 연구(예: 경관의 배열 상태, 위치관계, 합성 및 세분 등)는 Geotop, 생물 생태적 관점에서는 Biotop, 인문적 관점에서는 Anthropotop 연구로 대별하고 있다.

또한 Geotop은 지 생태 요소 중심의 동질성을 나타내는 명확한 경계를 가진 최소공간단위, Biotop은 동·식물요소 중심의 동질성을 나타내는 명확한 경계를 가진 최소공간단위, Anthropotop은 인문적 요소 중심의 동질성을 나타내는 명확한 경계를 가진 최소공간단위로 설명하고 있다. 이러한 각 전문분야별 동질성 공간을 하나로 합성하였을 때 출현하는, 또 다른 차원의 동질성을 나타내는 명확한 경계를 가진 최소공간단위를 Landschaftstop으로 보고 있다. 여기서 Biotop은 다시 Phytotop과 Zootop으로, Geotop은 Morphotop, Pedotop, Hydrotop, Klimatop으로 세분화되며, 이렇게 세분화된 각 영역은 경관생태 영역이라기보다는 각 전문 분야별 고유한 학문영역에 해당한다.

한편 지 생태적 관점에서 경관의 기능적 연구(예: 물질순환, 에너지흐름 등)는 Geosystem, 생물 생태적 관점에서는 Biosystem, 인문적 관점에서는 Anthroposystem으로 구분하고 있으며, 이들을 하나의 시스템으로 합성하였을 때 나타나는 또 다른 차원의 기능적 연구를 Landschaftssystem으로 설명하고 있다. 여기서 Geosystem은 다시 Morphosystem, Pedosystem, Hydrosystem, Klimosystem으로, Biosystem은 Phytozoenose와 Zoozoenose로 세분화되며, 이렇게 세분화된 각 영역은 경관생태 영역이 아니라 각 전문 분야별 고유한 학문영역에 속한다. 이러한 세분화된 영역을 제외한 각 전문 분야별 경관의 공간구조 및 기능적 연구 영역을 경관생태 연구의 중심에 두고 있다.

경관생태 연구의 핵심이라 할 수 있는 Top에 관한 연구를 좀 더 구체적으로 살펴보면, 우선 경관단위(독일어: Landschaftstop 또는 Landschaftseinheit, 영어: Landscapetope 또는 Landscape Unit)는 지 생태적, 생물 생태적, 인문·사회적 요소(시각적 일체성, 토지이용형태 등)들의 상호조합 속에서 하나의 동질성을 나타내는 실제적 경계를 가진 공간단위이며, 유형화할 수 있는 특성을 가지고 있다. Leser(1991)는 어떤 경관 속에서 경관 생태적으로 균질성을 나타내는 명확한 공간적 경계를 가진 3차원의 최소 토지단위로 정의하고 있다. Schulte & Voggenreiter(1986)는 생물이 서식하고 있는 생물군집(Biozoenose)과 지 생태적 요소 및 인문·사회적 요소(시각적 일체성, 토지이용형태 등)들의 상호 형질조합을 통해 비교적 균질한 요소특성을 보이고 있는 명확한 경계를 가진 3차원의 최소 공간단위 또는 경관 생태적 동질성을 나타내는 3차원의 최소 공간단위로 정의하고 있다.

이와 유사한 맥락에서 경관단위는 시각적 동질성 및 토지이용형태가 지형·토양·물 등과 같은 지 생태적 요소와 동식물 등과 같은 생물 생태적 요소와의 상호결합을 통해 균질적인 특성 및 구조를 보이는 3차원의 소 공간단위로 정의되기도 한다(Haber, 1964; Marks et al., 1989; Leser, 1991; Naveh & Lieberman, 1993; Finke, 1994; 나정화, 1997; 나정화, 2005; 나정화와 이정민, 2003). 그렇다면 경관단위의 개념은 생물 생태적 요소 중심으로 동질성을 나타내는 최소 공간단위인 비오톱(Biotop) 개념과 지 생태 요소 중심으로 동질성을 나타내는 최소 공간단위인 지오톱(Geotop) 개념 및 인문·사회적 요소 중심으로 동질성을 나타내는 최소 공간단위인 안트로포톱(Anthropotop) 개념을 포괄하고 있는 것으로 이해할 수 있다.

반면 경관단위 유형(독일어: Landschaftstop Type, 영어: Landscapetope Type 또는 Landscape Unit Type)은 위의 경관단위 개념과는 다소 차이가 있다. 경관단위 유형은 지 생태적, 생물 생태적, 인문·사회적 요소들의 상호조합 속에서 동질성을 나타내는 하나의 경관단위가 전체 계획대상부지 내에서 여러 개로 출현할 경우, 이를 하나의 동일 유형으로 추상화하여 분류한 것을 의미한다. 즉 경관단위 유형은 어떤 경관의 조성 상태에서 경관 생태적으로 동질성을 나타내는 여러 개의 경관단위를 하나의 유형으로 추상화하여 분류하거나, 또는 유사한 경관 생태적 속성을 가지는 개별적 경관단위들을 하나의 추상적인 공간단위로 묶어서 다른 속성을 가지는 인접한 유형들과 구분하여 표현한 것이다(Blab, 1993). 그래서 경관단위 유형은 정확한 부지경계를 가지고 있는 실체적 공간이 아니라, 동질성을 나타내는 공간을 포괄적으로 유형화해서 일반화시킨 추상적인 공간형태이다. 물론 각 경관단위 유형 속에 포함되어 있는 세부 경관단위의 속성이 이를 포괄하고 있는 경관단위 유형의 속성과 반드시 일치하는 것은 아니지만, 일반적으로 경관단위 유형은 세부적인 개별 경관단위의 구분 및 가치평가를 위한 토대가 된다는 점에서 큰 의미가 있다.

이와 같이 경관단위(Landschaftstop)의 개념 속에 포함되어 협의적으로 정의되어 온 비오톱 개념을 살펴보면, Sukopp & Weiler(1988)는 생물 생태적 주요 인자들의 동질적 특성을 나타내는 최소 공간단위로 정의하고 있다. Jedicke(1994)는 인간으로부터 직간접적으로 영향을 받고 있는 다양한 토지이용형태에서 동식물을 중심으로 한 대표적인 주요 인자들의 조합을 통해 유사한 특성을 보이는 생물공동체(Biozoenosen)의 모자이크로 정의하고 있다. 이와 유사한 맥락에서 Leser(1991)와 나정화(1997)는 경관생태적 개념 속에서 비오톱 개념을 동식물이 서식하거나 생육할 수 있는 명확한 공간적 경계를 가지면서 무생물적 요소(Abiotic Faktor)들과 상호물질교환작용을 하는 생물군집의 3차원 공간이며, 경관은 이러한 다양한 특성을 가진 비오톱들의 모자이크로 구성되어 있는 것으로 이해하고 있다(그림 1-2).

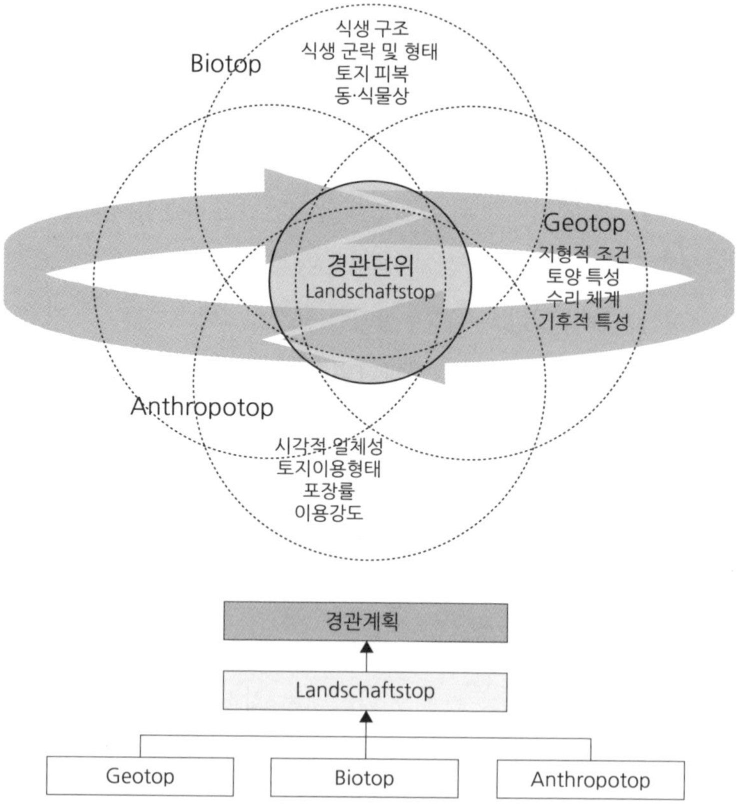

그림 1-2 경관단위(Landschaftstop)와 비오톱의 상호관계
출처: 나정화(2021), 수정 후 재작성.

뿐만 아니라 북미권에서도 경관생태 이론에 기초하여 경관 및 토지 모자이크(Forman & Gordon, 1986; Thornton et al., 2011), 국토 공간계획 속에서의 경관계획(Marsh, 2010; Bishop, 2011)에 대한 연구가 활발히 수행되어 왔으며, 일본 역시 경관생태에 기반한 비오톱(Biotop), 경관단위 및 경관계획 연구가 다수 진행되고 있다(金子武蔵, 1979; 伊藤精晤, 1991; 武内和彦, 1995; 沼田眞, 1996).

1.2 비오톱 및 비오톱 유형의 학술적 개념

비오톱의 학술적 개념은 협의적 의미와 광의적 의미로 구분해 볼 수 있다. 우선 협의적 의미에서의 비오톱 개념은 앞서 언급한 바와 같이 "동식물이 서식하거나 생육할 수 있는 명확한 공간적 경계를 가지면서 무생물적 요소(Abiotic Faktor)들과 상호물질교환작용을 하는 생물군집의 3차원의 공간단위" 또는 "인간의 직간접적인 간섭으로 인해 서로 다른 특성으로 명확한 공간적 경계가 구분되면서 동식물이 서식하거나 서식할 수 있는 잠재력을 지닌 3차원의 공간단위"로 요약해 볼 수 있다(Sukopp & Weiler, 1988: Leser, 1991: 나정화, 1997). 이에 반해 비오톱 유형은 생물생태적 요소들의 상호형질 조합 속에서 동질성을 나타내는 하나의 비오톱이 전체 계획대상부지 내에서 복수로 출현할 경우 이를 하나의 동일유형으로 추상화하여 분류한 공간단위이다. 비오톱 유형은 비오톱과는 달리 정확한 부지경계가 있는 것이 아니며, 동질성을 나타내는 공간을 포괄적으로 유형화해서 일반화시킨 추상적인 공간형태를 말한다(나정화, 2021).

그러나 위에서 언급한 협의적 의미에서의 비오톱 개념은 오늘날 광의적 의미에서 경관단위의 개념으로 확대되고 있다. 경관단위의 의미로 확대된 비오톱의 광의적 개념은 크게 종과 비오톱 보전적 의미, 휴양 및 자연 체험적 의미, 미시각적 의미 및 지형·토양·물·기후의 조절 및 보전적 의미로 요약해 볼 수 있다. 이와 같은 비오톱의 의미를 기능별로 다시 체계화 및 구체화해 보면 아래와 같이 크게 4개의 범주로 정리해 볼 수 있다(Sukopp & Weiler, 1988; Sukopp & Wittig, 1998: Lipp, 2009: Walter, 2011).

• 비오톱의 종과 비오톱 보전적 기능
  - 근자연형 서식공간 및 자연형 잔여 경관 요소들의 보전
  - 근자연형 서식공간 및 잔여 경관 요소들의 개선 및 추가조성
  - 야생 동식물종의 보전 및 관리
  - 야생 동식물들의 생활 공동체, 비오톱의 보전 및 추가조성
  - 숲, 포위된 수림지, 식생 피복지, 수변식생의 보전 및 개선
  - 수목, 덤불림 및 기타 가치 있는 경관요소들의 보전
  - 휴경지 및 폐경지의 현재 상태 파악 및 개선
  - 수목 및 관목에 대한 잠재자연식생의 파악 등

• 비오톱의 휴양, 자연체험 및 미시각적 기능
  - 근자연형 경관 및 자연형 경관요소들의 보전 및 개선
  - 외형이 손상되었거나 방치되어 있는 경관의 복원
  - 근교 휴양, 장거리 휴양 또는 기타 여가 공간 조성을 위해 적합한 부지의 보전 및 추가조성
  - 휴양을 위해 특별히 적합한 경관지역의 보전 및 확대
  - 추가조성이 필요한 휴양경관의 개발
  - 자연사적·지리학적으로 희귀성이 있는 특이 경관지역의 지정 및 개선

- 경관의 다양성, 독특성, 아름다움을 가진 지역의 보전 및 개선
- 보전 가치가 있지만 침해를 받고 있는 경관지역들의 파악
- 미시각적 경관질 개선에 중요한 활력 및 충전요소들의 보전 및 개선 등

• 비오톱의 지형, 토양, 물, 대기의 조절 및 보전적 기능
  - 특이지형의 보전 및 개선
  - 구릉지, 야산 등 자연지형의 보전
  - 토양의 보호, 자연토양의 생산성 및 자정능력의 훼손 방지
  - 원토양의 보호 및 재활용
  - 수공간의 보호 및 생태적으로 건전한 근자연형 수공간 조성
  - 오염물질로 인한 수질악화 방지 및 자연적인 자정능력 개선
  - 이·치수 목적의 토목공학적 수공간 개발 지양
  - 대기오염, 소음 등의 오염물질들로부터 야기되는 부정적인 영향 최소화
  - 찬바람 발생지역 및 통행구 보전 등과 같은 기후적 개선조치 등

이와 유사한 맥락에서 특히 나정화(2021)는 비오톱을 지 생태적, 생물 생태적, 인문적 요소들의 형질조합을 통해 유형 분류하고, 이를 기반으로 비오톱의 지 생태적 기능, 생물 생태적 기능, 휴양 및 미시각적 기능에 대한 가치평가를 수행한다면 비오톱의 의미를 경관단위의 의미로 확대발전시켜 나갈 수 있다고 설명하고 있으며, 이에 대한 학문적 개념정립 및 토대를 경관생태계획과 연계하여 제시한 바 있다.

1.3 도시 비오톱 지도 작성의 의미

상기의 비오톱 개념에 입각해 보면, 도시공간에 분포해 있는 비오톱 역시 종과 비오톱 보전적 측면, 휴양 및 자연 체험적 측면, 미시각적 측면, 지형·토양·물·기후의 조절 및 보전적 측면에서 중요한 기능을 수행하고 있다고 볼 수 있다. 그러나 지난 반세기 이상 각종 무분별한 도시개발 및 대단위 개발사업들로 인해 도시 비오톱의 감소 및 소멸현상은 가속화되어 왔다. 이러한 도시 비오톱 기능의 훼손은 근본적으로 도시생태계의 불균형을 심화시키는 원인이 되고 있다. 도시 비오톱의 기능복원 및 도시생태계의 불균형 완화를 위해서는 무엇보다 도시공간 전체에 대한 생태적 기초자료가 뒷받침되어야 한다.

기존에 많이 활용해 온 생태적 기초자료로는 생태·자연도 및 임상도 등이 있으나, 축척이 1:25,000 이상으로 정밀도가 낮고 또한 비시가화 지역을 대상으로 하고 있어 도시·군 계획, 도시 경관생태계획 및 각종 도시개발사업들과의 연계가 부족하다는 한계가 있다. 바로 도시 비오톱 지도가 이러한 한계를 보완할 수 있는 한 대안이 될 수 있다.

도시 비오톱 지도는 도시·군 계획 구역 내 분포하고 있는 모든 비오톱을 대상으로, 먼저 경관생태적 측면에서 동질성을 표현하고 있는 비오톱 유형 분류를 수행하고, 이를 토대로 분류된 각 비오톱(유형)별 종과 비오톱 보전적 기능, 휴양 및 자연 체험적 기능, 미시각적 기능, 지형·토양·물·기후의 조절 및 보전적 기능에 대한 가치를 평가한 후, 그 결과를 도시·군 계획, 도시 경관생태계획 및 각종 도시개발사업에 활용할 목적으로 도면화한 지도를 말한다. 이와 유사한 맥락에서 「도시생태현황지도의 작성방법에 관한 지침」 제2조에 따르면(환경부, 2021), 도시 비오톱 지도 작성의 의의는 "특별시·광역시·특별자치시·특별자치도 및 시·군의 자연 및 환경생태적 특성과 가치를 반영한 정밀공간생태정보지도로서 각 지역의 자연환경 보전 및 복원, 생태적 네트워크의 형성뿐만 아니라 생태적인 토지이용 및 환경관리를 통해 환경친화적이고 지속가능한 도시관리의 기초자료"를 제공하는 데 있다.

특히 도시 비오톱 지도는 도시·군 계획 구역 내 모든 비오톱을 대상으로 축척 1:5,000을 기본으로 하고 있으며, 필요할 경우에는 1:500~1:1,000까지 매우 정밀하게 조사, 분석 및 평가하여 작성하고 있다. 또한 시가화 지역 및 비시가화 지역 모두를 포함하고 있어 도시·군 계획, 도시 경관생태계획 및 각종 도시개발사업들과의 연계성을 강화할 수 있도록 작성한 정밀공간생태정보지도이다. 도시·군 계획, 도시 경관생태계획 및 각종 도시개발사업 등에 대한 구체적인 활용방안은 제6장에서 상세하게 기술하였다.

2. 도시 비오톱 지도 작성방법

도시 비오톱 지도 작성방법은 일반적으로 선택적 지도화, 대표적 지도화, 포괄적 지도화, 포괄적-대표적 지도화 방법 등 총 네 가지로 구분되며, 각각의 특징을 살펴보면 다음과 같다. 우선 선택적 지도화 방법은 특별히 보호가치가 높은 비오톱 유형 및 비오톱을 사전에 선별해서 선별된 비오톱 유형 및 비오톱에 대해서만 조사를 수행하는 방법이다. 단, 특별히 보호가치가 높은 비오톱 유형 및 비오톱을 선별하기 위해서는 보전 가치를 정확하게 평가한 사전 기초자료가 있어야 한다. 이러한 선택적 지도화 방법은 신속하고 저렴한 비용으로 작업을 수행할 수 있는 장점이 있는 반면,

조사대상지역 내 분포하고 있는 모든 비오톱 유형 및 비오톱을 대상으로 하는 것이 아니라 선정된 비오톱 유형 및 비오톱만을 대상으로 조사가 수행됨에 따라 제한된 정보만을 제공하는 한계점을 가지고 있다.

대표적 지도화 방법은 조사대상 지역에 출현하고 있는 비오톱 유형 및 비오톱들 중 대표성이 있는 3~4개의 표본을 추출하여 조사 및 평가한 후 그 결과를 토대로 도면을 작성하는 방법이다. 따라서 상기의 선택적 지도화 방법에 비해 시간 및 인력, 재원이 많이 소요되는 단점이 있는 데 반해 보다 많은 정보를 얻을 수 있다는 장점을 가지고 있다.

포괄적 지도화 방법은 선택적 지도화, 대표적 지도화 방법과는 달리 대상지에 출현하는 모든 비오톱 유형 및 비오톱들을 대상으로 조사를 진행하여 조사대상 지역 전체에 대한 상세한 생태적 정보를 파악하는 데 용이한 지도화 방법이다. 위에서 언급한 선택적 지도화 및 대표적 지도화 방법과 비교해 볼 때 가장 많은 정보를 제공해 줄 수 있는 장점이 있지만, 모든 비오톱 유형 및 비오톱에 대한 조사가 수행되어야 하기 때문에 재원, 인력 및 시간이 많이 소요되는 단점을 가지고 있다.

마지막으로 포괄적-대표적 지도화 방법은 앞서 살펴본 선택적 지도화 방법과 포괄적 지도화 방법의 절충형태라 볼 수 있다. 조사대상지역 전체를 대상으로 먼저 모든 비오톱 유형을 분류하고, 다수로 출현하는 동일 비오톱 유형은 대표성이 있는 몇 개만 선별하여 조사 및 평가한 후, 그 결과를 실제로 조사 및 평가하지 않은 나머지 동일유형에도 똑같이 확대 및 적용해 나가는 방법이다. 이러한 포괄적-대표적 지도화 방법은 비교적 짧은 시간 내에 조사대상 지역에 분포하고 있는 모든 비오톱 유형 및 비오톱들에 대한 생태적 정보 제공이 가능하고, 또한 출현하고 있는 모든 비오톱 상호 간의 비교분석이 용이하다는 장점이 있어 비오톱 지도화 작업 시 가장 많이 활용되고 있는 방법이다.

3. 비오톱 지도 작성의 법적 토대

도시 비오톱 지도 작성과 직접적으로 연계되어 있는 법률은 「자연환경보전법」이다. 아래에서는 「자연환경보전법」(2024) 및 「자연환경보전법 시행규칙」(2024, 이하 「시행규칙」이라고 함)에서 규정하고 있는 도시 비오톱 지도(「자연환경보전법」 및 「시행규칙」에서는 '도시생태현황지도'로 표기하고 있으며, 「도시생태현황지도의 작성방법에 관한 지침」에서는 '도시생태현황지도'와 '도시 비오톱 지도'를 혼용해서 사용하고 있음) 작성의 주요 내용을 작성주체 및 정밀도, 작성방법, 제출 및 활용으로 구분하여 기술하였다. 또한 「자연환경보전법」 및 동법 「시행규칙」에서 규정하고 있는 내용을 보다 더 구체화한 「도시생태현황지도의 작성방법에 관한 지침」(2021)과 각 지방자치단체에서 운영하고 있는 조례의 주요 내용도 추가적으로 기술하였다.

3.1 「자연환경보전법」 및 동법 「시행규칙」

3.1.1 작성주체 및 정밀도

「자연환경보전법」 제34조의2에 따르면, 특별시장, 광역시장, 시장 등은 생태·자연도를 기초로 관할 도시지역에서 상세한 도시생태현황지도를 의무적으로 작성하도록 규정하고 있으며, 필요할 경우에는 군수가 시·도지사와 협의하여 작성할 수 있도록 하고 있다. 또한 도시환경의 변화를 반영하여 5년 단위로 재작성해야 하며, 이때 도시생태현황지도는 5천분의 1

이상의 지도에 표시하여야 한다. 각 지방자치단체의 장이 도시생태현황지도를 작성할 경우 관계 행정기관의 장에게 필요한 자료의 제공을 요청할 수 있다.

3.1.2 작성방법

「자연환경보전법 시행규칙」 제17조 및 「자연환경보전법」 제34조의2에는 도시생태현황지도를 아래와 같은 방법에 따라 작성하도록 명시하고 있다.

- 토지이용 현황, 토지피복 현황, 지형, 식생현황, 동·식물상에 따른 기본 주제도를 작성하고, 필요한 경우 해당 지역의 특성에 따른 주제도를 추가하여 작성할 것
- 기본 주제도를 통해 분석한 생물서식공간(Biotope)의 구조·생태적 특성을 체계적으로 분류한 유형도를 작성할 것
- 유형도에 따라 구분된 생물서식공간의 생태적 가치를 등급화하여 평가도를 작성할 것

3.1.3 제출 및 활용

각 지방자치단체의 장은 관할지역에서 작성한 도시생태현황지도를 환경부장관에게 제출해야 하며, 이 경우 아래와 같은 사항이 포함되어야 한다(「자연환경보전법 시행규칙」 제18조).

- 기본 주제도 및 그 속성자료
- 유형 분류도 및 가치평가도

- 작성 대상 도시지역의 현장조사 도면 및 현장조사표
- 제작결과 보고서 및 전산파일

또한 국가 또는 지방자치단체의 장이 토지이용 및 개발계획을 수립함에 있어 관할 도시지역의 상세한 생태·자연정보가 필요할 경우에는 도시생태현황지도를 활용할 수 있으며, 도시생태현황지도의 활용을 촉진하기 위하여 도시생태현황지도를 작성한 지방자치단체의 장은 누구나 도시생태현황지도를 열람할 수 있도록 공개해야 한다(「자연환경보전법 시행규칙」 제19조).

3.2 「도시생태현황지도의 작성방법에 관한 지침」

「도시생태현황지도의 작성방법에 관한 지침」(이하 「지침」이라함)은 상기 「자연환경보전법」 및 동법 「시행규칙」에서 규정하고 있는 포괄적인 도시생태현황지도의 작성에 관한 방법 및 기준을 보다 더 실효성 있고 상세하게 구체화한 것이다. 아래에서는 이 지침에서 규정하고 있는 사항들을 도시생태현황지도의 구성, 기본주제도 현장조사 방법, 유형 분류방법, 가치평가 방법으로 구분한 후, 그 주요 내용을 축약하여 기술하였다.

3.2.1 도시생태현황지도의 구성

「도시생태현황지도의 작성방법에 관한 지침」 제7조에 따르면, 도시생태현황지도의 구성요소로는 우선 토지이용현황도, 토지피복현황도, 지형주제도(경사분석도, 표고분석도, 향분석도 등), 식생도, 동·식물상 주제도(식물상, 조류, 양서·파충류, 곤충류, 어류, 저서무척추동물)와 같은 기본주제도를 작성하도록 규정하고 있다. 추가적으로 지역의 특성 및 향후 활용을 고려하여 유역권 분석도, 큰나무 분포도, 대경목 군락지 분포도, 대표 비오톱 현황도, 우수 비오톱 현황도, 철새류 주요 도래지 및 이동현황 분석도, CO_2 배출 및 흡수 분석도, 습지분포도, 위해 야생 동식물 분포도, 점·비점 오염원 현황도, 불투수현황도, 생태면적률 현황도, 침엽수군락지 분포도 등과 같은 기본 주제도를 작성할 수 있도록 하고 있다. 이와 같은 기본 주제도 이외에도 도시생태현황지도의 구성요소로서 기본 주제도의 속성자료를 종합하여 유형화한 비오톱 유형도, 각 비오톱 유형별 가치를 등급화하여 도면으로 작성한 비오톱평가도를 제시하도록 하고 있다.

3.2.2 기본 주제도 현장조사 방법

기본 주제도 작성을 위한 현장조사 이전에 시간, 인력 및 재원 절감을 위해 사전 기초자료를 수집할 필요가 있다. 「지침」 제11조에서는 활용 가능한 사전 자료를 기초자료와 참고자료로 구분하고 있으며, 기초자료로는 수치지형도, 항공사진 또는 위성영상, 생태·자연도를 포함한 총 11개, 참고자료로는 임상도, 국토환경성 평가지도를 포함한 총 8개 자료를 들어 조사시작연도 기준으로 최신자료를 활용하도록 명시하고 있다.

이와 같은 사전 기초자료를 토대로 제14조에서는 기본 주제도, 즉 토지이용현황도, 토지피복현황도, 식생도, 지형주제도, 동·식물상 주제도의 현장조사 시기 및 방법 등을 구체적으로 제시하고 있다. 이 중 토지이용, 토지 피복, 현존 식생에 대한 현장조사는 하나로 통합한 비오톱 속성자료 조사표에 의거해서 각 정보를 기록하도록 하고 있으며, 동·식물상 주제도 작성을 위한 현장조사는 아래와 같은 항목이 모두 기재될 수 있는 조사표를 구성하여 수행하도록 하고 있다(표 1-1). 이와 같은 현장조사 결과를 토대로 기본주제도 및 지역특성을 반영한 추가주제도는 최종적으로 도면으로 작성해야 한다.

표 1-1 동·식물상 조사대상 및 조사항목

구분	기본 조사항목
식물	종명, 생육지 현황, 군락규모 또는 개체 수, 위협요인, 분포위치(도면기록 또는 GPS 좌표)
조류	종명, 개체 수, 출현지역의 생태적 특성(토지이용, 식생, 층위구조 등), 관찰 당시 주요 행동, 관찰위치(도면기록 또는 GPS 좌표)
양서·파충류	종명, 개체 수, 관찰 유형(성체, 올챙이, 알 등), 서식처 구조(하상재료, 수변재료 등), 서식처 규모, 수체계(수계연속성, 수질, 수량 등), 관찰위치(도면기록 또는 GPS 좌표)
포유류	종명, 관찰 유형(족흔, 배설물, 성체 등), 개체 수, 관찰지점 특성, 주요 이동경로 및 관찰위치(도면기록 또는 GPS 좌표)
어류	종명, 개체 수, 조사지점의 서식처 특성(하천규모, 수질, 하상구조, 주변 식생 등), 조사위치(도면기록 또는 GPS 좌표)
곤충류	종명, 개체 수, 관할지역현황, 이용대상, 관찰 당시 주요행동, 지점별 특징, 관찰위치(도면기록 또는 GPS 좌표)
저서무척추동물	종명, 개체 수, 조사지점의 서식처 특성(하천형태, 규모, 하상입자, 수심, 주변 토지이용, 식생 등), 조사위치(도면기록 또는 GPS 좌표)

3.2.3 유형 분류방법

비오톱 유형화는 기본주제도를 통해 수집된 각 폴리곤별 속성자료를 종합하여 생태적 특성이 드러나도록 대분류, 중분류, 소분류 체계로 구분한다. 제18조에 따른 비오톱 유형 분류 검색키를 살펴보면, 우선 대분류는 주거지비오톱 유형 등 총 16개 유형, 중분류는 도시단독주택지 비오톱 유형 등 총 69개 유형으로 구분하고 있으며, 소분류는 대분류와 중분류의 체계속에서 지역적 특성을 고려하여 세분화하도록 하고 있다. 「도시생태현황지도의 작성에 관한 지침」 제19조에 따르면 비오톱 유형 분류 항목 및 지표로 서식지 기능, 지형 특성, 생물 서식의 잠재성, 면적 및 희귀도, 복원

능력, 생태적 기능성을 제시하고 있다.

3.2.4 가치평가 방법

「지침」 제20조 및 제21조에 따른 비오톱 가치평가는 비오톱 유형 평가와 개별 비오톱 평가 2단계로 진행한다. 우선 비오톱 유형 평가를 위한 평가항목 및 지표는 유형화에 활용된 분류항목 및 분류지표를 고려하여 선정하나, 대상지의 생태적 특성에 따라 적합한 평가항목 및 지표를 사용할 수 있도록 하고 있다. 비오톱 유형 평가를 위해 일반적으로 많이 적용하는 평가항목 및 지표는 [표 1-2]와 같다.

표 1-2 비오톱 유형 평가를 위한 평가항목 및 평가 지표

구분	평가 지표
서식지 기능	• 식물군집의 자연성(식생보전등급) • 희귀 식물군락의 생육, 법정 보호종의 서식 여부
지형 특성	• 표고, 경사
생물 서식의 잠재성	• 토지이용 강도(층고, 불투수 여부) • 식생의 층위구조 • 식생관리 등 인위적 간섭 정도
면적 및 희귀도	• 대상지 전체 면적 대비 해당 유형에 속하는 비오톱 면적의 비율 • 해당 유형에 속하는 비오톱의 개수
복원능력	• 비오톱이 형성되고 발전된 기간(생태·자연도, 현존 식생도 내 평균 흉고직경, 임상도 내 영급)
생태적 기능성	• 무생물적 요소 특성(토양, 지질, 지형, 수문, 기후 등) • 생물적 요소에 영향을 줄 수 있는 서식처 면적 및 연결성

또한 각 항목별 평가는 아래와 같은 의사결정나무 방법에 따라 수행하며 항목별 평가 결과의 종합에는 가치합산 매트릭스 방법을 적용하도록 하고 있다(그림 1-3).

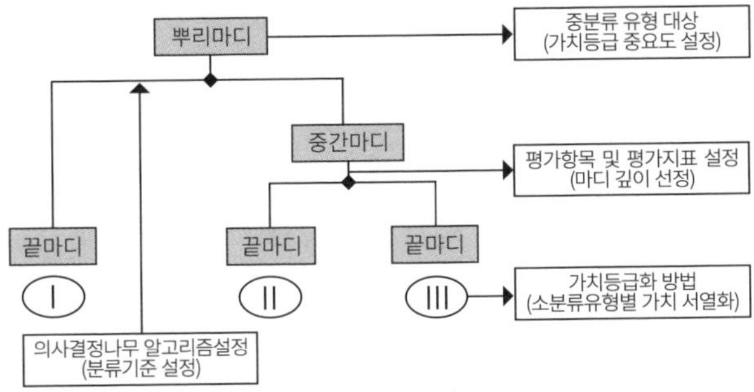

a. 의사결정나무

M 3×3		평가지표		
		I	II	III
평가지표	I	I	II	III
	II	II	III	IV
	III	III	IV	v

b. 가치합산 매트릭스(3×3)

그림 1-3 의사결정나무 및 가치합산 매트릭스 방법
출처:「도시생태현황지도의 작성방법에 관한 지침」(2021).

비오톱 유형 평가 결과는 5등급으로 구분한다. 1등급은 인간간섭이 없거나 장기간 안정되고 성숙한 비오톱 또는 자연성이 높아 대체조성이 불가능하며 절대적인 보전이 필요한 비오톱이며, 반대로 5등급은 과도한 이용으로 생태적 순환체계가 단절된 비오톱으로 자연에 의한 재생가능성이 없는 비오톱을 의미한다. 평가 결과는 도면으로 제시해야 한다. 다만 비오톱 유형평가 이후에 진행되는 개별비오톱 평가는 각 지자체별 특성에 따라 보전 가치가 높은 유형을 대상으로 평가하도록 하고 있다.

이 외에도「지침」은 대표 비오톱 및 우수 비오톱의 조사목적 및 방법 등에 관한 사항(제22조, 제23조)과 도시생태현황지도의 운영 및 활용에 관한 사항(제24~27조) 등을 규정해 놓고 있다.

3.3 도시 비오톱 지도 작성과 관련한 각 지방자치단체의 조례

상기 「자연환경보전법」, 동법 「시행령」, 동법 「시행규칙」 및 「도시생태현황지도의 작성방법에 관한 지침」에 의거해서 대부분의 지방자치단체에서는 지역의 특성을 감안하여 도시 비오톱 지도 작성 및 활용방안과 관련한 내용을 조례에 반영하여 운영하고 있다. 먼저 부산광역시는 자연환경보전 조례에 이와 관련한 내용을 담고 있다. 「부산광역시 자연환경보전 조례」(시행 2024. 7. 3.) 제13조에 따르면, 시장은 생태·자연도를 기초로 도시생태현황지도를 작성하고, 부산광역시 환경보전계획, 환경영향평가, 자연환경 및 생태계의 훼손이 우려되는 각종 개발계획에 기초자료로 활용할 수 있도록 규정하고 있다.

파주시와 안양시는 환경기본 조례에 이와 관련한 내용을 담고 있다. 「파주시 환경기본 조례」(시행 2020. 9. 25.) 제10조 및 「안양시 환경기본 조례」(시행 2019. 7. 29.) 제11조의2에 의하면, 시장은 친환경적인 생태도시 조성, 자연환경의 지속가능한 이용 및 생물다양성 보전을 위하여 시 전역에 상세한 도시생태현황지도를 작성하고, 환경적으로 지속가능한 도시·군 계획, 공원녹지 기본계획, 각종 개발사업의 수립을 위한 기초자료로 활용할 수 있도록 하고 있다.

원주시, 춘천시, 아산시에서는 도시공원 및 녹지 등에 관한 조례에 이와 관련한 내용을 담고 있다. 「원주시 도시공원 및 녹지 등에 관한 조례」(시행 2022. 12. 30.) 제5조, 「춘천시 도시공원 및 녹지 등에 관한 조례」(시행 2018. 6. 29) 제2조, 「아산시 도시공원 및 녹지 등에 관한 조례」(시행 2024. 5. 27.) 제2조에 따르면, 시장은 비오톱 지도 및 투시도(조감도 포함)를 작성하여 공원녹지 기본계획 및 도시녹화계획 수립 시 기초자료로 활용할 수 있도록 하고 있다.

이 외에도 광주광역시, 원주시, 수원시, 경주시, 김천시, 계룡시, 거제시, 군위군, 남해군에서는 도시계획 조례에서 도시 비오톱의 활용방안에 관한 내용을 규정하고 있다. 「광주광역시 도시계획 조례」(시행 2024. 7. 1.) 제29조, 「원주시 도시계획 조례」(시행 2023. 6. 11.) 제19조, 「수원시 도시계획 조례」(시행 2024. 7. 16.) 제22조, 「경주시 도시계획 조례」(시행 2023. 10. 4.) 제20조, 「김천시 도시계획 조례」(시행 2022. 12. 29.) 제27조, 「계룡시 도시계획 조례」(시행 2024. 5. 20.) 제18조, 「거제시 도시계획 조례」(시행 2022. 7. 7.) 제18조, 「군위군 도시계획 조례」(시행 2021. 12. 10.) 제18조, 「남해군 도시계획 조례」(시행 2024. 8. 6.) 제16조에 의하면, 위의 각 시·군 모두 개발행위 허가 기준에서 공통적으로 절대보전이 필요한 1등급 비오톱 지역과 보전을 우선해야 하는 2등급 비오톱 지역에서는 개발행위를 허가할 수 없도록 명시해 놓고 있다.

4. 비오톱 지도 작성현황

국내 비오톱연구의 첫 시작은 약 30년 전인 1990년대 초반으로 거슬러 올라간다(김용수 등, 1994; Ra, 1995). 당시 국내 비오톱 관련 연구가 전무한 상태에서 독일에서의 학문적 경험을 토대로 국내 적용 가능성과 한계성을 모색해 보고자 했던 연구들이 첫 출발점이었다고 볼 수 있다. 그 후 10여 년간 많은 연구논문들(나정화, 1997; 나정화와 이석철, 2000 등)이 국내학술지에 게재되면서 국내의 비오톱 관련 연구가 본격적으로 활성화되기 시작하였다. 이러한 선행연구들을 토대로 국내에서 도시 비오톱 지도를 가장 먼저 작성한 지방자치단체는 서울특별시이다(서울특별시, 2005). 또한 경기도의 경우 도 차원에서 적용 가능한 비오톱 유형 분류 및 평가 지표에 대한 연구, 광역 차원에서 도시생태현황지도의 작성 및 운영에 관한 연구를 수행하였다(경기연구원, 2019; 경기연구원, 2020). 그리고 광양시(2006), 당진군(2008) 등 일부 지방자치단체에서도 비오톱 지도를 작성하기 시작하였다. 이와 같은 연구 사례에 기초하여 환경부에서는 시의적절하게 「자연환경보전법」 속에 도시 비오톱 지도 작성과 관련한 내용을 법제화하여 각 지방자치단체별로 도시 비오톱 지도를 의무적으로 작성하도록 규정하였다(나정화, 2021).

「자연환경보전법」 제34조의2에 따르면, 특별시장, 광역시장, 시장 등은 생태·자연도를 기초로 관할 도시지역에서 상세한 도시생태현황지도를 의무적으로 작성하도록 규정하고 있으며, 또한 도시환경의 변화를 반영하여 5년 단위로 재작성하도록 하고 있다. 의무 사항은 아니지만, 필요할 경우에는 군수도 시·도지사와 협의하여 도시 비오톱 지도를 작성할 수 있도록 명시하고 있다. 지금까지 국내의 비오톱 지도 작성현황을 살펴보면(2024년 4월 기준), 전국의 162개 지방자치단체들 중 81개의 도시에서 비오톱 지도 작성을 완료하였으며, 이는 전체 지방자체단체의 약 50% 수준에 달한다(표 1-3, 그림 1-4).

광역자치단체의 경우 울산광역시를 제외한 모든 도시에 도시 비오톱 지도가 구축되어 있으며, 대구광역시의 경우 2019년 첫 도시 비오톱 지도가 작성된 이후 현재 갱신작업을 진행 중이다. 경기도는 31개의 도시들 중 현재까지 약 25개의 도시(약 81%)에서 도시 비오톱 지도가 작성되어 있으며, 2024년까지는 아직 작성되지 않은 나머지 모든 도시들에 대해서도 도시 비오톱 지도를 작성 및 완료할 계획이다. 충청남도의 경우 도에 속한 15개 시·군 전체를 대상으로 비오톱 지도가 구축되어 있는 상태이며, 작성 시기에 따라 갱신작업이 진행 중이다. 경상북도의 경우 전체 22개의 시·군 가운데 9개(약 41%), 경상남도는 18개의 시·군 가운데 8개(약 44%)의 도시에서 비오톱 지도가 작성되어 있는 상태이다.

표 1-3 비오톱 지도가 작성된 국내 도시 현황

<table>
<tr><th colspan="2">구분</th><th>도시명</th><th>개소</th></tr>
<tr><td rowspan="11">작성완료</td><td>광역 자치단체</td><td>서울, 부산, 대구, 광주, 대전, 인천, 세종</td><td>7개소</td></tr>
<tr><td>경기도</td><td>수원, 성남, 의정부, 안양, 부천, 광명, 평택, 동두천, 안산, 고양, 과천, 구리, 오산, 군포, 의왕, 하남, 용인, 파주, 안성, 김포, 화성, 광주, 양주, 이천, 포천</td><td>25개소</td></tr>
<tr><td>강원도</td><td>춘천, 원주, 태백, 삼척</td><td>4개소</td></tr>
<tr><td>충청북도</td><td>청주, 충주, 제천</td><td>3개소</td></tr>
<tr><td>충청남도</td><td>천안, 아산, 서산, 당진, 공주, 보령, 논산, 계룡, 홍성, 예산, 부여, 서천, 청양, 태안, 금산</td><td>15개소</td></tr>
<tr><td>전라북도</td><td>전주, 군산, 익산, 정읍, 김제</td><td>5개소</td></tr>
<tr><td>전라남도</td><td>목포, 여수, 순천</td><td>3개소</td></tr>
<tr><td>경상북도</td><td>포항, 김천, 안동, 구미, 영주, 영천, 문경, 경산, 상주</td><td>9개소</td></tr>
<tr><td>경상남도</td><td>창원, 진주, 통영, 사천, 김해, 밀양, 거제, 양산</td><td>8개소</td></tr>
<tr><td>제주도</td><td>제주, 서귀포</td><td>2개소</td></tr>
<tr><td>합계</td><td></td><td>81개소</td></tr>
<tr><td colspan="2">작성 중</td><td>남양주, 여주, 속초, 강릉, 동해, 경주, 남원, 나주</td><td>8개소</td></tr>
<tr><td colspan="2">미작성</td><td>울산, 광양</td><td>2개소</td></tr>
</table>

출처: 국립생태원에서 자료를 제공받아 작성하였음.

전라남도의 경우를 살펴보면, 전체 22개의 시·군 가운데 목포, 여수 및 순천 3개(약 14%)의 도시만을 대상으로 비오톱 지도가 구축되어 있는 상태이며, 전라북도는 전체 14개의 시·군 가운데 전주, 군산, 익산, 정읍, 김제

등 5개 도시(약 36%)에만 비오톱 지도가 작성되어 있는 실정이다. 충청북도는 전체 11개의 시·군 가운데 3개 도시(약 27%), 강원도의 경우 총 18개의 시·군 가운데 4개 도시(약 22%)만을 대상으로 비오톱 지도가 작성되어 있는 상태로 특히 경기도 및 충청남도와 비교해 볼 때 완성도가 매우 낮음을 알 수 있다.

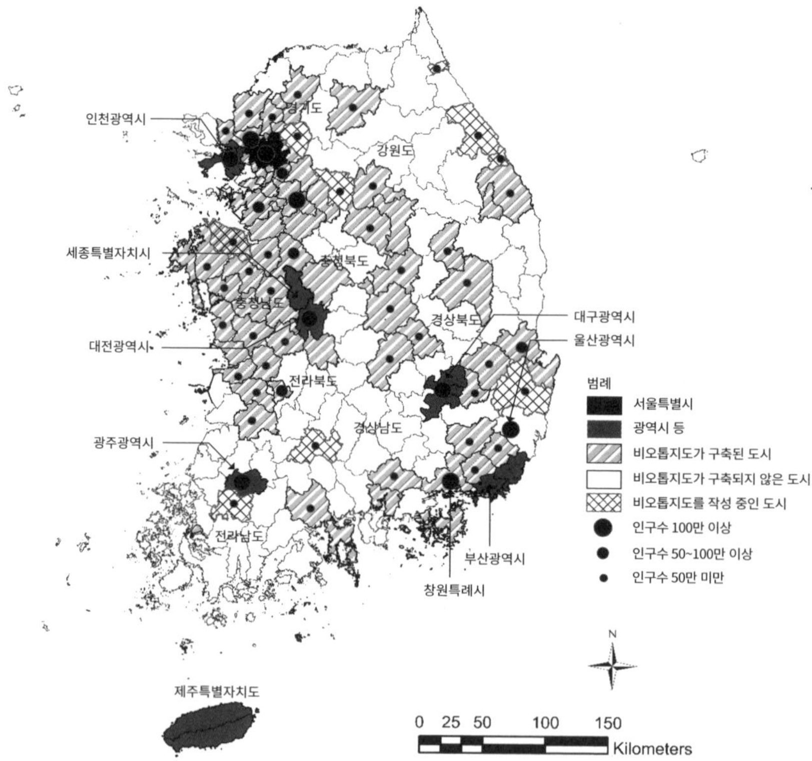

그림 1-4 국내 비오톱 지도 작성현황도

이처럼 도시 비오톱 지도의 작성현황이 각 지방자치단체별로 큰 차이를 보이는 데에는 비오톱 지도 작성에 필요한 전문인력 및 재원 확보의 어려움을 가장 큰 문제점으로 지적해 볼 수 있다. 특히 도시생태계의 불균형이 점점 더 심화되고 있다는 점을 감안해 보면, 도시 비오톱 지도 작성을 법으로 강제하고 있다 하더라도 국가 차원에서의 예산 지원이 병행되어야 하고, 각 지방자치단체별로 전문인력을 보다 더 많이 배출 및 확보하여 도시 비오톱 지도 작성을 강도 높게 활성화시켜 나갈 필요가 있다.

이러한 문제를 해결하기 위하여 충청남도 및 경기도의 경우 자체적인 조례 제정을 통해 지자체에서 수행하고 있는 비오톱 지도 구축과 관련된 용역비의 일부를 지원하고 있지만 다수의 지자체들은 예산 확보에 많은 어려움을 겪고 있는 실정이다. 또한 현재 비오톱 지도의 경우 지자체마다 비슷한 시기에 작성되고 있는바 비오톱 지도 구축을 위한 전문인력 확보가 용이하지 못해 양질의 비오톱 지도 구축에도 어려움을 겪고 있다.

5. 도시 비오톱 지도 작성절차

비오톱 유형 분류 및 평가도면의 작성절차는 크게 6단계로 구분된다. 사전 기초자료 분석, 현장 기초조사, 비오톱 유형 분류, 비오톱 가치평가, 비오톱 유형 분류 및 가치평가 도면 작성, 경관생태계획 및 국토공간계획으로의 적용 단계로 구성되며, 각 단계별 주요 내용을 간략하게 살펴보면 아래와 같다.

1단계는 우선 사전 기초자료 분석 단계이다. 사전 기초자료 분석은 현장조사 및 비오톱 유형 분류, 비오톱 가치평가를 위한 사전작업 단계로서 지도화에 필요한 다양한 공간정보들을 미리 분석하여 시간, 인력 및 재원을 절감시키는 데 그 목적이 있다. 일반적으로 많이 활용되는 사전 기초자료 및 도면은 1:5,000 수치지형도, 적외선 컬러항공사진, RS위성자료, 생태·자연도 등이 있다.

2단계는 비오톱 유형화 및 가치평가를 위한 현장조사 단계이다. 현장 기초조사는 1차 조사(비오톱 유형에 대한 포괄적 현황조사)와 2차 조사(비오톱에 대한 정밀조사)로 구분해 볼 수 있다. 우선 1차 현장조사는 유형 분류 및 1차 평가를 위해 출현하는 모든 비오톱 유형을 대상으로 포괄적 현황을 조사하는 단계이며, 조사항목으로는 개략적인 동·식물상, 토지이용형태, 층위구조, 비오톱 전형종의 다양성 등이 있다. 2차 현장조사는 1차 평가 결과 중간등급 이상의 가치를 가지는 비오톱 유형을 대상으로 특히 2차 평가를 위해 정밀하게 조사하는 단계이며, 조사항목은 상세한 동·식물상 조사, 구조적 다양성, 규모, 연결성 등을 많이 활용한다.

3단계는 비오톱 유형 분류 단계이다. 비오톱 유형 분류는 사전 기초자료 분석 및 현장 기초조사 결과를 토대로 계획대상지 전체에 대해 경관생태적으로 동질성을 나타내는 공간단위를 구분하는 것을 말한다. 유형 분류를 위한 주요지표로는 지형적 조건, 식생 구조, 토양형태, 이용 강도(포장률), 토지피복, 토지이용형태, 시각적 일체성 등을 들 수 있다.

4단계는 비오톱 가치평가 단계이며, 분류된 각 비오톱 유형에 대한 가치평가는 크게 1차 평가와 2차 평가로 대별된다. 우선 1차 평가는 계획대상지 내에 출현하는 모든 비오톱 유형의 생태적 가치를 평가하는 데 주안점을 두고 있으며, 많이 활용하는 평가 지표로는 전형종의 다양성, 이용 강도, 포장률, 층위구조, 희귀성, 위험성, 복원능력, 발전기간 등을 들 수 있다. 2차 평가는 1차 평가 결과 중간등급 이상의 가치를 지닌 비오톱 유형들을 대상으로 특별히 가치가 높은 비오톱을 찾아내는 데 주안점을 두고 있으며, 평가 지표로는 규모, 구조적 다양성, 주거지와의 인접성, 종 조성 형태의 완전성, 멸종 위기에 처한 종의 출현, 연결성 등을 일반적으로 많이 활용한다.

5단계는 비오톱 유형 분류 및 가치평가 도면 작성 단계이다. 비오톱 유형 분류 및 가치평가 결과는 반드시 수치도면으로 제시할 필요가 있다. 이러한 수치도면은 특히 서술적으로 기술된 복잡한 내용을 시각적으로 간단명료하게 표현하여 그 내용을 보다 더 쉽게 이해할 수 있도록 하는 데 주안점을 두고 있다.

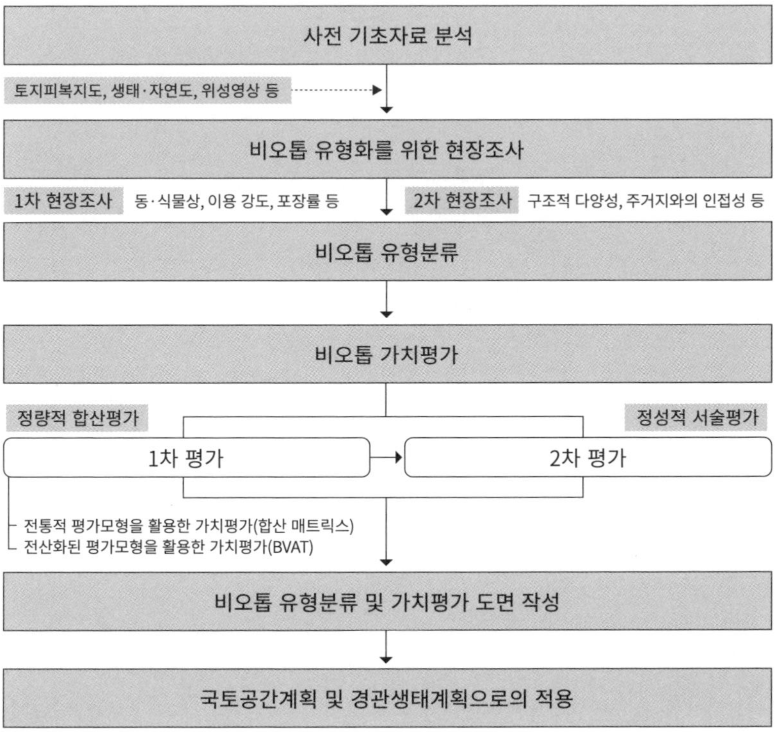

그림 1-5 비오톱 지도 작성절차

마지막으로 6단계는 경관계획 및 국토공간계획으로의 적용 단계이다. 비오톱 평가 결과는 국토 공간계획 및 경관생태계획을 자연환경 및 경관 친화적으로 유도하기 위한 핵심적인 기초자료이다.

이상과 같이 6단계로 구성된 도시 비오톱 지도 작성을 위한 전체적인 진행절차를 도식화해 보면 〈그림 1-5〉와 같다.

◦ 제2장 ◦

비오톱 지도 작성을 위한 기초자료

1. 사전 기초공간자료 수집 및 분석

도시 비오톱 지도 작성을 위한 사전 기초자료 분석의 목적은 유형 분류 및 가치평가를 위한 현장조사 이전에 계획대상지에 대한 정보를 미리 파악하여 현장조사의 정확도를 높임과 동시에 소요되는 시간, 인력 및 재원을 절감하는 데 있다. 다만 도시 비오톱 지도는 「국가공간정보기본법」의 국가공간정보통합체계에 따라 해당 지방자치단체 및 타 기관의 지리정보시스템(GIS)과 호환이 가능하도록 구축할 필요가 있으며, 특히 활용되는 사전 기초자료들은 도시 비오톱 지도의 제작 또는 갱신 시점을 기준으로 최신의 자료를 활용하여 정확한 환경정보를 제공할 필요가 있다.

도시 비오톱 지도 작성 시 주로 활용되고 있는 사전 기초자료 및 도면으로는 1:5,000 지형도(국립지리원), 1:5,000 지적도, 적외선 컬러항공사진, RS위성자료, 1:50,000 토양도(한국자원연구소), 1:50,000 현존식생도(환경부), 1:25,000 임상도(산림청), 1:25,000 자연환경현황도(생태·자연도, 환경부), 타 관련 도시 및 지역계획 도면 등을 들 수 있다(표 2-1). 이 중 특히 적외선 컬러항공사진 및 RS위성자료는 비오톱 유형별 형태, 구조, 위치, 분포, 지형적 조건 등에 대한 입체적 파악을 가능하게 해 준다(나정화와 이석철, 2000; 나정화와 도후조, 2003; 조현주 등, 2008). 이와 같은 각각의 사전 기초자료들에 대한 구체적인 활용방법 및 획득 가능한 주요 공간정보를 살펴보면 아래와 같다.

1.1 정사영상(디지털 항공사진)

정사영상은 당해 연도 촬영된 항공사진을 GCP DB 자료 → GCP 자동매칭 → 정밀기하 수립 → 영상융합 → 정사보정 → 영상 모자이킹 등의 과정을

표 2-1 주요 사전 기초공간자료의 종류 및 자료 획득 경로

기초자료	출처/보유 시스템	제공양식
토지피복지도	환경공간정보서비스 http://egis.me.go.kr	벡터파일 형태(shp 포맷) 좌표계: GRS80/TM중부 (가산수치 600,000, 200,000)
생태·자연도		
수치지형도*	국토지리정보원 http://map.ngii.go.kr	벡터파일 형태(shp 포맷) 좌표계: GRS80/UTM-K (가산수치 2,000,000, 1,000,000)
항공사진 또는 위성사진**	Google	레스터파일 형태(tif 포맷) 좌표계: GRS80/TM중부 (가산수치 600,000, 200,000)
임상도	(산림청)산림공간정보서비스 (FGIS) http://fgis.forest.go.kr	벡터파일 형태(shp 포맷) 좌표계: GRS80/TM중부 (가산수치 600,000, 200,000)
연속지적도	(시도별)한국토지정보시스템 kils.시도주소.go.kr	벡터파일 형태(shp 포맷) 좌표계: Bessel/TM중부 (국토부)국가공간정보포털 (가산수치 500,000, 200,000)
	국가공간정보포털(FGIS) http://www.nsdi.go.kr	
전국자연환경 조사자료***	국립생태원(조사자료) http://nie.re.kr	벡터파일 형태(shp 포맷) 좌표계 확인 필요
	환경부디지털도서관(조사지침) http://library.me.go.kr	

* 국토지리정보원에서 제공하는 수치지형도는 수치지형도 1.0(dxf 포맷)과 수치지형도 2.0(NGI 포맷), 연속수치지형도(shp 포맷)이며, 도시생태현황지도 작성에는 주로 연속수치지형도를 활용함

** 항공사진의 경우 비행기 위치별로 1장의 사진을 제공하고 있어 도시생태현황지도 작성에는 지도화된 정사영상을 주로 활용함

*** 필요 시 국립생태원 '생태조사연구실'에 공문 요청하면 자료를 받을 수 있음

출처: 환경부(2020), 「도시생태현황지도 작성 매뉴얼」, p. 13.

거치면서 정사처리 및 색상을 보정한 후 전국적으로 제공해 주는 자료이다. 도시지역의 경우 해상도 12cm, 일반지역은 해상도 25cm의 항공사진을 활용하여 매우 정밀한 정사영상을 제작하고 있다. 이러한 높은 해상도로 인해 도시 비오톱 지도 작성에서 기초공간자료로서 활용도가 매우 높으며, 특히 비오톱 유형의 분포, 경계, 유형특성 및 식생 형태 파악 등은 중요한 공간정보를 수집할 수 있다.

1.2 수치지형도

수치지형도란 지표면, 지하, 수중 및 공간의 위치와 지형·지물 및 지명 등의 각종 지형공간정보를 전산화하여 일정한 축척에 의하여 디지털 자료화한 도면을 말한다. 수치지형도는 크게 Ver 1.0과 Ver 2.0, 그리고 연속수치지형도로 구분되며 Ver 1.0은 DXF 포맷으로 오직 도형정보만 포함되어 있다. 이에 반해 수치지형도 Ver 2.0은 도형정보와 속성정보가 모두 포함되어 있으며, 점, 선, 다각형을 모두 이용하여 지형지물을 묘사하고 있다. 이러한 수치지형도 Ver 1.0과 Ver 2.0은 도엽별로 제작이 되는데 이로 인하여 도엽 경계 정보가 단절되는 단점을 가지고 있다. 따라서 이러한 문제점을 해결하기 위하여 2010년 이후 연속수치지형도가 구축되었으며 이러한 연속수치지형도는 특히 도시 전체 공간을 대상으로 작성되는 도시 비오톱 지도 구축 시 많이 활용되고 있다. 활용 가능한 주요공간정보로는 지형, 고도, 수리체계, 토지이용형태, 도시 전체에 대한 토지이용, 행정구역 경계, 도로망 현황 등이 있다.

이와 같은 수치지형도는 국토지리정보원에서 자료를 취득할 수 있으며 시도별, 축척별로 필요한 자료를 다운로드받은 이후 활용할 수 있다. 일반적으로 도로 레이어는 수치지형도(dxf) 내에서 고속국도의 경우 A0013111, 일반국도의 경우 A0013112의 코드에 해당되며, 공간의 경계를 파악하는 데 용이하다. 다음으로 경사도 및 고도 분석을 위해서는 등고선 레이어를 추출한 이후 분석을 수행하여야 하며, 일반적으로 등고선 레이어에 해당하는 폴리라인(Polyline) 및 포인트(Point) 레이어는 다음과 같다.

- 폴리라인(Polyline): F0017111, F0017112, F0017113, F0017114,

F0017121, F0017122, F0017123, F0017124

• 포인트(Point): F0027217, H0027311, H0027312, H0027135

1.3 토지피복지도

토지피복지도는 다양한 주제도(Thematic Map)의 일종으로 지구표면 지형 지물의 형태를 과학적 기준에 따라 분류하고 동질의 특성을 지닌 구역을 지도 형태로 표현한 환경주제도를 말한다(환경부 훈령 제1317호, 「토지피복지도 작성지침」, 2018). 토지피복지도는 지표면의 현상을 가장 잘 반영하기 때문에 지표면의 투수율에 의한 비점오염원 부하량 산정, 비오톱 지도 작성에 의한 도시계획, 환경영향평가 등 폭넓게 활용되고 있다.

이러한 토지피복지도는 항목에 따라 대분류(7개), 중분류(22개), 세분류(41개)로 나누어지며, 이 중 도시 비오톱 지도 작성 시 일반적으로 활용되는 세분류 토지피복지도는 해상도 1m급 영상자료를 활용하여 작성되어 있다. 이러한 토지피복지도는 환경공간정보서비스에서 다운받아 분석에 활용할 수 있으며, 벡터파일 형태(shp 포맷)로 자료가 전국을 대상으로 제공되고 있다. 특히 1:50,000, 1:25,000, 1:5,000 등 다양한 축척의 공간자료를 제공하고 있으며 가장 상세한 세분류 토지피복지도의 경우 2021년 전국을

표 2-2 토지피복지도의 세분류 구축 현황

제작시기	지역	원시영상	자료형식 및 물량
2021년	전국	• 영상: 항공정사영상(0.25M) 촬영: 2019년, 2020년 • 영상: 아리랑 2호 영상(1M), 아리랑 3호 영상(0.7M) 촬영: 2021년	• 포맷: SHP, PDF • 해상도: 1M급 • 물량: 1:5,000 축척 18,538도엽 • 분류항목: 41개 항목

출처: 환경공간정보서비스(https://egis.me.go.kr).

대상으로 구축이 완료된 상태이다(표 2-2). 도시 비오톱 지도 작성 시 토지피복지도를 통해 얻을 수 있는 주요 공간정보로는 토지피복과 녹지비율, 포장률, 보전 및 개발 가능지역 선정 등을 들 수 있다.

해상도별 토지피복지도를 비교해 보면 [표 2-3]과 같다.

표 2-3 해상도별 토지피복지도 비교

대분류 토지피복지도	중분류 토지피복지도	세분류 토지피복지도
• 30M 공간해상도 • 7개 분류항목 • 1:50,000 도곽단위로 구축 • Landsat TM 위성영상	• 5M 공간해상도 • 22개 분류항목 • 1:25,000 도곽단위로 구축 • Landsat TM+IRS 1C위성영상 • SPOT5, 아리랑 2호 위성영상	• 1M 공간해상도 • 41개 분류항목 • 1:5,000 도곽단위로 구축 • 아리랑 2호 위성영상 • IKONOS 위성영상, 항공사진

출처: 환경공간정보서비스(https://egis.me.go.kr).

1.4 임상도

임상도는 국토의 산림 분포현황을 나타내기 위해 작성한 대표적인 산림지도이며, 임종, 임상, 수종, 경급, 영급, 수관밀도 등 다양한 산림 속성정보를 포함하고 있다. 임종은 인공림과 천연림으로 구분되며, 임상은 크게 침엽수림, 활엽수림, 혼효림으로 구분하고 있다. 주요 속성정보인 영급은 임령 10년을 한 영급으로 묶어서 임령 1~10년생을 Ⅰ영급, 51~60년생을 Ⅵ영급으로 표시하여 총 6영급으로 구분하고 있다(표 2-4). 경급은 임목의 흉고직경을 말하며 인공림의 경우 평균 흉고직경을 기준으로 한다. 천연림은 주림목의 평균흉고직경을 바탕으로 산정하고 있다.

이러한 다양한 속성정보로 인해 임상도는 도시 비오톱 작성 시 특히 산림을 중심으로 한 시가화 지역 외의 지역에 대한 활용도가 높으며, 활용 시에는 상세한 속성정보의 획득을 위해서 일반적으로 축척 1:5,000의 고해상도 임상도를 활용한다. 활용 가능한 주요 공간정보로는 산림분포현황, 보전 및 공익임지의 구분, 산림지역에 대한 주요 수종, 임령, 경급, 영급, 소밀도 등을 들 수 있다(산림청공간정보서비스 FGIS).

표 2-4 임상도의 영급 구분

구분	기호	설명
1영급	Ⅰ	수령 1~10년생 입목의 수관점유 비율이 50% 이상인 임분
2영급	Ⅱ	수령 11~20년생 입목의 수관점유 비율이 50% 이상인 임분
3영급	Ⅲ	수령 21~30년생 입목의 수관점유 비율이 50% 이상인 임분
4영급	Ⅳ	수령 31~40년생 입목의 수관점유 비율이 50% 이상인 임분
5영급	Ⅴ	수령 41~50년생 입목의 수관점유 비율이 50% 이상인 임분
6영급	Ⅵ	수령 51~60년생 입목의 수관점유 비율이 50% 이상인 임분

1.5 생태·자연도

생태·자연도는 산, 하천, 내륙습지, 호소, 농지, 도시 등에 대하여 자연환경을 생태적, 자연적, 경관적 가치 등에 따라 등급화하여 도면으로 작성한 공간지도이다. 특히 1등급, 2등급, 3등급 및 별도관리지역 등으로 구분되며, 1:25,000의 대축척으로 작성된다. 생태·자연도의 작성 기준 및 방법 등에 관한 세부적인 내용은 제6장에 기술하였다. 생태·자연도에서 추출 가능한 주요 공간정보로는 위험 또는 멸종 위기에 처한 생물종의 서식지, 양호한 생태계 및 수려한 경관지역, 주요 식생군락지, 등급별 보전 및 개발 가능 적지, 보전녹지 등에 관한 중요한 공간정보를 활용할 수 있다. 다만 1:25,000으로 작성된 생태·자연도와 1:5,000~1:1,000으로 작성하는 도시생태현황도는 정밀도 측면에서 큰 차이가 있지만, 상호보완적 차원에서 생태·자연도에서 제시하고 있는 다양한 생태적 정보들을 도시 비오톱 지도 작성의 규모에 부합하게 재구성 및 편집하여 활용도를 높일 필요가 있다.

1.6 연속지적도

지적도는 토지를 세분하여 필지별로 구분하고 그 경계를 도면으로 나타낸 자료를 말하며, 연속지적도는 전산화된 지적도 및 임야도의 도면상 경계점을 연결하여 연속된 형태로 작성한 도면을 의미한다. 그러나 연속지적도와 비오톱의 경계구분은 일치하지 않는다는 점을 감안해 보면, 중첩 등을 통해 비오톱의 경계와 유사하게 재구성 및 편집하여 사용한다면 연속지적도 속에 포함되어 있는 산림 및 토지 소유현황, 지목 등과 같은 다양한 정보들에 대한 활용도를 한층 높일 수 있다. 연속지적도는 매월 갱신되고 있으며 다른 자료들과의 호환이 용이하도록 shp 파일 형태로 제공되고 있다. 연속지적도에서 추출 가능한 주요 공간정보로는 비오톱 유형의 종류, 비오톱 유형의 경계구분, 지목(전답, 과수원, 도로, 철도, 하천 등), 토지 소유현황 등을 들 수 있다.

1.7 위성영상

위성영상이란 대상물에서 방사 또는 반사되어 돌아오는 전자기파를 위성에 탑재된 탐측기를 이용하여 수집한 영상이다. 국토지리원에서는 국토위성관측에 탑재된 광학카메라를 이용하여 흑백 0.5m, 컬러 2m 급의 고해상도 위성영상을 취득하고 있다. 많이 활용되고 있는 위성영상으로는 MODIS 영상이 있다. MODIS 위성영상은 미국 항공우주국(NASA: National Aeronautics Space Administration)이 육상 관측을 위해 1999년부터 운용 중인 Terra 위성과 해양 관측을 위해 2002년부터 운용 중인 Aqua 위성에 탑재된 MODIS 센서를 활용하여 취득되고 있다(https://modis.gsfc.nasa.gov).

MODIS 위성영상은 EarthExplorer 포털 등을 통해 취득 가능하며, 위성영상은 hdf 포맷으로 구성되어 있다. 따라서 일반적으로 위성영상을 확인하기는 어려우며 오픈소스 공간정보 소프트웨어인 QGIS, Python의 GDAL/Rasterio 등 위성 영상 전용 라이브러리 및 상용 소프트웨어인 ENVI 등 다양한 프로그램을 활용하여 영상을 처리할 수 있다. 이와 같은 고해상도의 위성영상은 도시 비오톱 지도 작성 시 유형 분류 및 평가에 활용 가능한 많은 유용한 정보를 제공해 준다. 특히 비오톱 유형의 경계구분 형태, 위치 및 분포 등에 관한 정보뿐만 아니라, 식생 분포현황, 식생 활력도, 군락지의 종류 및 특성, 주요 생물서식지의 유형 및 분포, 포장률, 토지이용형태 및 인간의 간섭정도(Hemeroby), 지형적 조건, 수리체계, 지표면온도 등과 같은 평가에서 직접 활용 가능한 다양한 정보들을 제공해 줄 수 있다.

1.8 라이다(LiDAR)

라이다(LiDAR)란 빛 탐지 및 범위 측정(Light Detection and Ranging) 기술의 약자로 매 초마다 수백만 개의 레이저 빔을 주변에 발사하고 되돌아오는 시간을 측정하여 주변의 지형에 대한 정보를 정확하게 감지하고 이를 3D지도로 만들어 내는 기술이다. 이러한 라이다는 다양한 분야에서 폭넓게 활용되고 있으며, 특히 비오톱의 분포현황을 정량적·입체적으로 파악할 수 있어 비오톱 유형 분류의 정밀도를 향상시키는 데 유용하게 활용할 수 있다.

또한 식물상에 대한 사전 기초자료 분석 시 조사원이 수목의 수고와 흉고직경을 측정장비 등을 통하여 현장에서 직접조사하는 것이 일반적이나, 라이다를 활용하여 숲의 상공을 촬영한 드론자료와 지상스캐너가 숲속 내부를 스캔하여 얻은 자료를 융합할 경우 각 나무의 높이와 흉고직경, 지름, 나무 간 거리, 수목의 부피, 생육상태 등을 정확하게 파악할

그림 2-1 라이다(LiDAR)를 활용하여 촬영된 수목 이미지

수 있는 장점이 있다(고치웅 등, 2021).

이처럼 라이다를 활용할 경우 식물상 조사 시 소요되는 인력과 시간을 크게 단축시킬 수 있으며 매우 높은 정확도를 확보할 수 있다는 장점이 있다. 뿐만 아니라 조사가 이루어진 숲의 모습을 입체적으로 구현함은 물론 각 나무의 높이와 흉고직경, 지름, 나무 간 거리를 정확하게 측정할 수 있어 수목의 부피, 생육상태 등을 정확하게 진단할 수 있다(그림 2-1).

1.9 기타 활용 가능한 공간자료

비오톱 지도 작성에서 활용할 수 있는 기타 공간자료들로는 지질도, 토양도, 현존식생도, 수치표고모형(DEM) 등을 들 수 있다. 특히 토양도의 경우 1964년 시작한 전 국토 토양조사 자료를 바탕으로 작성된 토양 특성별 주제도이다. 이러한 토양도는 일반적으로 작물재배에 주로 활용되어 왔지만, 최근에는 도시 비오톱 작성에서도 중요한 기초자료로 활용하고 있다. 활용 가능한 주요공간 정보로는 비오톱 유형별 토양종류 및 수분함량, 특별한 현장조건, 토양조건에 따른 식생 형태 및 식물 생육특성, 희귀한 서식공간으로의 발전 가능성 등을 들 수 있다.

지질도에서는 지하자원과 수자원에 대한 분포, 토양깊이, 토양침식 가능성 등에 관한 공간정보를 확인할 수 있다. 현존식생도는 식생의 공간 분포를 지도화한 주제도이며, 도시 비오톱 작성 시에는 식물군락과 보전등급에 의한 경계구분, 식물군락의 분포현황 등에 관한 정보를 획득할 수 있다.

또한 수치표고모형(DEM)은 지도, 항공사진 및 위성영상 등과 같은 공간정보를 입체화한 기초자료이다. 특히 격자간격 5m의 상세한 데이터가 전국에 걸쳐 작성되어 있으며, 최근에는 정밀 해상도인 격자간격 1m로 작성하고 있어 특히 도시 비오톱 작성에서 활용가치가 높다. 활용 가능한 주요 공간정보로는 비오톱 유형 분류, 비오톱 유형별 표고, 경사도, 향 등에 관한 정보, 지형적 조건에 기반한 비오톱 유형의 생태적 특성 분석 등을 제안해 볼 수 있다.

2. 비오톱 현장조사

비오톱 현장조사는 앞서 기술한 사전 기초공간자료 분석을 토대로 수행하며, 크게 1차 현장조사와 2차 현장조사로 구분한다. 1차 현장조사는 비오톱 유형에 대한 포괄적 현황조사이며, 2차 현장조사는 개별 비오톱에 대한 정밀조사이다. 아래에서는 1차 및 2차 현장조사의 목적, 조사항목, 조사결과(사례)로 구분하여 기술하는 데 주안점을 두었다.

2.1 1차 현장조사(개략적인 포괄적 현황조사)

2.1.1 조사목적

우선 1차 현장조사는 유형 분류 및 1차 평가(비오톱 유형평가)를 위해 출현하는 모든 비오톱 유형들을 대상으로 포괄적 현황을 조사하는 데 목적이 있다. 1차 현장조사는 야장표를 활용한 현장 정밀조사보다는 개략적이며 비오톱 유형 및 경계확인, 현장 특이사항 등을 메모하는 형태로 진행한다.

2.1.2 조사항목 및 방법

1차 현장 조사항목은 비오톱 유형 분류 및 1차 평가(비오톱 유형 평가)를 위해 경관생태적 측면에서 적합한 항목을 선정할 필요가 있다. 일반적으로 많이 적용하고 있는 조사항목으로는 개략적인 동·식물상 조사를 바탕으로 비오톱 전형종의 다양성, 멸종 및 위험에 처한 종들이 출현할 수 있는 현장부지 조건, 이용 강도, 포장률, 층위구조, 특별한 현장조건, 희귀성, 위험성, 복원능력, 발전기간 등 총 10개의 항목을 들 수 있으며, 이에 대한 구체적인 조사방법은 제3장(3.2.2 공통적으로 적용 가능한 표준화된 분류기준) 및 제4장(2.1.2 각 평가 기준 및 지표별 평가 방법)에서 상세하게 기술하였다.

이 외에도 1차 현장조사에서는 축척상 도면표기가 어렵지만 1차 및 2차 평가에서 가치등급을 상향 또는 하향조정하는 데 영향을 미칠 수 있는, [표 2-5]와 같은 각 비오톱 유형별 구조적 특징에 대한 조사도 병행할 필요가 있다. 일례로 산림비오톱의 경우 경급과 영급을 표기할 수 있으며 유수지 비오톱의 경우 호안의 종류 및 구조적 특징을 도면에 서로 다른 숫자 및 기호로 표기할 수 있다.

표 2-5 비오톱 유형별 구조적 특징 및 표기법

비오톱 유형	도면 표기		주요 특징
산림 비오톱	경급 구분	-Ⅰ	치수(흉고직경 6cm 이하)
		-Ⅱ	소경목(7~16cm)
		-Ⅲ	중경목(17~26cm)
		-Ⅳ	대경목(27cm 이상)
	소밀도	(Ⅰ')	50% 이하
		(Ⅰ'')	51~70%
		(Ⅰ''')	71% 이상
	영급 구분	A	10년생 이하
		B	11~30년생
		C	31~50년생
		D	50년생 이상
유수지 비오톱	인공 호안의 종류	1	돌 쌓기(돌망태)
		2	격자블록 호안
		3	수직콘크리트 호안
		4	콘크리트 하상(또는 평탄화된 하상 정비)
	자연형 호안 및 구조적 특징	5	자연형 호안
		6	급경사 수변(1m 이상) 및 완경사 수변(사행)
		7	진흙 수변
		8	모래, 자갈, 쇄석노반
		9	여울과 소
경작지 비오톱	◎		단본수목(거수목)
	○○○○		열식수목
	○○○		수목군 및 마을 숲
	∽∽∽∽∽∽		초본 중심의 키 낮은 띠형 수림
	▣		표석
	△		문화재
기타 특이사항	a		소규모 나지 및 숲속 공터
	b		놀이 및 이용흔적
	c		주기적 또는 산발적으로 예초되는 초지
	c*		자연 초지
	d		키 낮은 덤불림(1m 미만)
	e		키 높은 덤불림(1~4m)
	f		벤치, 파고라, 운동시설
	g		암석 노출지
	소규모 수림 및 산림가장자리 부분의 층위구조	h	단층구조
		i	중층구조
		j	다층구조

2.1.3 조사 결과 사례

위와 같은 조사항목 및 방법을 바탕으로 수행된 비오톱 1차 현장조사 결과를 살펴보면 다음과 같다. 대상지는 신서혁신도시이다. 다양한 비오톱 유형들 중 일례로 경작지 및 주거지와 인접한 마을 숲 비오톱(120602) 유형을 들면, 이 유형은 획일화된 논 경작지 내에서 자연사적, 생태·문화사적으로 보존가치가 높은 비오톱 유형이다. 1차 현장조사 결과 조사항목 층위구조는 다층구조로 식생발달이 양호한 것으로 나타났으며, 이용 강도는 경작지와 접해 있어 주기적인 예초작업이 발생하는 가운데 경작을 위한 유해화학물질의 사용으로 인한 부정적인 영향 역시 나타나고 있었다. 더불어 본 비오톱 유형은 대상지 내에서 드물게 출현하는 비오톱으로서 타 비오톱 유형들과 비교 시 희소성이 높은 것으로 나타났으며, 유형 내 포장률은 낮은 것으로 조사되었다.

식생이 풍부한 자연형 하천 비오톱(090201) 유형에 대한 1차 현장조사 결과를 살펴보면(그림 2-2), 본 하천은 경작지와 비포장 농로 사이에 조성된 하천으로서 사행천의 형태를 보이고 있다. 또한 수질 및 주변 초본식생의 조

a. 자연형 하천

b. 비경작 테두리 띠숲

그림 2-2 1차 현장조사 결과 도출된 주요 비오톱 유형 사진

성상태 역시 양호한 것으로 나타났으며 하천 내 식생의 경우 초본류의 단층구조이지만 다양한 식생이 밀도 높게 식재되어 있는 것으로 조사되었다. 직접적인 이용이 나타나고 있지 않아 이용 강도는 낮은 것으로 조사되었지만 농업용수로 이용되고 있어 수량은 다소 부족한 것으로 나타났다. 포장률의 경우 부분적으로 콘크리트 블록으로 조성된 호안이 나타나지만 비율이 높지는 않았다.

2.2 2차 현장조사(현장 정밀조사)

2.2.1 조사목적

2차 현장조사는 1차 평가 결과 중간등급 이상의 가치를 가지는 비오톱 유형을 대상으로 실제로 가치 있는 비오톱을 찾아내는 2차 평가(비오톱 평가)를 위해 필요한 현장 정밀조사 자료를 수집하는 데 가장 큰 의의가 있다. 현장 정밀조사는 현장조사 야장표에 의거하여 개별 비오톱에 대한 조사를 수행한다(표 2-6).

2.2.2 조사항목 및 방법

2차 현장 정밀조사 항목은 실제로 가치 있는 개별비오톱을 찾아내는 2차 평가(비오톱 평가)를 위해 경관생태적 측면에서 적합한 항목을 선정하도록 한다. 일반적으로 많이 적용하고 있는 조사항목으로는 상세한 동·식물상 조사를 바탕으로 규모, 구조적 다양성, 주거지와의 인접성, 종 조성 형태의 완전성, 멸종위험에 처한 종의 출현, 연결기능, 완충기능, 가치 있는 비오톱으로의 복원 잠재성, 희귀성·위험성 및 재생·복원성을 위한 특별한 기능 등 총 9개 항목을 들 수 있다. 이에 대한 구체적인 조사방법은 제3장

(3.2.2 공통적으로 적용 가능한 표준화된 분류기준) 및 제4장(2.1.2 각 평가 기준 및 지표별 평가 방법)에서 상세하게 기술하였다.

표 2-6 종과 비오톱 보전을 목적으로 한 비오톱 현장조사 야장표

비오톱 현장조사 야장					
비오톱 유형		토지소유현황		조사일	
지형도		보전공간 지정 유무		방위	
경사		주변 토지이용형태		토양	
해발		출현종수(식물, 동물)		위치	
천이단계		헤메로비 단계		군도	
녹피율		주변 녹지구조와의 관계			
1차 평가(비오톱 유형평가)					
야생 식물을 위한 서식공간으로서의 의미(a)	비오톱 전형종의 다양성				
	멸종 및 위험에 처한 종들이 출현할 수 있는 현장부지 조건				
	이용 강도				
	포장률				
야생 동물을 위한 서식공간으로서의 의미(b)	식생 구조				
	특별한 현장조건				
야생 동식물을 위한 서식공간으로서의 의미(a와 b의 합산평가)					
희귀성 및 위험성	희귀성				
	위험성				
재생·복원성	공간적-장소적 재생·복원성(복원능력)				
	시간적 재생·복원성(발전기간)				
2차 평가(비오톱평가)					
규모		멸종 위험에 처한 종의 출현			
구조적 다양성		연결기능			
주거지와의 인접성		완충기능			
종 조성 형태의 완전성		가치 있는 비오톱으로의 복원 잠재성			
특별한 기능	희귀성을 위한				
	위험성을 위한				
	재생·복원성을 위한				
최종 가치등급					
부지에 대한 기술 및 설명					
주요 출현식물종(우점종)			주요 출현동물종		
기타 특이사항					

2.2.3 조사 결과 사례

위와 같은 조사항목 및 방법을 바탕으로 수행된 비오톱 2차 현장조사(현장정밀조사) 사례를 살펴보면 다음과 같다(그림 2-3). 우선 경작지 및 주거지와 인접한 마을 숲 비오톱(120602) 유형에 대한 2차 현장조사 결과를 살펴보면, 보다 정밀한 동·식물상 조사 결과 소나무가 우점종인 가운데 대나무와 참나무류 등이 군락을 이루고 있었다. 또한 흔히 관찰되는 메뚜기, 풍뎅이 등의 곤충 역시 쉽게 관찰되는 등 매우 양호한 식생조성 상태를 이루고 있는 것으로 나타났다. 비오톱의 면적은 약 18,000m², 다양한 식생요소의 출현 및 인간의 이용으로 인하여 구조적 다양성은 높은 것으로 조사되었다. 더불어 비오톱 연계망 조성 시 외곽에 위치하고 있는 산림들을 연결하는 징검다리 녹지로서 중요한 역할을 수행하고 있어 특히 연결기능 측면에서 높은 가치를 보이는 것으로 조사되었다. 하지만 주변부에 경작활동과 같은 집약적 토지이용이 나타나고 있었던바 향후 훼손 또는 소멸 위험성이 매우 높은 비오톱 유형으로 조사되었다.

식생이 풍부한 자연형 하천 비오톱(090201) 유형에 대한 정밀조사인 2차 현장조사 결과를 살펴보면, 우점하고 있는 식생은 자라풀, 달뿌리풀, 익모초, 새삼, 갈대, 갯버들 등으로 조사되었다. 수변의 폭은 6~8m, 사면의 기울기는 서측은 40~50°, 동측은 약 10°이다. 대부분 사행이지만 부분적으로 직선의 형태를 보이며 생태적으로 중요한 요소인 소와 여울이 불규칙적으로 존재하는 것으로 조사되었다. 하상재료는 돌, 자갈 등 자연형의 재료로 조성되어 있으며 하천 양안으로 띠형수림이 양호하게 조성되어 있어 하천의 보호를 위해서는 띠형수림의 관리가 필수적인 것으로 조사되었다. 다양한 영양물질 및 식물종의 이동을 위한 통로로써 연결성 측면에서 높은 중요도를 가지는 것으로 나타났지만 인접한 비오톱 유형들의 대부분이 집약적인 토지이용을 보여 훼손 위험성이 매우 높은 것으로 조사되었다.

a. 주거지와 인접한 마을 숲

b. 산림지와 연계된 자연형의 농업용 저수지

그림 2-3 2차 현장조사 결과 도출된 주요 비오톱 유형 사진

2.3 1차 및 2차 현장조사의 고도화를 위한 조사기법

2.3.1 무인항공기(UAV)의 특징

비오톱 유형 분류, 1차 및 2차 현장조사의 고도화를 위한 조사기법으로는 무인항공기(UAV)의 활용을 들 수 있다. 무인항공기는 직접적인 접근이 어려운 비오톱 유형들에 대한 현장조사 및 유형 분류 확인절차 등에 활용하여 자료의 정확도를 높임과 동시에 다양한 사건사고를 최소화할 수 있는 수단으로 활용되고 있다. 특히 무인항공영상은 유인항공영상에 비해 낮은 고도에서 촬영하여 대체로 높은 해상력을 가지고 있다. 또한 취득 시간과 장소에 구애를 받지 않고 촬영을 진행할 수 있으며 저비용, 고효율의 특징을 가지고 있어 최근 고정밀의 공간정보 데이터 취득 수단으로 많이 활용하고 있다. 주요 무인항공기의 특징을 간략하게 살펴보면 [표 2-7]과 같다.

표 2-7 UAV 모델 및 모델별 특징

UAV 모델	FireFLY 6 PRO	Inspire 2	Phantom pro 4	Matrice 600	Manned Aircraft
카메라 모델	a6000	FC 6520	FC 6310	iXM-100	UltraCAM Eagle M2
초점 거리	20mm	15mm	8.8mm	35mm	100mm
픽셀 사이즈	4×4㎛	3.28×3.28㎛	2.41×2.41㎛	3.76×3.76㎛	6×6㎛
CCD 센서 사이즈	6,000×4,000 (24MP)	5,280×3,956 (21MP)	5,472×3,648 (20MP)	11,664×8,750 (100MP)	17,310×11,310 (193MP)

2.3.2 도시 비오톱 지도 작성에서 무인항공기(UAV) 활용의 장점

도시 비오톱 지도 작성에서 무인항공기(UAV)를 활용할 경우 장점은 다음과 같다. 첫째, 위성영상의 경우 구축시기에 따라 영상이 오래되었을 경우 정확한 현장정보를 반영하지 못하는 반면, 무인항공기는 〈그림 2-4〉와 같이 특정 공간에 대한 정밀한 최신영상자료를 바로 획득할 수 있어 보다 정확한 비오톱 유형화 작업 및 현장조사를 가능하게 해 준다. 둘째, 무인

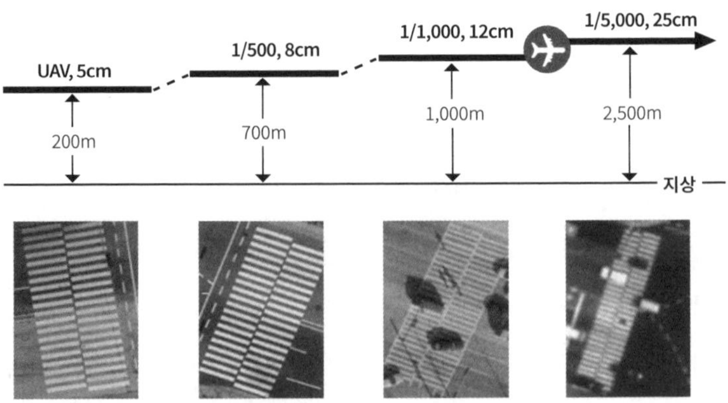

그림 2-4 UAV와 타 장비의 해상도 비교
출처: 국토지리정보원(http://map.ngii.go.kr).

항공기를 활용하여 구축된 정사영상을 활용할 경우 위험지역에 대한 조사가 가능할 뿐만 아니라 안전성을 확보할 수 있다. 셋째, 조사자료의 정확도 향상 및 현장조사에 소요되는 시간, 인력, 재원 등을 크게 절감할 수 있다. 넷째, 정사영상 사례도면에서 보는 바와 같이 정사영상은 위성영상 등 사전 기초자료를 바탕으로 확인한 비오톱 유형과 실제 대상지의 비오톱 유형이 상이할 경우 무인항공기를 활용하여 이미지를 구축한 후 내업 과정에서 빠르고 정확하게 수정작업을 진행할 수 있다.

2.3.3 정사영상 제작방법

무인항공기를 활용하여 촬영한 영상을 바탕으로 정사영상 제작방법을 간략하게 살펴보면(그림 2-5), 우선 드론의 정사영상 편집 프로그램으로는 일반적으로 3D Survey와 Pix4D Mapper를 많이 활용한다. 이 중 Pix4D Mapper를 활용한 정사영상 편집은 먼저 Pix4D Mapper를 실행하면 아이디와 비밀번호를 입력하게 된다. 이후에는 라이선스를 체크하는 항목을 확인할 수 있으며 해당 항목을 체크하면 작업화면이 나타난다.

다음으로는 새로운 정사영상의 파일명과 파일이 저장될 위치에서 촬영된 이미지를 컴퓨터로 옮기는 작업이 선행되어야 한다. 일반적으로 기체 하부의 측면에 내장된 Micro USB를 분리한 후 컴퓨터에 연결하여 이미지를 옮길 수 있으며 촬영된 이미지는 폴더, 파일, 디렉토리, 비디오 단위로 선택 가능하다.

계속해서 다른 기초자료들과 마찬가지로 촬영된 이미지 파일에 좌표계를 입력한 후, 기체에 설정되어 있는 WGS84, EGM 96 Geoid를 선택하면 된다. 출력 좌표계의 경우 알려진 좌표계 EPSG를 클릭 후 5186(Korea 2000)

을 선택하며, 수직 좌표계는 고급 좌표 옵션을 클릭한 이후 EGM 2008 Geoiod를 선택하면 된다. 이미지의 보정은 지상기준점(Ground Control Point)이라고 불리는 GCP값을 활용하여 보정작업을 진행할 수 있으며, 드론 영상을 촬영하기 전에 대상부지 내에 여러 곳의 GCP값을 설정하여 정확도를 높일 필요가 있다.

이상과 같이 비오톱 현장조사는 1차 현장조사(개략적인 포괄적 현황조사), 2차 현장조사(현장 정밀조사), 1차 및 2차 현장조사의 고도화를 위한 조사기법으로 구분하여 기술하였다. 특히 2차 현장조사(현장 정밀조사)에서 수행하는 상세한 야생 동·식물상 조사 결과는 실제로 가치 있는 비오톱을 찾아내는 2차 평가를 위해 매우 중요한 기초자료이다. 이러한 중요성을 감안하여 다음 절에서는 야생 동·식물상 조사방법을 구체적으로 기술하였다.

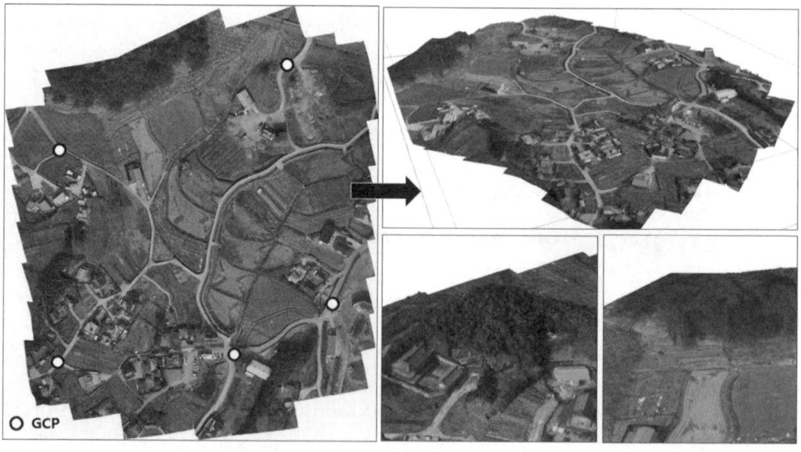

그림 2-5 GCP 포인트 및 생성된 정사영상 사례도면

3. 야생 동식물 현장 정밀조사

야생 동식물에 대한 현장 정밀조사자료는 특히 2차 평가에서 직접적으로 활용된다. 2차 평가는 앞서 기술한 바와 같이 1차 평가 결과(비오톱 유형평가) 중간 등급 이상으로 평가된 비오톱 유형들을 대상으로 실제로 가치 있는 비오톱을 찾아내는 데 의의를 두고 있다. 아래에서는 야생 동식물에 대한 현장 정밀조사가 필요한 분류군을 포유류, 조류, 양서·파충류, 어류, 곤충류, 식물상으로 제한하였다.

2차 평가에 직접적으로 적용할 수 있는 각 분류군별 현장 정밀조사의 주요 내용으로는 각기 다른 분류군별 현장조사 야장표를 기본으로 하되 공통적으로 특히 종수, 풍부도, 우점종, 고유종, 희귀 또는 멸종위험에 처한 종의 출현 유무, 서식지의 경관생태적 특성 등에 대한 조사자료가 반드시 뒷받침되어야 한다. 또한 조사자료의 정확도를 높이기 위해서 각 분류군별 현장조사는 경험이 풍부한 전문가의 직접조사 또는 도움이 필수적이다. 다만 아래에서는 분량 관계상 각 분류군별 각기 다른 현장 조사방법에 주안점을 두어 기술하였다.

3.1 포유류 조사

중·대형 포유류는 신체적 특징과 살아가는 방식에 따라 서식 지역 내에 다양한 흔적을 남기는 특성을 보인다(최태영과 최현명, 2007). 조사 지점을 중심으로 반경 50m 이내의 조사 범위를 설정하고 직접 목격, 흔적 조사(발자국, 배설물, 식흔, 굴 등) 및 포획조사(소형 포유류) 등을 통해 서식 여부를 확인하고 현장조사 야장표(표 2-9)에 의거해서 기록하게 된다. 필요에 따라 포유류의 주요 이동 경로로 예상되는 지점에 무인센서 카메라를 설치하여 조사하기도 한다. 조사는 각 지점별 1회 이상 실시하되, 가급적 흔적을 찾기 용이한 늦가을이나 겨울철 조사를 포함하여 2회 조사를 기본으로 하고, 이동 중 관찰된 로드킬로 인한 사체가 법정보호종일 경우 주변 지역을 조사하여 분포도 작성에 활용한다. 이 외에 문헌조사와 청문조사도 함께 병행하지만 실제 서식이 확인되지 않은 경우에는 분포도 작성에서 활용하지 않는 것이 일반적이다. 아래에서는 다양한 포유류 조사방법 가운데 일반적으로 많이 이용하고 있는 흔적조사, 야간탐색등 조사, 무인센서 카메라 조사, 포획조사(소형 포유류) 방법에 대해 기술하였다.

3.1.1 흔적 조사

흔적조사란 말 그대로 야생 동물이 남긴 흔적을 조사하여 서식종의 출현 유무를 판단하는 방법이다. 흔적의 종류로는 발자국, 배설물, 먹이를 먹은 흔적, 털, 발톱을 이용한 세력권 표시 등이 대표적이다(그림 2-6).

a. 고라니 발자국 b. 멧돼지 식흔

그림 2-6 포유류의 서식 흔적

조사경로의 선정은 목적에 따라 상이하나 서식종의 확인이 목적인 경우에는 조사 대상지 내에 임의의 조사경로를 선정하여 추적조사를 수행한다. 흔적이 발견되면 종명, 흔적의 종류와 크기 및 좌표 등을 기록한다. 특히 흔적을 남긴 주변의 환경 및 생태적 특성, 지형적 조건 등 모든 요소들을 기록하고 사진촬영하여 내업에서 포유류를 동정하는 데 활용할 필요가 있다. 흔적조사는 특별한 장비를 필요로 하지 않기 때문에 저렴한 비용으로 조사를 수행할 수 있다는 장점을 가지고 있다. 하지만 일반적으로 흔적을 발견하거나 작은 단서들을 바탕으로 포유류를 동정하기 위해서는 전문지식과 많은 경험이 필수적이다(이우신 등, 2017).

3.1.2 야간탐색등 조사

야간탐색등 조사(searchlight survey)는 일정경로를 설정한 이후 야간에 탐색등을 사용하여 조사구 내에서 관찰되는 종을 확인하고 개체 수 등을 기록하는 방법이다. 대상지역에 서식하는 종의 파악과 함께 여러 대상 지역 간 개체 수의 상대적인 많고 적음을 파악하는 데 용이한 조사방법이다. 하지만 야생 동물이 자동차 또는 손전등의 불빛을 사전에 인지하고 서식지를 벗어나는 문제점이 발생하기 쉽다. 뿐만 아니라 조명을 보고 조사자에게 접근할 경우 안전상의 문제가 발생할 소지가 높아 조사자의 충분한 전문지식과 많은 경험이 필수적으로 요구되는 조사방법이다.

3.1.3 무인 센서카메라 조사

무인 센서카메라 조사는 일반적으로 중형 또는 대형 포유류를 대상으로 하며, 이들의 이동로상에 사진 또는 영상을 기록할 수 있는 일정 수 이상의 카메라를 설치한 후 촬영 결과물을 통해 종 및 개체 수 등을 조사하는 방법이다. 현행 야생 동물 모니터링 방법은 일반적으로 조사원의 육안판독에 의존하고 있는바, 시간적 소모가 크고 특히 숙련도에 따라 조사 결과가 다르게 나타나는 문제점을 보이고 있다.

이러한 측면에서 무인 센서카메라 조사는 야생 동물의 서식 현황을 보다 정밀하고 신속하게 조사할 수 있는 장점을 가지고 있으며, 특히 고해상도 촬영기기의 발달과 맞물려 많이 활용되고 있는 야생 동물 조사방법이다. 최근에는 인공신경망 기술을 활용하여 컴퓨터가 영상을 학습하고 인간이 인식하는 데이터를 추론 및 인식하도록 함으로써 보다 정확한 데이터를 확보할 수 있도록 고도화 작업이 진행 중이다(국립공원연구원, 2021).

3.1.4 포획조사

포획조사는 소형 포유류를 대상으로 조사할 경우 가장 많이 활용되는 방법이다. 조사지는 목적에 따라 지형과 식생 조건을 통일시키거나 비교 대상지로서 다른 조건을 선택할 수도 있다. 포획용 덫이 설치된 지점에는 말뚝이나 형광 테이프를 이용하여 표시를 하고 수시로 보수를 실시하여 정확한 위치를 파악할 수 있도록 하는 것이 중요하다.

또한 연구 목적에 맞게 덫의 설치지점을 선정하되, 다양한 종을 확인하기 위해서는 굴, 배설물 등과 같은 흔적 주변에 덫을 설치하는 것이 포획률을 높이는 방법이다. 조사지의 크기, 설치할 덫의 개수, 설치지점 간 거리 등도 연구 목적에 맞게 설정하여야 하며 일반적으로 10~20m 간격으로 설치한다. 생포용 덫의 경우 설치한 후에는 입구를 개방해 놓은 상태로 12시간 이상 방치해 놓는 것은 바람직하지 않다. 특히 대부분의 소형 포유류는 야행성이기 때문에 해 지기 전 덫을 개방해 놓고 이튿날 아침에 점검하는 것이 바람직하다. 대상종이 식충목(insectivore)일 경우에는 식충목의 신진대사율이 매우 높다는 점을 감안하여 하루 4회 이상 점검하는 것이 바람직하다.

특히 멸종 위기 야생 생물의 출현 유무는 비오톱 가치평가를 위한 중요 지표이다. 멸종 위기 야생 생물은 자연적 또는 인위적 위협요인으로 인하여 개체 수가 현격히 감소하거나 소수만 남아 있어 가까운 장래에 절멸될 위기에 처해 있는 야생 생물을 의미한다. 법으로 지정하여 보호·관리하는 법정보호종이기도 하며, 현재 멸종 위기 야생 생물 I급과 멸종 위기 야생 생물 II급으로 나누어 지정 관리하고 있다. 멸종 위기 야생 생물 I급은 자연적 또는 인위적 위협요인으로 인하여 개체 수가 많이 줄어들어 멸종 위기에 처한 야생 생물로서 현재 포유류는 14종이 지정되어 있으며(표 2-8),

표 2-8 멸종 위기 I급으로 지정된 포유류 종 목록

구분	Korean Name(한글명)	Scientific Name(학명)
멸종 위기 I급 (14종)	늑대	Canis lupus coreanus
	대륙사슴	Cervus nippon hortulorum
	무산쇠족제비	Mustela nivalis Linnaeus
	물범	Phoca largha Pallas
	반달가슴곰	Ursus thibetanus ussuricus
	붉은박쥐	Myotis rufoniger
	사향노루	Moschus moschiferus Linnaeus
	산양	Naemorhedus caudatus
	수달	Lutra lutra
	스라소니	Lynx lynx
	여우	Vulpes vulpes peculiosa
	작은관코박쥐	Murina ussuriensis Ognev
	표범	Panthera pardus orientalis
	호랑이	Panthera tigris altaica

출처: 국립생물자원관(http://www.nibr.go.kr).

표 2-9 포유류 현장조사 야장표

<table>
<tr><th colspan="3">조사지역(지점번호)</th><td></td><th>조사일시</th><td></td><th>조사자명</th><td></td></tr>
<tr><th colspan="3">날씨</th><th colspan="2">바람</th><th>풍향</th><th>기온</th><th>기타사항</th></tr>
<tr><td colspan="3">맑음 흐림 안개 비</td><td colspan="2">강 중 약 무</td><td></td><td></td><td></td></tr>
<tr><th colspan="2">종명</th><th>관찰
유형</th><th>개체
수</th><th>관찰지점 특성</th><th>특이사항</th><th>관찰지
특성</th><th>GPS 좌표</th></tr>
<tr><td>1</td><td></td><td></td><td></td><td></td><td></td><td></td><td></td></tr>
<tr><td>2</td><td></td><td></td><td></td><td></td><td></td><td></td><td></td></tr>
<tr><td>3</td><td></td><td></td><td></td><td></td><td></td><td></td><td></td></tr>
<tr><td>4</td><td></td><td></td><td></td><td></td><td></td><td></td><td></td></tr>
<tr><td>5</td><td></td><td></td><td></td><td></td><td></td><td></td><td></td></tr>
<tr><td>6</td><td></td><td></td><td></td><td></td><td></td><td></td><td></td></tr>
<tr><td>7</td><td></td><td></td><td></td><td></td><td></td><td></td><td></td></tr>
<tr><td>8</td><td></td><td></td><td></td><td></td><td></td><td></td><td></td></tr>
<tr><td>⋮</td><td></td><td></td><td></td><td></td><td></td><td></td><td></td></tr>
<tr><th colspan="3">서식 가능 미확인종</th><td colspan="2"></td><th>이유</th><td colspan="2"></td></tr>
<tr><th colspan="3">흔적 발견 용이도</th><td colspan="2">쉬움 보통 어려움</td><th>이유</th><td colspan="2"></td></tr>
</table>

* 서식지판단기준
 - 수달, 담비, 삵, 하늘다람쥐
   A: 동일 지역(격자)에서 사용하고 있는 보금자리가 발견되고 실체가 1회 이상 확인됨
   B: 동일 지역(격자)에서 배설물(오래된 것, 신선한 것 2개 이상)이 2회 이상 발견됨
   C: 동일 지역(격자)에서 발자국이 2회 이상 발견됨
   D: 동일 지역(격자)에서 실체가 2회 이상 발견됨
 - 수달
   E: 하천에서 새끼와 어미가 함께 활동하는 모습이 관찰되는 지역(번식활동이 이루어지는 지역)
   F: 장기적 사용흔적(실체, 최근이용 배설물 다수)이 있는 보금자리가 존재(하천경계부에서 20m 이내)
 - 삵
   G: 산림우수한 지역의 5m 이내에 변색된 배설물(서식흔적)과 신선한 배설물이 3곳 이상 관찰됨
 - 하늘다람쥐
   H: 실체가 1회 이상 확인되고, 주변에 다수의 배설물이 산재한 지역
* 관찰유형 구분
 - 목견, 울음소리, 먹이흔적, 발자국, 배설물, 털, 사체 등

출처: 「도시생태현황지도의 작성방법에 관한 지침」(2021).

표 2-10 포유류 현장조사 속성정보

구분		필드유형	세부 사항		비고
①	조사지역		필드길이	-	
②	종명*		필드길이	-	
③	개체 수		-	-	
④	관찰유형		필드길이	-	
⑤	판단근거		필드길이	-	
⑥	특이사항		필드길이	-	
GPS 좌표(경도)	⑦ 도	Short 정수	-	-	
	⑧ 분	Short 정수	-	-	
	⑨ 초	소수	소수점자릿수	1	
GPS 좌표(위도)	⑩ 도	Short 정수	-	-	
	⑪ 분	Short 정수	-	-	
	⑫ 초	소수	소수점자릿수	1	
⑬	날씨	문자	필드길이	-	
⑭	바람	문자	필드길이	1	
⑮	풍향		필드길이	-	
⑯	기온		소수점자릿수	1	
⑰	기타사항		필드길이	-	
⑱	관찰지 특성		필드길이	-	
⑲	미확인종		필드길이	-	
⑳	발견용이도		필드길이	-	
㉑	조사일시		필드길이	-	
㉒	조사자명		필드길이	-	

* : 동일 조사지역에서 출현한 종별로 레코드를 생성함

출처: 「도시생태현황지도의 작성방법에 관한 지침」(2021).

해당 종이 출현할 경우 가치가 매우 높은 비오톱 유형으로 판단할 수 있는 충분한 근거가 된다. 멸종 위기 Ⅰ급으로 지정된 포유류에 대한 사진은 국립생물자원관 '한반도의 생물다양성' 홈페이지에서 확인할 수 있다.

3.2 조류 조사

조류 조사는 대상지역의 서식지 특성 및 기존 조사된 조류상 등을 고려하여 적절한 시기에 지점별 2회 이상 조사를 실시하는 것이 바람직하다. 조류는 이동성에 따라 텃새(연중 관찰), 여름철새(여름에 도래), 통과철새(봄과 가을에 도래), 겨울철새(겨울에 도래)로 구분된다. 일반적으로 번식기와 월동기로 구분하여 조사를 실시하며, 봄철과 가을철은 이동 조류가 중복 관찰될 수 있으므로 두 계절만으로 조사하는 것은 바람직하지 않다.

조사는 특히 산림의 경우 조류의 활동이 가장 활발한 일출 전 30분부터 오전 중으로 하되, 지점별 거리 및 환경 특성을 고려하여 조사 시간을 평균 4시간 정도로 통일할 필요가 있다. 쌍안경 및 망원경을 활용하여 직접 관찰하거나 울음소리, 둥지 등을 통해 종을 구분하며, 현장조사 야장표(표 2-13)에 의거해서 조사정보를 기록한다. 다만 관찰 조류의 비행 시 이동 방향을 고려하여 가급적 중복 산정을 배제하는 것이 바람직하다.

척추동물 가운데 하나인 조류는 깃털(feather)을 가지고 있고 체온이 외부 온도 변화에 관계없이 일정하게 유지되는 항온동물이며(포유동물인 사람은 체온이 36~37℃인데, 조류는 그보다 높은 42~43℃이다), 알을 낳는다는 특성을 가지고 있으며, 다른 동물과 가장 두드러진 특징은 날 수 있다는 점이다. 이와 같은 특성을 가진 조류를 조사하는 방법으로는 전수조사법, 선조사법, 정점조사법, 세력권 도식법 등이 있으며, 각각의 주요 내용은 아래와 같다.

3.2.1 전수조사법

전수조사란 사전적 의미 그대로 조사 대상에 해당하는 비오톱에 서식하고 있는 전체 개체 수를 조사하고 기록하는 방법이다. 이러한 전수조사는 두루미, 고니, 도요새 및 월동기의 오리류를 대상으로 적용 가능하다. 전수조사를 통하여 정확한 개체 수를 파악하기 위해서는 다음과 같은 조건이 요구된다.

- 조사 대상이 되는 무리의 규모가 너무 크지 않아야 한다.
- 조사 대상이 한눈에 관찰이 가능하도록 일정 거리 내의 비교적 좁은 지역에 무리지어 있거나 개방된 지역에 약간 흩어져 있어야 한다.
- 교란요인이 없어 안정된 상태로 휴식을 하고 있는 경우이어야 한다.

이와 같은 조건하에서는 쌍안경 또는 망원경을 이용하여 개체 수를 직접 확인할 수 있다. 반면 전수조사를 통하여 개체 수를 확인하기 어려운 경우도 있다. 예를 들면, 조사 대상의 규모가 너무 크거나 대상 개체들이 교란으로 인해 조사지역 내를 지속적으로 이동하는 경우, 상당히 높은 밀도로 모여 있는 경우, 조사지역의 지형적 특성상 무리의 일부를 관찰할 수 없는 경우, 역광이나 안개 등 관찰조건이 좋지 않은 경우 등이다. 이런 경우에는 타 조사법을 활용하는 것이 보다 더 바람직하다.

3.2.2 선조사법

선조사법(line transect)이란 조사범위가 중복되지 않도록 동선을 정하고 도보 또는 차량을 이용하여 조사지 대상 주변 양방향으로 일정 거리 이내에 출현하는 모든 조류를 직접관찰하거나 울음소리, 둥지 등을 통하여 종 및 개체 수를 파악하는 조사방법이다.

경로상 좌·우측의 조사 범위는 활엽수림의 경우 시야가 확보되는 거리가 25m 정도임을 고려하여 약 25m로 설정한다. 넓은 초지나 강에서 보트를 이용하여 조사하는 경우에는 관찰 범위를 보다 넓게 설정하는 것이 바람직하다. 다만 조사 결과를 통해 조사면적당 관찰종 및 개체 수를 산정하고자 할 경우에는 조사경로 좌·우측의 관찰 범위를 동일하게 설정하여야 한다. 또한 관찰된 종과 개체 수를 기록할 때 조사경로로부터의 수직거리를 함께 기록해서 내업에서 면적과 관련된 다양한 분석을 위한 기초자료로 활용할 필요가 있다.

조사경로는 일정 지역의 조류상 파악이 목적일 경우 지역 내의 다양한 환경이 포함될 수 있도록 경로를 선정할 필요가 있다. 조사시기는 조사지역의 계절별 조류상을 파악하는 것이 목적일 경우 최소한 계절별로 조사를 수행하는 것이 바람직하다. 조사시간은 산림성 조류의 경우 활동이 활발해지는 일출 30분 전부터 시작해서 오전 중에 조사를 종료하는 것이 일반적이다. 비가 오거나 바람이 심하게 불면 조류의 활동에 영향을 주어 관찰이 어렵기 때문에 그런 날은 가급적 조사를 하지 않는 것이 바람직하다.

3.2.3 정점조사법

정점조사법(point transect)은 육상에 서식하는 조류의 개체 수를 확인하는 데 가장 많이 활용되고 있는 조사법이다. 정점조사 방법은 조사대상지를 모두 포함할 수 있는 정점을 여러 지점에 설정한 후, 여기서 육안 또는 조사장비를 통해 직접 관찰되거나 울음소리, 둥지 등 간접관찰로 확인된 모든 종을 기록하는 조사방법이다. 조사 시간은 한 정점당 10~30분 정도 머

물며 개체 수를 파악하는 것이 일반적이다. 앞서 살펴본 선조사법과 정점 조사법을 간략히 비교해 보면 [표 2-11]과 같다.

표 2-11 선조사법과 정점조사법의 특징 비교

구분	선조사법	정점조사법
조사지점의 특징	넓고, 개방되어 있으며 균일한 모양의 서식지에 적합	산림 및 관목의 밀도가 높은 서식지에 적합
적합한 조류종의 특징	이동성이 크고 몸집이 크거나 눈에 잘 띄는 종에 적합	몸을 잘 숨기고, 민감하여 조심스럽게 이동하는 종에 적합
개체군 및 종의 밀도	개체군 및 종의 밀도가 낮은 지역에 적합	개체군 및 종의 밀도가 높은 지역에 적합
중복 계수의 영향 여부	조사자 이동 시에 중복 계수되는 것이 큰 문제가 되지 않음	조사 시 중복 계수가 조사 결과에 큰 영향을 미침
접근성 여부	접근성이 좋은 곳에 적합	접근성이 제한된 곳에 적합
조사 결과의 활용성	종과 서식지의 관계에 관한 연구에 이용	종과 서식지의 관계에 관한 연구에 더 적합
조사거리 측정 시 오차의 영향	조사거리 측정에 있어서의 오차가 밀도 측정에 큰 영향을 미치지 않음	조사거리 측정에 있어서의 오차가 밀도 측정에 큰 영향을 미침

출처: William et al.(2005), 이우신 등(2017), 수정 후 재작성.

3.2.4 세력권 도식법

대부분의 조류는 번식기에는 동일한 종에 대해 배타적이며 일정 면적의 세력권을 가지는 특성이 있다. 이 시기의 조류 군집은 연중 가장 안정적인 분포 상태를 유지한다고 볼 수 있다. 세력권 도식법(territory mapping)은 조류의 번식기에 세력권을 중심으로 나타나는 적극적인 방어 행동을 반복적으로 기록하고 그 결과를 중첩시킴으로써 각 종별 세력권을 파악하여 최종적으로 조사지 내의 번식 개체 수를 산정하는 방법이다.

세력권 도식법은 일정 지역 내에 번식하고 있는 개체 수를 비교적 정확하게 산정할 수 있어 신뢰성이 높은 조사방법이라 볼 수 있다. 하지만 다른 조사방법에 비해 조사지 선정 및 구획 작업과 조사 횟수에 있어 많은 노력과 시간이 필요하고, 정밀한 조사가 요구되기 때문에 넓은 면적에는 적용이 어려운 단점을 가지고 있다. 또한 울지 않는 종, 세력권이 없는 종 역시 세력권 도식법을 통한 개체 수 파악에는 한계가 있다.

한편 멸종 위기 야생 생물의 출현 유무는 비오톱 가치평가를 위한 중요한 지표이다. 멸종 위기 야생 생물 Ⅰ급은 자연적 또는 인위적 위협요인으로 인하여 개체 수가 많이 줄어들어 멸종 위기에 처한 야생 생물로서 현재 조류는 16종이 지정되어 있으며(표 2-12), 해당 종이 출현할 경우 가치가 매우 높은 비오톱 유형으로 평가할 수 있다. 멸종 위기 Ⅰ급으로 지정된 조류종에 대한 사진은 국립생물자원관 '한반도의 생물다양성' 홈페이지에서 확인할 수 있다.

표 2-12 멸종 위기 Ⅰ급으로 지정된 조류종 목록

구분	Korean Name(한글명)	Scientific Name(학명)
멸종 위기 Ⅰ급 (16종)	검독수리	Aquila chrysaetos
	고니	Cygnus columbianus
	넓적부리도요	Eurynorhynchus pygmeus
	노랑부리백로	Egretta eulophotes
	느시	Otis tarda Linnaeus
	두루미	Grus japonensis
	먹황새	Ciconia nigra
	뿔제비갈매기	Thalasseus bernsteini
	저어새	Platalea minor Temminck & Schlegel
	참수리	Haliaeetus pelagicus
	청다리도요사촌	Tringa guttifer
	크낙새	Dryocopus javensis
	호사비오리	Mergus squamatus Gould
	혹고니	Cygnus olor
	황새	Ciconia boyciana Swinhoe
	흰꼬리수리	Haliaeetus albicilla

출처: 국립생물자원관(http://www.nibr.go.kr).

표 2-13 조류 현장조사 야장표

조사지역(지점번호)		조사일시		조사자명	

날씨(선택)	바람(선택)	풍향	기온	기타사항
맑음 흐림 안개 비	강 중 약 무			

번호	시간	종명	개체수	관찰지역 현황	이용 대상	이용층위					주요 행동	GPS 좌표
						교	아	관	초	기타		
1												
2												
3												
4												
5												
⋮												

* 서식지판단근거: 아래의 서식판단기준표를 참고하여 기호로 기록
a: 성조가 둥지 또는 둥지가 있을 것으로 예상되는 장소를 3회 이상 출입하는 것을 관찰
b: 성조가 포란 또는 새끼를 품고 있는 것을 관찰
c: 성조가 새끼의 배설물을 운반하고 있는 것을 관찰
d: 성조가 새끼에게 먹이를 운반 또는 경계하는 것을 관찰
e: 의상행동을 관찰
f: 교미행동을 관찰(겨울철새/통과철새는 제외)
g: 당해 또는 2년 이내에 이소한 것으로 추정되는 둥지를 관찰
h: 둥지 트는 행동을 관찰(둥지로 이용코자 땅 파는 행동 포함)
I: 성조가 둥지를 틀 때 쓰이는 재료를 운반하는 것을 관찰
j: 알이 있는 둥지를 관찰
k: 성조가 앉아 있는 둥지 근처에서 그 종의 알 껍질을 관찰
l: 새끼가 들어 있는 둥지를 관찰
m: 둥지 근처에서 거의 이동하지 못하는 새끼를 관찰
n: 새끼의 소리를 들음

* 관찰지 현황
①_도시화 ②_산림(군집명 기록) ③_초지 ④_논 ⑤_밭 ⑥_수역 ⑦_공중 ⑧_기타(기록)

* 이용대상
①_수종명 ②_흙 ③_물 ④_인공물

* 이용층위
(교)_교목층 (아)_아교목층 (관)_관목층 (초)_초본층 (수면)_수면 (수변)_수변

* 주요행동
①_채이 ②_휴식 ③_Song ④_Cal ⑤_Flying ⑥_Pass ⑦_목욕 ⑧_물먹기 ⑨_번식행동(구애, 집짓기 등)

출처: 「도시생태현황지도의 작성방법에 관한 지침」(2021).

표 2-14 조류 현장조사 속성정보

구분		필드유형	세부 사항		비고
① 조사지역		문자	필드길이	-	
② 종명		문자	필드길이	-	
③ 개체 수		Short 정수	-	-	
④ 판단근거		문자	필드길이	-	
GPS 좌표 (경도)	⑤ 도	Short 정수	-	-	
	⑥ 분	Short 정수	-	-	
	⑦ 초	소수	소수점자릿수	1	
GPS 좌표 (위도)	⑧ 도	Short 정수	-	-	
	⑨ 분	Short 정수	-	-	
	⑩ 초	소수	소수점자릿수	1	
⑪ 날씨		문자	필드길이	2	
⑫ 바람		문자	필드길이	1	
⑬ 풍향		문자	필드길이	-	
⑭ 기온		소수	소수점자릿수	1	
⑮ 기타사항		문자	필드길이	-	
⑯ 시간		문자	필드길이	-	
⑰ 관찰지현황		문자	필드길이	-	
⑱ 이용대상		문자	필드길이	-	
⑲ 이용층위		문자	필드길이	-	
⑳ 주요행동		문자	필드길이	-	
㉑ 조사일시		문자	필드길이	-	
㉒ 조사자명		문자	필드길이	-	

*: 동일 조사지역에서 출현한 종별로 레코드를 생성함
출처: 「도시생태현황지도의 작성방법에 관한 지침」(2021).

3.3 양서·파충류 조사

양서·파충류의 조사는 일반적으로 선조사방법을 많이 활용하며, 비오톱의 경계부를 따라가면서 관찰되는 종을 포획하거나 목격하여 종을 구별하는 직접조사와 번식기 때 울음소리를 통해 확인하는 간접조사로 구분된다. 조사시기는 양서·파충류의 번식 시기인 봄과 동면에 들어가는 늦가을을 고려하여 매년 2월부터 10월까지 시행하는 것이 일반적이며, 조사된 자료는 현장조사 야장표(표 2-15)에 따라 기록한다. 서식지 유형별 개체 수의 차이가 나타날 경우 어떠한 요인에 의하여 차이가 나는지를 파악하고 서식지 가치를 높일 수 방향을 모색할 필요가 있다. 양서류, 파충류, 로드킬 조사방법에 관한 구체적인 내용은 아래와 같다.

3.3.1 양서류 조사법

양서류 조사는 각 종의 산란시기를 고려하여 선정된 조사 지점에서 주간조사와 야간조사를 병행하여 수행한다. 주간조사는 조사지역에 정해진 지점을 이동하며 관찰된 알, 유생, 성체의 수 등을 조사하며, 야간조사는 안전이 확보된 지역에서 실시하되 일몰 후부터 4시간 동안 조사하는 것이 일반적이다. 특히 양서류의 야간조사 시에는 울음소리를 확인하거나 손전등을 이용하여 목견으로 서식 유무를 확인하는 것이 중요하다. 양서류 중 유미목(有尾目, Urodela)[1]은 임도 주변과 하천, 농로 등을 따라 물이 고여 있는

1 유미목 또는 도롱뇽목은 양서류의 한 목이며, 이 목에 속하는 동물들을 도롱뇽(salamander)이라고 한다. 유미목 중 환경부 지정 멸종 위기 야생 생물 2급으로 지정된 고리도롱뇽은 오직 대한민국에만 서식하고 있지만 개발계획으로 인해 서식지의 훼손이 심각하게 나타나고 있다.

표 2-15 양서·파충류 현장조사 야장표

조사지역		조사일시		조사자명	
날씨(선택)	바람(선택)	풍향	기온	기타사항	
맑음 흐림 안개 비	강 중 약 무				

번호	시간	종명	개체수	서식처 구조		관차지역현황		수체계			서식지 면적 (m×m)	GPS 좌표
				하상 재료	수변 재료	수역 외	수역 내	수계 연속성	수질	수심 (cm)		
1												
2												
3												
4												
5												
6												
7												
8												
9												
10												
11												
⋮												

* 수계 연속성: ① 100m 이상 연속 / ② 100m 이상 연속지 중 단절된 웅덩이 / ③ 단절된 웅덩이
* 수질: ① 좋음 / ② 보통 / ③ 나쁨
출처: 「도시생태현황지도의 작성방법에 관한 지침」(2021).

표 2-16 야생 양서·파충류 현장조사 속성정보

구분			필드유형	세부 사항		비고
①		조사지역	문자	필드길이	-	
②		종명	문자	필드길이	-	
개체 수	③	성체	Short 정수	-	-	
	④	유생	long 정수	-	-	
	⑤	알덩이	Short 정수	-	-	
GPS좌표 (경도)	⑥	도	Short 정수	-	-	
	⑦	분	Short 정수	-	-	
	⑧	초	소수	소수점자릿수	1	
GPS좌표 (위도)	⑨	도	Short 정수	-	-	
	⑩	분	Short 정수	-	-	
	⑪	초	소수	소수점자릿수	1	
서식처 구조	⑫	하상재료	소수	필드길이	1	
	⑬	수변재료	문자	필드길이	-	
관찰지 현황	⑭	수역내	문자	필드길이	1	
	⑮	수역외	문자	필드길이	-	
수체계	⑯	수계연속성	문자	필드길이	1	
	⑰	수질(탁도)	문자	필드길이	-	
	⑱	수심(cm)	Short 정수	-	-	
⑲		날씨	문자	필드길이	-	
⑳		바람	문자	필드길이	-	
㉑		풍향	문자	필드길이	-	
㉒		기온	소수	소수점자릿수	1	
㉓		기타사항	문자	필드길이	-	
㉔		시간	문자	필드길이	-	
㉕		서식면적(m^2)	소수	소수점자릿수	1	
㉖		조사일시	문자	필드길이	-	
㉗		조사자명	문자	필드길이	-	

*: 동일 조사지역에서 출현한 종별로 레코드를 생성함
출처: 「도시생태현황지도의 작성방법에 관한 지침」(2021).

웅덩이를 관찰하고, 무미목(無尾目, Salientia)[2]은 주변의 논과 밭, 하천 등을 중심으로 관찰하는 것이 효과적이다.

서식지 유형(표 2-17)에 따른 양서류 조사는 조사지역(최소 면적 50×50m, 선형 구간 100m)을 이동하며 알과 유생, 그리고 성체의 수를 정량적으로 파악한다. 이때 성체의 경우에는 조사지역 내 바위, 통나무, 낙엽 등을 중점적으로 조사하고, 알 또는 알 덩어리, 유생의 경우에는 목견 조사를 하거나 필요 시 뜰채 및 조사 도구를 활용하면 효과적이다.

표 2-17 양서·파충류 서식지 유형 구분

대분류	농업지역	산림지역	습지대	기타지역
중분류	논(평지, 산림)	계곡	하천	해안
	밭(평지, 산림)	사방 댐	저수지	시가화 지역
	과수원(평지, 산림)	임도	묵논(경작지, 산림)	도로
	초지대	초지대	초지대	
	수로(자연, 인공)	수로(자연, 인공)	수로(자연, 인공)	
	웅덩이	웅덩이	웅덩이	

3.3.2 파충류 조사법

파충류 역시 종의 활동시기를 고려하여 2월에서 10월 사이에 주간조사와 야간조사를 병행하여 수행하는 것이 일반적이다. 주간조사의 경우 양서류와 동일하게 정해진 조사면적 또는 구간을 이동하며 우선 목견으로

2 무미목 또는 개구리목은 양성류의 하위 분류로 개구리, 두꺼비, 맹꽁이 등이 이에 해당된다. 북방산개구리의 경우 2010년 7월 '기후변화 민감 지표종'으로 지정되었는데 그 이유는 일정기간 따뜻한 온도가 지속된 후 비가 내리면 산란을 시작하기 때문이다. 하지만 최근 기후변화로 인해 산란일이 빨라지고 있어 개체 수가 크게 감소하고 있다.

종을 확인하고 기록한다. 포획이 필요할 경우에는 조사장비를 이용하여 포획하고 동정이 끝나면 바로 포획장소에 방사하는 것이 원칙이다. 야간 조사의 경우 주간조사와 동일한 경로를 따라 이동하며 먼저 목견으로 종을 확인 및 기록한다. 또한 로드킬에 의한 사체를 발견할 경우 콘크리트, 아스팔트 도로, 인공구조물을 통해 서식지를 이동하는 야행성 파충류의 종을 파악할 수 있다. 파충류 중 장지뱀(도마뱀)류는 곡식을 짓지 않고 묵혀두어 거칠어진 밭인 묵정밭, 초지, 하천, 계곡 주변과 햇볕이 잘 드는 곳에 쌓여 있는 돌을 들추어 확인하거나, 이동 중인 개체는 곤충채집용 포충망을 이용해 채집, 확인할 필요가 있다. 또한, 뱀류(蛇類)는 저지대의 임연부, 묵정밭 주변, 하천 등에서 주로 관찰하는 것이 유리하며, 석축, 돌담, 경작지, 돌 밑, 그리고 슬레이트 밑(나무 혹은 비닐, 폐농자재 밑)을 들추어 확인하는 것이 효율적이다.

서식지 유형(표 2-17)에 따른 파충류 조사는 조사지역(최소 면적 50×50m, 선형 구간 100m)을 이동하며 햇볕이 잘 드는 지역을 중심으로 반경 100m 내외 지역의 돌담, 낙엽 및 바위 아래, 돌 틈, 관목과 교목 위, 덤불 속 등을 우선 목견으로 확인하고 기록하는 방식으로 수행한다.

3.3.3 로드킬 조사법

로드킬 조사 시에는 도로 위에서 확인되는 모든 양서·파충류의 개체를 확인하는 것이 중요하며 확인된 개체의 위치, 도로유형, 주변 생태계의 특징, 구조물 현황, 사진자료 등과 같은 로드킬 정보를 도로 좌우로 구분하여 상세하게 기록하여야 한다. 특히 주의하여야 할 점은 로드킬 개체의 사진촬영이나 종 확인 시에는 반드시 차량 비상등을 점멸하고 차량 통행에 주의하여야 한다.

마지막으로 멸종 위기 야생 생물의 출현 유무는 비오톱 가치평가를 위한 중요한 지표이다. 멸종 위기 야생 생물 Ⅰ급으로 지정된 양서·파충류는 2종, Ⅱ급으로 지정된 양서·파충류는 6종이며(표 2-18), 해당 종이 출현할 경우 가치가 매우 높은 비오톱 유형으로 평가할 수 있다. 멸종 위기 Ⅰ급, Ⅱ급으로 지정된 양서파충류에 대한 사진은 국립생물자원관 '한반도의 생물다양성' 홈페이지에서 확인할 수 있다.

표 2-18 멸종 위기 Ⅰ급 및 Ⅱ급으로 지정된 양서·파충류 종 목록

구분	Korean Name(한글명)	Scientific Name(학명)
멸종 위기 Ⅰ급 (2종)	비바리뱀(파충류)	Sibynophis chinensis
	수원청개구리(양서류)	Dryophytes suweonensis Kuramoto
멸종 위기 Ⅱ급 (6종)	구렁이(파충류)	Elaphe schrenckii
	남생이(파충류)	Mauremys reevesii
	표범장지뱀(파충류)	Eremias argus
	고리도롱뇽(양서류)	Hynobius yangi Kim and Min and Matsui
	금개구리(양서류)	Pelophylax chosenicus
	맹꽁이(양서류)	Kaloula borealis

출처: 국립생물자원관(http://www.nibr.go.kr).

3.4 어류 조사

3.4.1 조사 목적 및 방법

1) 조사 목적 및 시기

어류 조사의 목적은 하천 비오톱에 서식하고 있는 어류종 및 개체 수를 파악하여 서식지의 생태적 가치를 평가하고 개선 방안을 모색하는 것이

다. 어류 조사 시기는 일반적으로 홍수기를 제외한 3월에서 10월 사이에 실시하는 것이 효과적이다. 또한 현장조사 시 비가 많이 왔다면 최소 2일에서 3일 이상 경과하여 하천과 어류의 서식상태가 안정화된 이후에 조사를 수행하는 것이 바람직하다.

2) 조사인원

조사인원은 작업 강도와 안전사고의 예방을 고려하여 반드시 2인 1팀으로 구성하여야 하며, 투망 1인, 족대 1인을 기준으로 한다. 다른 어구를 활용하여 어류를 채집할 경우에는 2인 또는 그 이상의 인원으로 공동작업을 실시하여야 한다.

3) 어류 채집 장비

어류의 채집은 투망과 족대가 기본 장비로 주로 활용된다. 필요할 경우에는 뜰채, 유인망, 일각망, 자망, 삼각망 및 낚시, 주낙 등을 보조적으로 사용한다. 망의 눈금은 투망의 경우 6×6mm를 기준으로 하고, 족대, 뜰채, 일각망, 삼각망은 5×5mm, 유인망은 3×3mm, 자망은 4~6절과 12절을 기준으로 해서 사용한다.

4) 정성조사와 정량조사

어류조사 방법은 정성조사와 정량조사로 구분된다. 우선 정성조사는 단순히 어류의 종류 및 종 풍부도를 파악하고자 할 때 수행되는 조사기법이다. 정량조사는 종류와 더불어 각각의 어류가 얼마나 많이 서식하고 있는지를 정량적으로 파악하고자 할 때 수행되는 조사기법이다.

먼저 정성조사에서는 위에서 언급한 채집 장비를 사용하여 조사정점을 기준으로 상, 하 약 100m 이내에서 소, 여울, 수초대, 바위와 같은 다양한 수생태계 서식지 환경을 종합적으로 고려하여 어류의 채집 및 조사를 수행한다. 특히 여울과 소는 어류의 채집 및 조사를 위해 중요한 대상공간이다. 여울(Riffle)은 폭기 작용을 통하여 용존산소량을 증가시키고, 유속이 빠르며, 하상 재료는 돌이나 자갈로 이루어져 있어 수서 곤충과 조류 등이 많이 서식하고 있다. 그로 인하여 이들을 먹이로 하는 물고기 등 먹이사슬의 상위계층에 있는 생물종들에게 있어 여울은 좋은 서식처이다. 소(Pool)는 일반적으로 웅덩이라고도 불리며, 유속을 느리게 함으로써 부유물 및 오염물의 침전작용, 흡착작용 및 산화분해작용을 유도하고 어류 등 수생생물의 서식처를 제공하는 공간을 의미한다(그림 2-7). 이러한 소와 여울은 도시 내에 조성되어 있는 직선형의 인공 하천보다는 자연형의 사행하천에서 쉽게 찾아볼 수 있다.

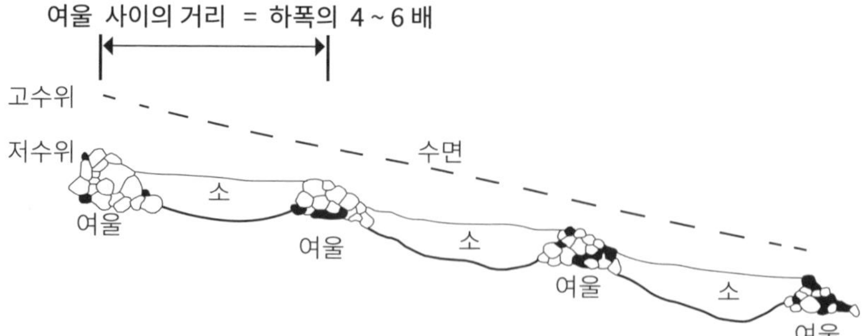

그림 2-7 소와 여울 모식도

정성조사 이후에는 어종별 개체 수를 파악해야 하는바 정량조사를 수행하여야 하며, 정량조사는 유폭에 따라 횟수 및 시간을 달리하여 조사하는 것이 일반적이다. 유폭에 따른 구체적인 투망 횟수 및 족대 시간을 살펴보면 유폭이 3m 이하일 경우 투망 횟수는 0~5회, 족대 시간은 30분 이내이다. 유폭이 3~5m인 경우 투망 횟수는 5~10회, 족대 시간은 30~40분, 유폭이 5m 이상인 경우에는 투망 횟수는 10회 이상, 족대 시간은 40분 이상으로 한다.

채집된 어류는 현장에서 동정한 후 방류하는 것을 원칙으로 하며, 동정이 어렵거나 사진 촬영, 표본 제작 등에 필요한 소수의 개체는 10% 포르말린액에 고정하거나 산 채로 실험실에 운반하여 작업한다. 이와 같이 정성조사와 정량조사를 통해 확인한 어류 종 및 개체 수 외에도 추가적으로 육안관찰을 병행하여 서식하고 있는 어류를 확인한 후 현장조사 야장표(표 2-19)에 의거해서 조사된 정보를 기재한다.

3.4.2 멸종 위기 Ⅰ급으로 지정된 어류

멸종 위기 야생 생물의 출현 유무는 비오톱 가치평가를 위해 선정한 다양한 지표들 가운데 가중치를 가장 높게 부여할 수 있는 매우 중요한 지표이다. 멸종 위기 Ⅰ급으로 지정된 어류는 감돌고기, 미호종개, 흰수마자 등을 포함하여 총 11종이다(표 2-21). 이와 같은 멸종 위기종이 출현할 경우 해당 비오톱 유형은 특별히 보존가치가 높은 비오톱 유형으로 판단할 수 있다. 멸종 위기 Ⅰ급으로 지정된 어류에 대한 사진은 국립생물자원관 '한반도의 생물다양성' 홈페이지에서 확인할 수 있다.

표 2-19 어류 현장조사 야장표

조사지역		조사일시		조사자명	
날씨(선택)	바람(선택)		풍향	기온	기타사항
맑음 흐림 안개 비	강 중 약 무				

중권역 / 코드번호		하천차수	
하천명(구간명)		채집소요시간	
행정구역명 / GPS 좌표		채집도구	

물리적 환경 특성

Stream width(m)	Water width(m)	Water depth(cm)	Water current(m/sec)

하상구조 특성

Boulder (〉256mm)	Cobble (64~256mm)	Pebble (16~64mm)	Gravel (2~16mm)	Sand (〈2mm)

하천 형태 특성

자연형	직강화	복합형	댐/보/교각	하천공사

번호	종명	개체 수	미동정	번호	종명	개체 수	미동정
1				7			
2				8			
3				9			
4				10			
5				11			
6				12			

하천 및 하안 형태 특성(수질, 주변 식생 등)

미동정 어류의 형태적 특성

출처: 「도시생태현황지도의 작성방법에 관한 지침」(2021).

표 2-20 야생 어류 현장조사 속성정보

구분			필드유형	세부 사항		비고
①		조사지역	문자	필드길이	-	
②		종명	문자	필드길이	-	
③		개체 수	Short 정수	-	-	
④		하상재료	문자	필드길이	-	
⑤		하천형태	문자	필드길이	-	
⑥		채집시간	문자	필드길이	-	
⑦		채집도구	문자	필드길이	-	
⑧		유속	문자	필드길이	-	
GPS 좌표 (경도)	⑨	도	Short 정수	-	-	
	⑩	분	Short 정수	-	-	
	⑪	초	소수	소수점자릿수	1	
GPS 좌표 (위도)	⑫	도	Short 정수	-	-	
	⑬	분	Short 정수	-	-	
	⑭	초	소수	소수점자릿수	1	
⑮		날씨	문자	필드길이	2	
⑯		바람	문자	필드길이	1	
⑰		풍향	문자	필드길이	-	
⑱		기온	소수	소수점자릿수	1	
⑲		기타사항	문자	필드길이	-	
⑳		하안특성	문자	필드길이	-	
㉑		증권역/코드번호	문자	필드길이	-	
㉒		하천차수	문자	필드길이	-	
㉓		하천명(구간명)	문자	필드길이	-	
물리적 환경	㉔	하천폭 (m)	Short 정수	-	-	
	㉕	수폭(m)	Short 정수	-	-	
	㉖	수심(cm)	Short 정수	-	-	
㉗		조사일시	문자	필드길이	-	
㉘		조사자명	문자	필드길이	-	

*: 동일 조사지역에서 출현한 종별로 레코드를 생성함
출처: 「도시생태현황지도의 작성방법에 관한 지침」(2021).

표 2-21 멸종 위기 Ⅰ급으로 지정된 어류종 목록

구분	Korean Name(한글명)	Scientific Name(학명)
멸종 위기 Ⅰ급 (11종)	감돌고기	Pseudopungtungia nigra Mori
	꼬치동자개	Pseudobagrus brevicorpus
	남방동사리	Odontobutis obscura
	모래주사	Microphysogobio koreensis Mori
	미호종개	Cobitis choii Kim and Son
	얼룩새코미꾸리	Koreocobitis naktongensis Kim, Park and Nalbant
	여울마자	Microphysogobio rapidus Chae and Yang
	임실납자루	Acheilognathus somjinensis Kim and Kim
	좀수수치	Kichulchoia brevifasciata
	퉁사리	Liobagrus obesus Son, Kim and Choo
	흰수마자	Gobiobotia naktongensis Mori

출처: 국립생물자원관(http://www.nibr.go.kr).

3.5 곤충류 조사

곤충류의 분류군별 종들은 성격이 다른 다양한 환경에서 광범위하게 분포 및 서식하고 있는 각종 생태계 평가의 지표종으로서 도시 비오톱 지도 작성에서의 활용가치가 높다. 특히 다양한 형태로 분류된 각 비오톱 유형별로 출현하는 곤충류의 종수, 풍부도, 우점종, 고유종, 위험 또는 멸종위기종, 서식지의 경관생태적 특성(특히, 기주식물과의 관계 등) 등에 관한 조사자료는 비오톱 유형 및 비오톱의 생태적 가치평가에서 중요하게 고려되는 평가 지표들이다. 이러한 곤충에 대한 정보를 확보 및 활용하기 위해서는 우선적으로 직접 곤충을 채집하고 관찰하는 방법 및 표본을 제작하는 방법을 습득하는 것이 가장 기본이 된다(권용정 등, 1994; 권용정 등, 1996; 권용정 등, 2004).

곤충류는 우리 주위에서 흔히 볼 수 있으며 어떠한 장소에서라도 쉽게 살 수 있으므로, 특별한 도구가 없더라도 누구나 그 생태를 관찰할 수가 있고 필요 시 간단히 채집할 수 있다. 그러나 비오톱 가치평가라는 목적에 부합하는 능률적인 채집을 위해서는 반드시 주요 채집 도구들을 마련하여야 하며, 채집하고자 하는 곤충의 종류에 따라 알맞은 채집 도구와 올바른 사용법을 익히는 것이 중요하다. 따라서 아래에서는 곤충 채집도구(그림 2-8), 채집방법(그림 2-9) 및 현장조사방법(표 2-24, 표 2-25) 등에 대한 기초지식을 습득하는 데 주안점을 두어 기술하였다(권용정, 1993).

3.5.1 채집도구

1) 포충망(insect net)

망은 질긴 나일론 망사를 택하며 눈이 조밀하게 직조된(0.5mm 이하) 흰색 고급품을 사용하는 것이 좋다. 모기장 천은 미소곤충들이 쉽게 통과하므로 피하여야 한다. 테(ring)는 대체로 지름 35~50cm 내외로 강철사(지름 3~5mm)를 휘어서 제작하여 판매되고 있고 보통 휴대에 편리하도록 2단 또는 4단 접이식으로 이루어져 있다. 특히 휴대에 아주 간편하도록 설계되어 강철사를 몇번 둥글게 휘어 접어 지니고 다닐 수 있는 초경량 포충망도 있으며, 재질도 두랄루민, 글래스파이버 등 다양하다. 자루는 보통 1~1.5m의 길이가 알맞으며, 4~5단 조절식으로 길게 늘릴 수 있어 각자의 신체조건이나 용도에 맞게 사용할 수 있다. 주변 환경여건이나 분류군별 종의 특성에 따라 휴대에 편리하도록 30~50cm의 짧은 것도 있으며, 재질 역시 망 테와 마찬가지로 다양하다.

2) 털어잡기망(beating net)

충격에 대한 하방 습성을 가진 곤충류를 잡기 위한 채집망이다. 흰 광목, 테트론 등의 천을 가로세로 약 60~70cm 정도의 정사각형으로 잘라 각 모서리에 대각선상으로 2개의 가벼운 막대기나 경금속 등을 교차시켜서 접거나 펼칠 수 있도록 가운데 부분을 나사로 고정시켜 만든 장비이다. 밝은 색의 우산이나 양산도 대용으로 쓸 수 있다.

3) 수망(aquatic net)

수서곤충을 잡기 위한 망이므로 튼튼한 강철이나 경금속 테를 포충망용 테와 같이 지름 35~40cm로 휘어서 둥글게 또는 사다리꼴 모양으로 만들어 사용하고, 나일론 계통의 아주 질긴 망사와 물에 젖어도 마르기 쉬운 튼튼한 천을 금속테 및 그물망의 접촉부에 재봉하여 사용한다.

4) 그물 덫(말레이즈 트랩, malaise trap)

비행성 곤충이 장애물을 만나면 위로 올라가는 습성을 이용한 것으로 세계적으로 널리 애용되고 있다. 트랩은 텐트형 그물과 지지대, 트랩 안에 들어온 곤충들을 유인하기 위한 포충기로 이루어진다. 포충기에는 살충제를 삽입하는데, 트랩을 설치한 곳에 자주 방문하기 힘들거나 나비목 이외의 곤충을 주로 채집할 목적이라면 에틸알코올을 사용하는 것이 좋다.

한번 설치하면 손쉽게 대량의 곤충을 채집할 수 있고 쓸어잡기 등에 비해 곤충을 분리해 내는 작업이 쉬운 장점이 있지만, 지형, 식생, 풍향, 풍속 등의 영향을 심하게 받기 때문에 채집효율을 높이려면 설치 장소를 잘 선택하여야만 한다.

5) 삼각통(triangle box)

시판하는 것으로는 가죽, 플라스틱, 금속 등이 있으며 허리에 찰 수 있도록 허리띠 고리 장치가 있다. 삼각통을 구하기 힘들면 사각형의 플라스틱통 등을 이용하면 되고, 이것을 허리에 차는 야외용 벨트색(belt sac)에 핀셋, 마취약, 흡충관 등 다른 채집도구와 함께 휴대하면 사용하기 편리하다.

6) 독병(killing jar)

입구가 넓은 빈 병을 이용한다. 폴리에틸렌 계통이나 PAT 또는 유리병을 구하고 뚜껑은 금속이나 코르크마개 등이 좋다. 특히 플라스틱 계통은 에틸아세테이트와 같은 마취제나 독약으로 사용하는 약품에는 녹을 수 있으므로 변성이 없고 내구성이 강한 것을 택한다. 병 밑바닥에 솜이나 거즈 등을 깔고 그 위에 마분지나 코르크판 또는 석고 등을 부어서 봉하고 작은 구멍을 여러 개 뚫어 놓고, 사용 전에 마취제나 독액을 적당량 떨어뜨려 흡수시킨 후에 사용한다.

7) 독관(killing tube)

시판하는 것을 이용할 수도 있겠으나, 시험관, 폴리에틸렌관, 기타 작은 병 등을 이용해도 된다. 채집할 때 밑바닥에 마취제가 든 솜 등을 넣어 둔다. 풍뎅이, 하늘소, 잎벌레 등 딱정벌레류는 손으로 직접 잡아서 한두 마리는 바로 여기에서 고정할 수 있다.

8) 흡충관(aspirator)

주로 몸집이 작은 곤충류를 채집할 때 가장 많이 쓰이는 도구이다. 지름

2.5~3cm, 길이 10~12cm 정도 크기의 유리관이나 투명한 폴리에틸렌관의 한쪽 입구는 곤충이 들어오도록 코르크나 고무마개에 길이 6~8cm, 내직경 5~6mm 내외의 작은 유리관을 꽂는다. 다른 한쪽 마개의 작은 유리관 안쪽 입구는 눈이 가는 그물망으로 막고 그 바깥쪽 끝에다 길이 40~50cm 정도의 흡입용 고무관이나 폴리에틸렌관을 꽂아서 만든다. 이것의 유리관 끝부분을 곤충 가까이 대고 고무관이 달린 다른 한쪽 끝을 입에 물어 공기를 순간적으로 강하게 흡입하여 곤충이 유리관 속으로 빨려 들어오게 한다.

9) 유충관(cage tube)

양쪽이 열린 흡충관용 유리관 또는 플라스틱관의 한쪽 입구를 금속망 또는 나일론망 등으로 막아서 통풍이 되도록 하고, 다른 한쪽은 코르크 등의 마개로 막아서 여닫도록 하며 채집한 곤충의 사육 목적으로 쓴다.

10) 마취솜 병(killing cotton)

솜을 콩알 크기 정도로 비벼 말아서 작은 병 속에 넣고 여기에 마취제를 솜이 흡수할 만큼 부어 둔 후, 한 알씩 핀셋으로 꺼내어 흡충관이나 독관에 집어넣고 곤충을 마취하는 데 사용한다.

11) 마취제

과거에는 에틸에테르[ethyl ether, $(C_2H_5)_2O$)] 및 클로로포름(chloroform, $CHCl_3$) 등을 사용하였으나 이러한 화학약품들은 인체에 치명적인 극히 맹독성으로 유독성 혹은 발암물질로 분류되어 현재는 모두 쓰이지 않고 있으며, 에틸아세테이트(ethyl acetate, $CH_3COOC_2H_5$)를 주로 사용하고 있다. 또한 에틸아세테이트 사용의 장점 중 하나는 마취 후 곤충의 관절부위가 굳어지는 사후 경직 상태 없이 부드럽게 풀어져 제작에 용이하다는 점이다. 그러나 직접 흡입하거나 접촉할 경우 역시 인체에 해로우므로 주의가 필요하며, 채집 목적 이외에는 절대로 사용해서는 안 된다.

12) 액침병

작은 표본병이나 시험관 등을 이용하여 그 속에 에틸알코올(ethyl alcohol) 70~75% 수용액 등과 같은 보존액을 채워 두고 유충이나 피부가 연약한 곤충, 미소곤충 또는 수서곤충 등을 보관하는 데 사용한다.

13) 해부기 세트

해부기 세트로는 핀셋, 안과용 핀셋, 해부 가위, 안과용 가위, 해부칼, 해부침, 주사기, 스포이트, 확대경, 자 등이 있다.

14) 삼각지 및 사각지

채집한 곤충들을 임시 보관하는 용도의 접이용지이며, 유산지 등을 64절지로 절단하여 사용하는 것이 좋다. 나비나 잠자리류는 삼각지에 보관하고, 딱정벌레류나 미소곤충류 등은 사각지에 보관하되, 화장지나 얇은 솜을 안에 깔고 곤충을 보관하면 완충 및 제습 효과가 있다.

15) 기타

이 외에도 뿌리삽, 파리틀, 베를레제 집충기(berlese funnel), 유충등, 유충막,

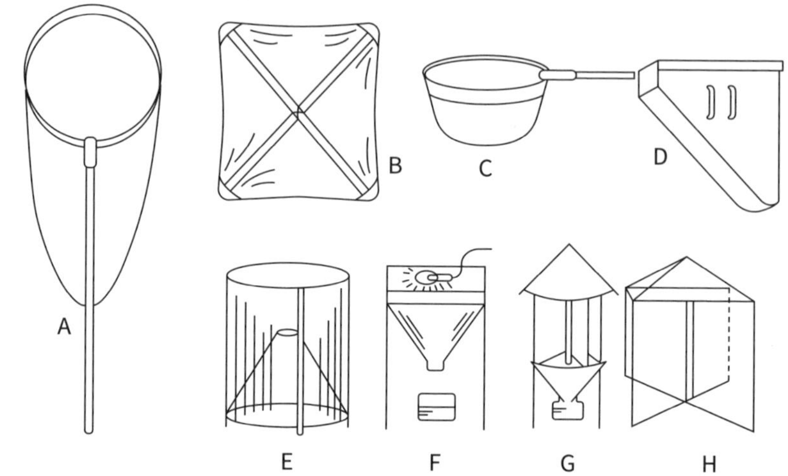

그림 2-8 곤충채집에 필요한 각종 도구(A: 포충망, B: 털어잡기망, C: 수망, D: 삼각통, E: 파리틀, F: 베를레제 집충기, G: 유충등 또는 유아등, H: 그물 덫)

동력흡충기 등이 있다. 또한, 야외 노트는 반드시 지참하여 여러 가지 생태 관찰사항, 기주 식물, 환경조건 등을 메모할 수 있도록 준비하여야 한다.

3.5.2 채집방법

1) 포충망을 사용한 채집

비행 곤충을 포획하기 위한 필수장비이다. 비행 중인 나비류나 잠자리류 등은 포충망을 휘둘러 바로 잡을 수 있고, 특히 나비류의 경우 포충망으로 포획 후 즉시 날개가 손상되지 않게끔 가슴을 살짝 눌러 날개 근육을 파괴시켜 날지 못하게 한다. 꽃이나 나뭇잎에 앉은 경우에는 위에서 수직으로 덮치거나 수평으로 휘둘러서 잡을 수 있다. 일반적으로 곤충류를 잡을 때에는 쓸어잡기(sweeping) 방법으로 수풀이나 기주식물들을 빗자루로 쓸듯이 가볍게 후려쳐 나가면서 채집하면 된다. 대체로 지형이나 수풀의 상태에 따라 10~20회 정도 쓸어서 망 속에 모인 곤충들을 흡충관으로 빨아들여 잡거나, 또는 바로 독병 속에 곤충이 들어 있는 망 부위를 통채로 넣어 5~10분간 마취 고정한 다음, 흰 종이 등에 쏟아 핀셋으로 골라내어 삼각지나 사각지에 싸서 정리하면 된다.

곤충의 생태 습성을 이용한 방법으로는 나비류의 경우 산간계류를 따라 계곡 사이를 날아다니거나 기주식물이 있는 곳을 거의 일정하게 날아다니므로, 날아다니는 길목에서 기다렸다가 잡으면 힘들이지 않고 채집할 수 있다. 때때로 가축의 배설물이 흘러간 길가의 고인물 또는 절벽에서 물이 흘러나오는 곳에 제비나비, 산제비나비 등 큰 나비들이 집단으로 모여들기도 하므로 이들을 채집할 수도 있다. 잠자리류는 한낮에 활동이 가장 왕성하여서 여러 종을 잡기가 힘들기 때문에 이른 아침 이슬이 마르기 전에 못가나 호숫가의 풀, 나뭇가지 등을 주의 깊게 관찰해 보면 방금 탈피한 신선한 개체를 손쉽게 채집할 수 있다. 매미류도 마찬가지로 수풀이나 수목을 주의 깊게 살펴보면 간밤에 우화한 성충을 쉽게 채집할 수 있다. 하늘소, 풍뎅이, 잎벌레류도 아침에 교미한 상태로 있거나 행동이 둔화되어 있으므로 이슬에 축축이 젖은 수풀에서도 쓸어잡기로 비교적 쉽게 많은 표본들을 채집할 수 있다. 특히 쓸어잡기는 짧은 시간 내에 수많은 곤충을 잡을 수가 있고, 노린재, 매미충이나 멸구, 메뚜기, 소형 딱정벌레, 벌, 파리류 등등 다양한 종류를 쉽게 채집할 수 있는 방법이므로 가장 보편적인 채집법이다.

2) 털어잡기망을 사용한 채집

풀잎, 나뭇잎이나 수목에 기생하는 곤충들 중에서 특히 잎벌레, 바구미,

풍뎅이, 하늘소와 같은 딱정벌레류나 노린재류 등은 털어잡기망을 밑에 대 놓고 막대기로 기주식물을 갑작스레 두들기거나 나무의 밑둥치를 발로 쿵쿵 차서 충격을 주면 망 위에 떨어지므로 이들을 흡충관이나 핀셋 등으로 채집하면 된다.

3) 수서곤충의 채집

물속이나 물 위에 살고 있는 곤충은 종류에 따라 산간계류, 하천, 호수, 연못이나 논 등 그 서식처가 다양하며 그 종류도 매우 많다. 이들을 채집하는 방법도 대상 곤충에 따라 다양하다. 헤엄을 치는 종류나 수초에 서식하는 종류, 돌 밑에 있는 종류 등을 수망을 사용해서 채집하거나 수망이 없을 경우 포충망을 대체 이용하는 등, 각기 적절한 방법을 사용해서 채집하면 된다. 이와 같은 방법으로는 수서 딱정벌레류(하루살이, 강도래, 날도래, 잠자리의 유충 및 물방개, 물땡땡이, 물맴이 등), 수서 노린재류(소금쟁이, 장구애비, 물장군, 물자라, 게아재비, 송장헤엄치게, 물벌레, 물둥구리 등) 등 많은 종류를 채집할 수 있다.

4) 고목 및 부식목에 모이는 곤충의 채집

깊은 산중의 오래된 고사목 또는 부식목의 나무껍질 밑이나 표면, 구멍, 버섯 등에 서식하는 종류들은 칼이나 뿌리삽 등으로 주의 깊게 파헤쳐 보면서 흡충관으로 채집하면 된다. 주로 반날개, 거저리, 버섯벌레 등의 딱정벌레류와 집게벌레류, 흰개미, 넓적노린재 또는 이들의 유충에 기생하는 기생벌들을 채집할 수가 있고 방아벌레의 유충들도 잡을 수 있다. 특히 나무에 구멍을 뚫는 하늘소와 바구미 또는 나무좀도 그 식흔을 주의 깊게 관찰하면 쉽게 채집할 수 있다.

5) 동물의 사체나 배설물에 모이는 곤충의 채집

부패되어 가는 동물의 사체나 배설물을 주의 깊게 살펴보면 송장벌레, 똥풍뎅이, 반날개 등 형태가 특이하고 희귀한 종들을 채집할 수 있고, 파리류 등도 많이 채집할 수 있다. 흡충관이나 핀셋 등을 이용하여 잡으면 된다. 특히 목장에 서식하는 똥풍뎅이나 반날개는 초식동물의 배설물 덩어리를 삽으로 떠서 망사자루에 담아 흐르는 물에 씻어 흔들면 섬유질만 남으므로 쉽게 채집할 수 있다.

6) 돌 밑이나 풀밭에 모이는 곤충의 채집

목장 근처나 산간 계류 근처, 수림하의 계곡 등에 있는 바위나 돌 밑을 조사해 보면 때때로 딱정벌레, 먼지벌레, 반날개, 송장벌레 등을 채집할 수 있다. 또한 풀밭에 앉아서 풀뿌리를 세밀하게 헤쳐 보면 여러 가지 희귀종들을 채집할 수도 있다. 특히 겨울철에 양지바른 곳을 찾아 마른 풀뿌리 근처를 살펴보면 톡토기나 월동 중인 잎벌레, 우단풍뎅이 등과 함께 노린재, 멸구·매미충류 등을 채집할 수가 있다. 대부분 채집활동이 멎는 늦가을부터 이른 봄철에 유용한 방법이다.

7) 수액에 모이는 곤충의 채집

참나무, 떡갈나무 등 수간에 상처가 나서 수액이 흘러내리는 곳에는 수액을 빨기 위해 오색나비, 왕오색나비, 홍점알락나비, 표범나비류 등 아름답고 화려한 나비와 함께 풍뎅이, 사슴벌레, 파리류 등도 많이 모이므로 포충망으로도 쉽게 채집할 수 있다.

8) 식흔 관찰에 의한 채집

기주식물의 잎이나 줄기 등을 자세히 살펴보면 해충들이 섭식한 여러 종류의 식흔을 발견할 수 있으므로 이것을 단서로 하여 대상 곤충들을 채집할 수 있다. 특히 나비·나방류의 유충들은 그 기주식물의 갉아먹은 잎이나 말린 잎, 벌레혹, 피해 가지 등을 조사하여 채집하거나 가지고 돌아와 사육할 수도 있고 잎벌레, 파리류도 채집이 가능하다.

기주식물의 잎살 속에 굴을 파고 들어가서 사는 곤충으로는 굴나방, 굴파리, 꽃파리, 잎벌레, 비단벌레, 벼룩바구미류 등이 있고, 잎을 말아서 그 속에 애벌레나 어른벌레가 살고 있는 곤충으로는 잎말이나방, 진딧물, 거위벌레류 등이 있다. 그리고 잎에 벌레혹을 만드는 곤충으로는 진딧물, 나무이, 혹파리, 과실파리, 혹벌, 바구미류 등이 있으며, 혹의 모양도 다양하다. 또한 잎에 반점들을 남기는 노린재목이나 매미목의 곤충들도 쉽게 채집할 수가 있다. 방패벌레나 진딧물, 나무이, 깍지벌레류는 기주식물의 잎에서 여러 단계의 유충에서부터 성충에 이르기까지 한꺼번에 거의 모두 잡을 수도 있고, 활동도 활발하지 않으므로 쉽게 가지고 와서 사육할 수 있다. 매미충류도 이와 같은 방법으로 채집할 수 있다. 하늘소나 바구미, 나무좀류 등은 기주식물의 가지나 수간에 생긴 구멍과 주위의 식흔을 조사하면 쉽게 채집이 가능하다.

9) 당밀채집

수액에 모이는 곤충을 채집하기 위해 이와 비슷한 액체를 만들어 사용한다. 유인제로는 흑설탕 포화 수용액에 사과나 기타 과일즙을 약간 첨가하고 소주, 막걸리, 포도주 또는 에틸알코올을 10%가량 부어 적당히 데우고, 때에 따라 식초나 젖산도 다소(5% 내외) 섞는다. 이 혼합액을 붓으로 나무나 바위 등에 발라 두면 여기에 곤충이 모일 때 손쉽게 채집할 수 있다. 채집장소를 선정한 후, 낮에 미리 눈에 잘 띄는 색깔의 끈이나 리본 등을 이용해 적당한 간격으로 표시를 하고 여러 군데에 설치한 후, 수시로 순회하며 모인 곤충들을 채집한다. 특히 딱정벌레, 먼지벌레류, 꼽등이류와 같은 지표서식성 곤충류를 채집할 때에는 일회용 플라스틱 컵(높이 7~9cm 이상)에 약 1cm 높이 분량의 당밀액을 담아 산길 주변에 컵의 윗부분이 땅 높이와 비슷하게 묻어 둔다.

10) 페로몬(pheromone) 또는 유인제를 이용한 방법

곤충 페로몬(pheromone)의 생리적 특성을 이용하여 유인, 채집하는 방법이다. 복숭아심식나방, 복숭아순나방, 사과잎말이나방, 사과굴나방, 왜콩풍뎅이 등을 유인하기 위한 합성 성페로몬도 해충방제 목적으로 생산, 판매되고 있으며 연구기관에서도 생산하고 있다. 성충 최적발생기에 적당한 채집지역을 선택하여 페로몬 트랩을 장치해 두면 성별에 따라 유인할 수 있다. 먹이를 이용한 식이유인제로는 위생해충인 바퀴벌레를 유살하기 위해 현재 시중에서 몇 가지 상품이 개발되어 판매되고 있으며, 각종 과실파리류의 유인제 역시 개발되어 연구 예찰용으로 활용되고 있다.

11) 썩은 고기 덫(trap)에 의한 방법

주로 식육성 또는 부식성 곤충을 채집하기 위해 빈 캔이나 일회용 플라스틱 컵 등 용기에 닭의 내장이나 생선 토막 또는 햄, 소시지 등을 넣고 용기의 윗부분이 땅의 높이와 같게 묻어 두어 밤새 여기에 모인 곤충들을 채집하는 방법이다. 이때 설치장소의 선택과 관리에 주의해야 하고 눈에 잘 띄는 색깔의 리본이나 끈으로 표시를 한다. 그리고 빗물이 고이지 않도록 지붕을 장치해 두면 점차 부패되어 감에 따라 지속적으로 딱정벌레, 먼지벌레, 송장벌레, 반날개류 등을 많이 채집할 수가 있다. 특히 들쥐나 다른 야생 동물의 먹이가 되지 않도록 수시로 회수해야 한다.

12) 황색수반을 이용하는 방법

쟁반 모양의 용기나 사진현상반 등의 바닥을 노란 페인트로 칠하고 여기에 고정액으로 포르말린 0.5% 액이나 소량의 합성세제 수용액을 1/2 정도 채워 풀밭, 숲, 경작지 등과 같은 장소에 설치해 두면 진딧물, 멸구·매미충, 메뚜기, 파리류 등 다양한 종류의 곤충을 잡을 수 있다. 빗물로 인해 넘치지 않게 수위 조절 구멍을 뚫고 망사를 붙여 두어야 하며, 가축이나 사람의 접근을 막아 예기치 않은 피해가 일어나지 않도록 주의해야 한다. 현재까지 밝혀진바 노란색이 곤충을 가장 많이 유인한다는 점을 고려하여 바닥은 반드시 노란색을 칠하도록 한다. 회수할 때에는 곤충들을 깨끗이 수세하여 서늘하고 그늘진 곳에서 서서히 건조하거나 연약한 종류일 경우에는 액침병에 보관한다.

13) 등화채집

야간에 활동하거나 주광성인 곤충을 채집하는 데 쓰이는 방법으로, 특히 나방류의 채집 시에는 필수적인 방법이다. 먼저 가장 중요한 것은 채집장소와 날씨의 선정이다. 장소는 다소 높은 언덕에서 양옆은 숲이 우거진 능선이고 발아래에 계류가 흐르는 계곡을 낀 트인 곳이 좋다. 또한 장소가 아무리 좋다하더라도 기후조건이 채집에 적당치 못하면 채집효과가 떨어진다. 나방의 경우 바람이 없고 그전 날이나 당일이 몹시 무더우며, 오후부터 이슬비가 내릴 듯 말 듯하고 간혹 안개가 끼일 듯하다가 개는 캄캄한 그믐밤이면 가장 이상적이라 할 수 있다.

또한 등화채집은 해 질 무렵부터 새벽녘까지 하는 야간작업으로 불빛에 모이는 곤충의 종류도 각 종에 따른 활동시간이나 조건에 따라 다양하다. 장소를 선정한 후 어두워지기 전에 미리 나일론이나 면 계통의 흰색 장막(가로세로 1.5~2m 내외)을 지지대를 이용해 천막 치는 원리로 설치하는데, 작업 범위를 고려해서 광원을 1.5~2m 높이에 안전하게 매단다.

형광등, 백열등, 수은등, 삼파장등, 석유램프, 아세틸렌(acetylene) 또는 부탄가스 등 사용하고자 하는 광원에 따라 그 파장이 다르므로 여기에 유인되는 곤충의 종류도 다양하게 나타나는데, 특히 사슴벌레나 하늘소 또는 풍뎅이류는 보통의 장파장 등불에 잘 유인된다. 최근에는 자외선을 발산하는 단파장 램프(black light)를 많이 사용하고 있는데, 여기에 모이는 곤충의 유인효과가 아주 크다. 그리고 수은등(100~200W용)도 나방류는 물론 딱정벌레목, 매미목 등 곤충류의 유인효과가 매우 크다.

해충방제를 위한 유아등은 등불 아래에 커다란 쟁반과 유살액을 넣어두면 되고, 현재 시판하는 것으로는 흡입용 선풍기가 부착되어 있거나 광원 주변에 고압 전기충격 장치를 이용하여 유인해 살충하는 제품이 있다. 우리나라에서는 과수원, 농장, 목장, 골프장, 고속도로 휴게소 등지에서 흔히 볼 수 있다. 모기를 채집하기 위한 유문등도 그 원리는 같으나, 유인효과를 높이기 위해 탄산가스 발생장치를 갖춘 것도 해외에서 시판되고 있으며, 우리나라에서도 발생장치를 갖춘 것을 사용하기도 한다.

14) 베를레제 집충기(berlese funnel)를 이용한 방법

주로 토양서식성 곤충이나 부엽성 곤충을 채집하는 데 많이 쓰이며, 채집지의 부식토를 자루에 적당히 담아 와서 집충기 속에 넣고 전등불로 비추면 광원의 반대쪽으로 반응하여 전부 깔때기 모양의 바닥으로 떨어지게 하는 음성 주광성 원리를 이용한 것이다. 여기에 고정액을 담은 용기를 받쳐 두면 낫발이, 톡토기류 등을 채집할 수 있다.

15) 말레이즈 그물 덫(malaise trap)을 이용한 방법

모기장처럼 생긴 것으로서 주로 숲길이나 울창한 삼림 속 긴 통로처럼 생긴 공간, 초원, 경작지 등 원하는 장소에 고정 설치해 놓고 여기에 걸려드는 곤충을 채집한다. 일단 집충망에 곤충이 걸려들면 자동적으로 꼭대기에 달려 있는 집충병에 모이게 되므로 일정한 시간마다 조사하면 된다. 개체군 밀도나 발생 장소 등 생태연구에 효과적이다.

16) 동물을 이용한 방법

가축, 애완동물, 새 등 여러 종류의 동물의 몸에 기생하는 이, 벼룩, 피하조직 기생성 파리류 등을 채집할 때는 이들 대상 기주동물의 털가죽이나 상처 난 피하조직 등을 주의 깊게 조사하여 채집할 수 있다. 모기, 등에류와 같은 흡혈성 외부기생 곤충이 가축에 모일 때 손쉽게 채집할 수 있다.

17) 기타

초파리 등은 과일류를 발효시켜 쉽게 유인할 수가 있고, 등에, 모기류 등 흡혈성 곤충류는 가축의 땀 성분과 유사한 요소액, 탄산가스를 발생하는

드라이아이스를 이용하여 채집하기도 한다. 이 외에도 각자의 연구 분야에 따라 독특한 유인물질이나 채집방법을 활용하기도 한다.

이상과 같이 곤충을 관찰하고 연구하기 위한 기본 필수요소로서의 야외채집 방법은 매우 다양하다. 그러나 위에서 설명한 보편적인 방법 이외에도 채집자의 목적, 연구 분야, 취향 및 연령 등에 따라 여러 가지 다른 채집도구와 방법, 또는 일부 전문가의 특수한 장비 등을 사용하기도 한다.

그림 2-9 다양한 방법으로 곤충을 채집하고 있는 전경사진(1: 포충망을 사용한 쓸어잡기, 2: 나뭇가지 올려치기, 3: 풀밭에 앉은 메뚜기류를 옆에서 후려치기, 4: 나비류를 위에서 덮어씌우기, 5: 잎이나 가지에 붙은 하늘소, 잎벌레, 노린재류 털어잡기, 6: 낚싯대를 이용한 높은 나무에 붙은 매미류의 채집)

3.5.3 조사방법

위의 다양한 곤충채집 방법들을 이용하여 목적에 맞게 조사에 활용할 수 있다. 조사방법은 여러 가지가 있지만, 아래에서는 일반적으로 가장 많이 수행하는 조사방법을 기술하였다.

1) 육상곤충 조사

각 현장에서 육안포획, 포충망으로 채어잡기, 쓸어잡기, 털어잡기, 기주식물과 서식지 관찰, 말레이즈 트랩, 유인함정, 야간 등화채집 등을 실시하여 출현 종을 조사할 수 있다.

(1) 육안포획(Hand collecting)

다양한 채집방법들 중 가장 기본적인 방법으로 곤충이 있을 만한 장소를 육안으로 관찰하여 손으로 잡는 것을 말한다. 특별한 도구가 필요 없는 단순한 방법이지만 다양한 곤충들을 많이 잡을 수 있고, 특히 생태, 행동, 식성 등을 직접 관찰할 수 있는 장점이 있다. 채집도구를 활용하는 것보다는 당연히 그 효율은 떨어지지만, 도구를 사용했을 때 잡기가 힘든 잎에 굴을 만드는 곤충(잠엽형), 줄기에 구멍을 뚫는 곤충(천공성), 벌레혹(충령)을 만드는 곤충, 잎을 말고 그 안에 사는 곤충, 토양 속이나 식물의 지하 부위에서 가해하는 곤충 등을 관찰하거나 채집할 때는 훨씬 더 유리한 방법이다.

(2) 채어잡기(Netting)

곤충을 발견하면 포충망을 이용하여 잡는 방법이다. 나비류나 잠자리류의 채집에 적합하며, 딱정벌레, 벌, 노린재류 중에서 대형 개체를 잡을 때도 흔히 이용된다. 이 방법은 순발력이 많이 요구되며, 원하는 곤충을 잡기 위해 곤충의 습성, 서식처, 출현시기를 자세히 알고 있어야 한다. 필요한 도구로는 포충망, 삼각지, 독병 등이 있다. 곤충을 발견하면 포충망이 닿는 거리까지 접근하거나 곤충이 접근하기를 기다렸다가 자연스럽고 재빠르게 포충망을 휘두른다. 포충망을 휘두른 후, 망 입구를 아래쪽으로 접어 채집물들이 달아나지 않도록 한다.

(3) 쓸어잡기(Sweeping)

포충망을 이용하여 풀이나 나무 위로 쓸듯이 이리저리 휘둘러 곤충을 잡는 방법이다(그림 2-10). 채집물은 각각 그 크기에 따라 독병과 흡충관으로 처리한다. 다만 채집품들이 방대할 경우에는 곧바로 표본을 만들기가 곤란하기 때문에 이때는 냉동시설을 이용하여 보관해 둔다.

a. 쓸어잡기 b. 등화채집

그림 2-10 쓸어잡기 및 등화채집 방법

(4) 털어잡기(Beating)

털어잡기는 곤충이 떨어질 위치에 털어잡기 망을 쳐 놓고 나뭇가지, 풀, 꽃, 버섯, 볏짚 등을 두들겨 떨어지는 곤충들을 잡는 방법이다. 날아서 도망치는 곤충이나 가지에 꽉 달라 붙어 있는 곤충, 땅 위에서 돌아다니는 곤충에게는 적합하지 않으나 빠른 시일 내에 다양한 종류의 곤충을 채집할 수 있고, 흰 천 위에 털어서 잡기 때문에 크기가 지나치게 적거나 의태로 위장하고 있어 쉽게 눈에 띄지 않는 곤충들을 잡는 데는 매우 효율적이다. 흩어진 미소곤충들은 흡충관으로 처리한다.

(5) 등화채집(Light trap)

곤충들이 야간에 밝은 불빛에 유인되는 습성을 이용하여 채집하는 방법이다. 수많은 곤충들이 광원 주변에 모여들기 때문에 빠른 시간 내에 다양한 곤충들을 많이 채집할 수 있는 장점이 있다.

(6) 말레이즈 트랩(Malaise trap)

한번 설치하면 장기간 동안 손쉽게 대량의 곤충을 채집할 수 있고, 쓸어잡기에 비해 곤충을 분리하기가 쉬운 장점이 있다(그림 2-11). 그러나 지형, 식생, 강우, 풍향, 풍속 등의 영향을 심하게 받기 때문에 채집 효율을 높이려면 설치 장소를 잘 선택해야 한다. 주로 유인되는 곤충은 벌목, 파리목,

그림 2-11 말레이즈 트랩을 활용한 곤충채집 방법

딱정벌레목 등 비행성 곤충류이다.

(7) 유인함정(Pit-fall trap)

유인함정은 일회용 플라스틱 컵과 같은 작은 함정에 곤충을 유인하기 위해 특별 제조된 당밀용액이나 부육 등 곤충이 좋아하는 먹이를 넣어 함정으로 유인되는 곤충을 채집하는 방법이다. 냄새를 맡고 들어온 곤충은 한번 함정에 빠지면 기어 나오지 못하며, 특히 딱정벌레, 먼지벌레, 송장벌레, 바구미, 반날개, 꼽등이류 등 보행성 곤충을 채집하기 위해 많이 사용한다.

2) 수서곤충 조사

현장에서 육안조사, 수망 또는 포충망을 사용하거나 출현종을 바로 파악하여 기록할 수 있다. 규모가 작은 경우 포충망이나 수망을 이용하여 수중저변 끌어잡기 방법으로 주변 수계를 한 바퀴 순회하고 이를 3회 반복하면서 포획된 개체군을 기록하는 방법으로 조사를 진행한다.

3) 초지곤충 조사

초원지대의 대표적 식식성 곤충류인 메뚜기목 등 1차 소비자의 서식실태 및 초지비오톱 조사 등을 목적으로 많이 수행한다. 특히 경작지 내 자생초본류가 생육하는 지역을 대상으로 포충망을 이용하여 23회 왕복 쓸어잡기를 3회 정도 실시하여 초지곤충을 채집하는 방법이다.

3.5.4 고유종

고유종(endemic species)이란 국제종이나 외래종 등과는 달리 지질학적으로 특정한 지역에만 국한되어 자생 및 분포하는 생태학적 상태를 가진 종 분류군을 의미하며, 특산종 또는 토착종, 토종 등의 의미로 사용되기도 한다. 한 국가의 고유종은 지리적 개념으로서 그 나라의 국한된 구역이나 특정 비오톱 유형 등에서만 자연적으로 서식하는 모든 생물종을 뜻하며, 어디에나 분포하는 일반종들과 달리 동물계통분류학적, 지리학적으로뿐만 아니라 그 희소가치로서도 매우 귀중한 자연자원이라 할 수 있다. 그러나 고유종은 국지적인 좁은 서식지 면적 및 분포구역을 가지고 있어 농토 확장, 도시화, 채굴 및 각종 개발에 의해 서식지가 감소 또는 소멸되는 등 여러 외부요인이나 환경변화로 인해 멸종 위기에 처하거나 쉽게 멸종될 수 있는 위험성이 높아 이들 종이 서식하고 있는 비오톱의 관리와 보존 노력이 매우 중요하다.

일례로 비단벌레(Chrysochroa coreana)는 우리나라 고유종으로서 이미 1989년부터 특정야생 동식물로 지정되어 보호받아 온 종으로 관련법의 개정에 따라 2017년 멸종 위기 야생 생물 I급으로 지정되어 보호 및 관리되고 있는 곤충이다. 또한, 문화재청이 지정한 천연기념물 496호이자 환경부 국립생물자원관에서 발간한 국가생물적색자료집의 적색목록 취약(VU) 단계의 생물종으로 지정되어 있다. 분류학적으로는 절지동물문(Phylum Arthropoda), 곤충강(Class Insecta), 딱정벌레목(Order Coleoptera), 비단벌레과(Family Buprestidae)에 속한다. 비단벌레는 예로부터 무지개 빛깔의 금속성 광택이 나는 아름다운 외형으로 인해 각종 상류층들의 장신구로 활용되어 옥충이라 불리기도 하였다. 기주식물로서는 팽나무, 벚나무, 느티나무, 감나무 등 주로 고목이나 거목들이 울창하게 우거진 산림지대에 서식하는 것으로 알려져 있다. 하지만 외형이 수려하여 함부로 남획되고, 주요 서식지인 거목이 많은 울창한 수림 비오톱의 감소로 개체 수가 급감한 것으로 추정되고 있다.

운문산반딧불이[Luciola (Luciola) unmunsana] 역시 국내 고유종으로 1931년 6월 경상남도 운문산에서 처음 발견되어 명명되었다. 분류학적으로는 절지동물문(Phylum Arthropoda), 곤충강(Class Insecta), 딱정벌레목(Order Coleoptera), 반딧불이과(Family Lampyridae)에 속하는 종으로 지역의 환경상태를 나타내는 환경 지표 생물로서 큰 가치를 지니고 있다. 주요 서식지로는 맑은 물이 흐르는 계곡이나 하천의 주변으로 야산, 초지 등이 형성되어 상대습도가 높은 지역에 서식한다. 반딧불이의 유충은 포식성으로서 달팽이류와 고둥류를 먹고 생장하며, 성충이 된 후에도 주변 산기슭 등지에서 살아간다. 분포지역은 함경북도, 강원도, 경기도, 충청도, 경상도, 전라도, 제주도 등에 분포한다(국립생물자원관, 한반도 생물다양성, 2023). 한때 개체 수가 급감하였으나 생물종 복원사업 등을 통해 꾸준히 보전해 나가고 있다. 이와 같이 한반도의 고유종인 생물종은 모두 2,289종으로 기록되어 있다(국립생물자원관, 2020).

3.5.5 멸종 위기 Ⅰ급 및 Ⅱ급으로 지정된 곤충

멸종 위기 야생 생물은 자연적 또는 인위적 위협요인으로 인하여 개체 수가 현격히 감소하거나 소수만 남아 있어 가까운 장래에 절멸될 위기에 처해 있는 야생 생물을 말한다. 법으로 지정하여 보호·관리하는 법정보호종으로, 현재 멸종 위기 야생 생물 Ⅰ급과 멸종 위기 야생 생물 Ⅱ급으로 나누어 지정 관리하고 있다. 멸종 위기 야생 생물 Ⅰ급은 자연적 또는 인위적 위협요인으로 인하여 개체 수가 많이 줄어들어 멸종 위기에 처한 야생 생물로서 관계 중앙행정기관의 장과 협의하여 환경부령으로 정하는 종으로 현재 곤충류는 장수하늘소, 붉은점모시나비를 포함한 총 8종이 지정되어 있다(표 2-22). 멸종 위기 야생 생물의 출현 유무는 비오톱 가치평가를 위해 선정한 다양한 지표들 가운데 가중치를 가장 높게 부여할 수 있는 매우 중요한 지표이다. 이러한 멸종 위기종이 출현할 경우 해당 비오톱 유형은 특별히 보존가치가 높은 비오톱 유형으로 판단할 수 있다.

표 2-22 멸종 위기 Ⅰ급으로 지정된 곤충종 목록

구분	Korean Name(한글명)	Scientific Name(학명)
Coleoptera (딱정벌레목)	비단벌레	Chrysochroa coreana
	수염풍뎅이	Polyphylla laticollis manchurica
	장수하늘소	Callipogon relictus
	닻무늬길앞잡이	Cicindela anchoralis
Lepidoptera (나비목)	산굴뚝나비	Hipparchia autonoe
	상제나비	Aporia crataegi
	붉은점모시나비	Pamassius bremeri
	큰홍띠점박이푸른부전나비	Sinia divina

출처: 국립생물자원관(http://www.nibr.go.kr).

멸종 위기 야생 생물 Ⅱ급은 자연적 또는 인위적 위협 요인으로 개체 수가 크게 줄어들고 있어 현재의 위협요인이 제거되거나 완화되지 아니할 경우 가까운 장래에 멸종 위기에 처할 우려가 있는 야생 생물로서 관계 중앙행정기관의 장과 협의하여 환경부령으로 정하는 종으로, 현재 곤충류로는 소똥구리, 물장군을 포함한 총 21종이 지정되어 있다(표 2-23). 멸종 위기 Ⅰ급, Ⅱ급으로 지정된 곤충종에 대한 사진은 국립생물자원관 '한반도의 생물다양성' 홈페이지에서 확인할 수 있다.

표 2-23 멸종 위기 II급으로 지정된 곤충종 목록

구분	Korean Name(한글명)	Scientific Name(학명)
Coleoptera (딱정벌레목)	창언조롱박딱정벌레	Damaster changeonleei
	물방개	Cybister chinensis
	소똥구리	Gymnopleurus mopsus
	애기뿔소똥구리	Copris tripartitus
	멋조롱박딱정벌레	Damaster mirabilissimus mirabilissimus
	큰자색호랑꽃무지	Osmoderma opicum
	윤조롱박딱정벌레	Acoptolabrus leechi yooni
	두점박이사슴벌레	Prosopocoilus astacoides blanchardi
	물장군	Lethocerus deyrolli
Lepidoptera (나비목)	쌍꼬리부전나비	Cigaritis takanonis
	깊은산부전나비	Protantigius superans
	왕은점표범나비	Argynnis nerippe
	은줄팔랑나비	Leptalina unicolor
	여름어리표범나비	Mellicta ambigua
	홍줄나비	Chalinga pratti
	불나방	Arctia caja
Odonata (잠자리목)	노란잔산잠자리	Macromia daimoji
	대모잠자리	Libellula angelina
	한국꼬마잠자리	Nannophya pygmaea
	참호박뒤영벌	Bombus koreanus
Orthoptera (메뚜기목)	뚱보주름메뚜기	Haplotropis brunneriana

출처: 국립생물자원관(http://www.nibr.go.kr).

표 2-24 곤충 현장조사 야장표

조사지역		조사일시		조사자명	
날씨(선택)	바람(선택)	풍향	기온	기타사항	
맑음 흐림 안개 비	강 중 약 무				

번호	시간	종명	개체 수	관찰지역현황 (토지이용)	이용 대상	주요 행동	특이사항	GPS 좌표
1								
2								
3								
4								
5								
6								
7								
8								
⋮								

* 관찰지역현황
① 산림 / ② 초지 / ③ 논 / ④ 밭 / ⑤ 수역 / ⑥ 조경수 식재지 / ⑦ 도시 / ⑧ 기타
* 이용대상: ① 인공물 / ② 식물명(서술) / ③ 흙 / ④ 물
* 주요행동: ① 먹이 / ② 알 낳기 / ③ 짝짓기 / ④ 멀리 이동 / ⑤ 가까이 이동 / ⑥ 물먹기 / ⑦ 휴식
출처: 「도시생태현황지도의 작성방법에 관한 지침」(2021).

표 2-25 야생 곤충 현장조사 속성정보

구분		필드유형	세부 사항		비고
①	조사지역	문자	필드길이	-	
②	종명	문자	필드길이	-	
③	개체 수	Short 정수	-	-	
④	관찰지현황	문자	필드길이	-	
⑤	이용대상	문자	필드길이	-	
⑥	주요행동	문자	필드길이	-	
⑦	특이사항	문자	필드길이	-	
GPS 좌표 (경도)	⑧ 도	Short 정수	-	-	
	⑨ 분	Short 정수	-	-	
	⑩ 초	소수	소수점자릿수	1	
GPS 좌표 (위도)	⑪ 도	Short 정수	-	-	
	⑫ 분	Short 정수	-	-	
	⑬ 초	소수	소수점자릿수	1	
⑭	날씨	문자	필드길이	2	
⑮	바람	문자	필드길이	1	
⑯	풍향	문자	필드길이	-	
⑰	기온	소수	소수점자릿수	1	
⑱	기타사항	문자	필드길이	-	
⑲	시간	문자	필드길이	-	
⑳	조사일시	문자	필드길이	-	
㉑	조사자명	문자	필드길이	-	

*: 동일 조사지역에서 출현한 종별로 레코드를 생성함
출처: 「도시생태현황지도의 작성방법에 관한 지침」(2021).

3.6 식생 조사

3.6.1 조사목적

식생 조사는 연구대상지 내 분포하는 관속식물상을 대상으로 종 목록, 주요 종의 분포 위치, 개체 수, 우점종, 풍부도, 고유종, 멸종 위기종 및 생태환경적 특성 등을 파악하여 자연환경 보전 및 비오톱 유형별 생태적 가치평가에 필요한 기초자료를 제공하는 데 목적이 있다. 일례로 식생조사 결과 보전 가치가 높은 식물종이 출현할 경우 해당 비오톱의 가치를 상향 조정할 수 있으며, 상향조정된 비오톱은 특별히 보호되어야 할 서식지로 관리할 필요가 있다.

3.6.2 식생조사 대상공간 및 시기

일반적으로 비오톱 지도 작성을 위한 식생조사는 분류된 모든 비오톱 유형을 대상으로 수행하는 것이 바람직하다. 그러나 활용목적에 따라 조사지점의 수를 달리하여 조사할 수도 있으며, 특히 도시 전체 차원에서 선택적 비오톱 지도 작성을 수행할 경우에는 사전 기초자료 분석을 통하여 주요 식물종이 분포하고 있는 지점이나 생태·자연도 1등급 지점 또는 기존에 조사된 생태적 자료에서 보전 가치가 높은 지역 등을 선별하여 선택적으로 조사를 수행하기도 한다. 또한 비오톱 지도의 갱신을 위한 식생조사를 수행할 경우에는 과거 주요 식물종이 분포했던 곳을 우선적으로 조사할 필요가 있다. 조사시기는 일반적으로 3월부터 10월 말까지 조사 가능하며, 식생의 구분이 용이한 시기(개화시기 또는 단풍시기 등)를 선정하여 가급적 계절별로 식생조사를 수행한다.

3.6.3 식생조사 준비물

비오톱 식생조사를 위한 주요 준비물로는 식생조사표, 지도, GPS, 고도계, 방위계, 식물표본 채집도구 등이 있으며 각각의 물품에 대한 사용법 및 주의사항에 대하여 살펴보면 다음과 같다.

1) 식생조사표

비오톱 식생조사는 국립생태원에서 작성된 식생조사표에 의거하여 조사 결과를 상세하게 기재하여야 한다(표 2-28). 야장표에는 조사지역(지점번호), 조사일시, 조사자명, 날씨, 바람, 풍향 등의 일반적인 사항을 기재하여야 하며, 식생과 관련하여서는 군락규모 또는 개체 수, 개화 여부, 식재 여부, 생육지 환경, 위협요인, GPS 좌표를 입력하도록 하고 있다. 최근에는 조사의 편의성 및 조사표의 분실위험을 최소화하기 위하여 전자화된 야장이 개발되어 활용되고 있다.

2) 지도

조사대상 지역의 지리적 위치와 행정구역을 판단할 수 있는 준비물로서 조사 대상지의 규모에 따라 축척 1:25,000 또는 1:50,000 등고선 지도를 준비하는 것이 일반적이다. 하지만 조사대상지가 소규모이거나 보다 정밀한 식생조사가 필요할 경우에는 대축척의 지도를 준비함으로써 현장조사가 용이하게 진행될 수 있도록 한다.

3) 지구위치시스템(GPS)

지구위치시스템(GPS)란 조사지점의 정확한 좌표(x-위도, y-경도, z-해발고도)

를 획득하기 위하여 활용되는 조사도구이다. 이러한 지구위치시스템(GPS)은 식물군락의 지리적 분포 특성은 물론 해당 군락을 구성하고 있는 개개의 식물종에 대한 정확한 지리분포 정보를 정량적으로 제공해 줄 수 있는 디지털 정보이다. 따라서 지구위치시스템(GPS) 자료는 보존가치가 높은 비오톱 유형에 대한 추적연구(monitoring) 및 생태계관리(ecosystem management)에 효과적이다.

4) 고도계(altimeter)

기후는 식생분포에 있어 중요한 요인이기 때문에 조사지의 해발고도를 정확하게 파악하는 것이 매우 중요하다. 해발고도 측정에는 일반적으로 고도계와 GPS가 활용되며, 대기압에 의존하는 고도계는 기상변화에 민감하기 때문에 지형도를 이용하여 사전에 인지된 지점의 해발고도 정보에 따라 수시로 보정하며 측정하는 것이 바람직하다. GPS의 경우 고도계보다 정확한 측정이 가능하지만 밀폐된 산림 속이나 계곡 등에서는 측정이 불가능하거나 또는 측정 시간이 많이 소요되는 단점을 가지고 있다. 따라서 고도 측정 시에는 아날로그 형태의 고도계와 GPS를 함께 소지하는 것이 일반적이다.

5) 방위계(compass)

방위계는 조사지의 입지 방위를 측정하기 위하여 활용되며, 이는 동일한 해발고도에 위치하고 있더라도 사면의 방향에 따라 식물군락의 종조성이 매우 상이하게 나타나기 때문이다. 방위계는 주변에 금속성 물체가 있을 경우 자성(磁性)에 의해 방위에 오류가 발생하기 때문에 오류를 유발하는 물체가 주변에 없는지 확인한 이후 GPS를 통해 방위를 측정할 수 있다.

6) 경사계(clinometer)

경사계는 식생 조사구의 입지 경사와 교목의 높이를 측정하는 데 활용된다. 조사지의 경사는 일반적으로 입지 내의 지표면 경사의 평균값으로 산정한다.

7) 자(줄자)

자(줄자)는 식생의 흉고직경, 식물체의 높이, 면적 등을 실측하는 데 필요한 도구이며 일반적으로 50m와 1m 단위의 금속성 또는 비닐성 자, 그리고 3m의 접자 등이 필요하다. 단, 환경구배에 따른 식생 분포 양식을 측정하기 위해서는 50m 줄자를 준비할 필요가 있다.

8) 식물표본 채집도구

식물의 표본 채집은 일반적으로 현장에서 식물의 동정이 불가능한 개체 또는 유묘(seedling), 특기생물종을 대상으로 한다. 이때 필요한 도구로는 전정가위, 뿌리삽, 비닐봉지, 유성펜, 야책, 신문지 등이 대표적이다.

3.6.4 조사방법

일반적으로 많이 활용하고 있는 식생 조사방법으로는 전수조사법, 방형구법, 대상법, 접선법 등으로 구분해 볼 수 있으며, 구체적인 내용은 아래와 같다.

1) 전수조사법

전수조사는 조사 대상지 내에 분포하고 있는 전체 식생을 조사하는 방법이다. 조사대상지의 동서남북 사방으로 골고루 임의의 조사노선을 선정하여 식생을 조사하나, 일반적으로 기존에 존재하고 있는 산길이나 임도를 활용하는 경우가 많다. 방형구 조사에 비해 시간, 인력, 재원이 많이 소요되는 단점이 있으나, 조사대상지 내 분포하고 있는 전체 종의 양적, 질적 파악 시 정확도를 높일 수 있다는 장점이 있다.

2) 방형구법

방형구법은 측구법 또는 쿼드라트(Quadrat)라고도 하며 일정한 면적의 방형구를 설정하여 그 안에 나타나고 있는 식물종을 기록하고 개체 수를 조사하는 방법으로서 가장 보편적으로 사용되는 방법이다(그림 2-12). 방형구 조사를 통해 출현한 식물종은 전체 조사대상 구역 내 출현하고 있는 식물종 수를 대체할 수 있어 전수조사에 비해 시간, 인력, 재원을 절감할 수 있는 장점이 있으나, 정확도가 떨어질 수 있다는 단점이 있다.

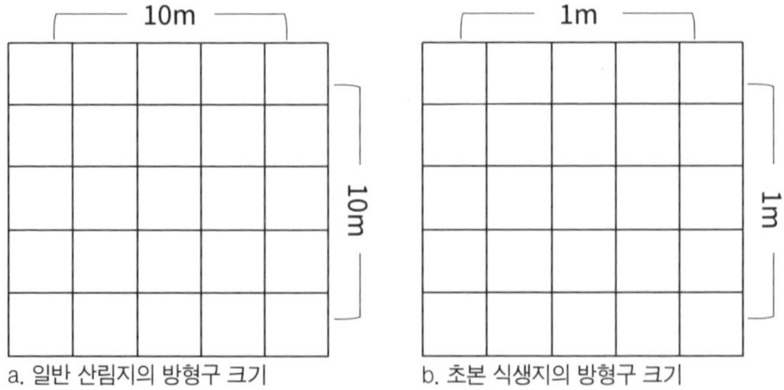

그림 2-12 공간별 방형구 크기 및 방형구 설치 예시

종면적 곡선이론에 따르면, 방형구의 크기를 아무리 크게 해도 어느 시점부터는 종수에 큰 변화가 생기지 않는 지점이 나타나는데 이 지점을 최소면적점으로 설명하고 있다. 일반산림지의 경우에는 최소면적점에서의 방형구 크기는 일반적으로 10×10m를 많이 적용하나, 경우에 따라서는 20×20m를 사용하기도 한다. 초본식생은 1×1m를 적용하는 것이 일반적이다.

방형구의 설치방법은 활용목적 및 대상지의 특성에 따라 차이가 있을 수 있지만, 일반적으로 많이 적용하는 방법은 다음과 같다. 추가적으로 임상도를 활용한 방형구 설치방법을 살펴보면 아래의 〈그림 2-13〉과 같다.

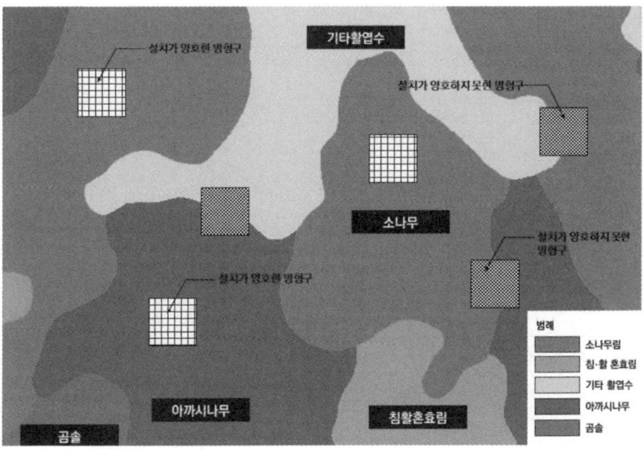

그림 2-13 방형구 설치방법 예시

- 조사대상지 내 분포하고 있는 식생 또는 군락지의 유형을 파악한 후, 각 유형별 대표성 있는 지점을 복수로 선정하여 설치한다.
- 동일식생 또는 군락지 내에서는 가급적 골고루 설치하되 외곽 부분보다는 중심부 주변에 설치한다.

- 인위적 간섭 또는 개발로 인한 영향을 가급적 적게 받는 지점을 선정하여 골고루 설치한다.
- 서로 다른 성격의 식생 또는 군락지 유형이 접하는 경계선 주변으로는 가급적 설치를 피한다.
- 산사태, 인공조림지, 아카시아림, 묘터 또는 경작지 주변으로는 가급적 방형구 설치를 지양한다.
- 장기간 조사구의 위치를 확인하기 위하여 설치된 방형구 주변으로는 스프레이나 필기도구 등을 활용하여 표시해 둔다.

방형구법을 활용한 식생조사 및 분석에서 파악해야 할 주요 내용을 요약해 보면 다음과 같다.

- 식물군집을 조사하고자 하는 곳에 방형구를 설치한다.
- 방형구 내에 출현하고 있는 모든 식물의 종과 개체 수를 조사한다(밀도).
- 식물종별 방형구 내에 출현하고 있는 개체 수를 조사한다(빈도).
- 식물종별 점유 면적을 조사한다(피도).
- 상대밀도, 상대빈도, 상대피도를 합하여 중요도를 구한다.
- 중요도값을 바탕으로 우점종을 파악한다.
- 종다양도 및 종풍부도를 파악하여 상호 비교분석한다.

여기서 밀도는 비오톱현장조사 시 조사지역에서 서식하고 있는 특정 종의 개체 수를 의미하며, 빈도는 이러한 특정 종의 개체가 출현하는 비율을 의미한다. 피도는 식물이 덮고 있는 지표의 면적 비율을 뜻하며 이는 식물에 수직으로 평행 광선을 비출 때 수평면에 생기는 그림자의 면적이 전체 조사 면적에서 차지하는 비율(%)이다. 우점종은 피도, 빈도, 밀도가 가장 큰 식물종을 뜻한다. 우점종 파악은 식물종의 상대피도, 상대빈도, 상대밀도를 산정하여 상대우점치를 파악한 후, 상대우점치가 높은 것을 우점종으로 선정한다.

종 다양도는 각 방형구별 출현하는 식물종 종수의 정도를 파악 및 비교하는 데 사용되는 방법이다. 종 다양도 분석에는 일반적으로 Shanon 지수를 많이 사용하며, 여기에는 특히 균제도를 포함하고 있는 특징이 있다. 종 풍부도는 종 다양도와 마찬가지로 각 방형구별 출현하고 있는 종수의 정도를 파악 및 비교하는 데 사용되는 방법이지만, 균제도를 고려하지 않는다는 차이점이 있다. 즉 종 풍부도는 각 방형구별 출현하고 있는 종수를 단순 집계하여 비교우위를 판단하는 방법이다. 특히 비오톱 유형 평가에서는 종 풍부도를 활용하여 각 비오톱 유형별 출현하고 있는 종수의 상호 비교를 통한 생태적 가치를 판단해도 큰 문제가 없다. 방형구법을 활용한 식생조사 및 분석에서 파악해야 할 주요 항목들에 대한 측정방법을 정리해 보면 아래 [표 2-26]과 같다.

표 2-26 식생조사 및 분석에서 파악해야 할 주요항목 및 측정방법

구분	측정방법	기타
밀도(Density)	특정 종의 개체 수/단위 면적	
빈도(Frequency)	특정 종의 출현 방형구 수/조사된 전체 방형구 수	
피도(Coverage)	특정 종의 피복면적/조사된 전체 종의 피복면적	
상대밀도(RD: Relative Density)	(특정 종의 밀도/조사된 전체 종의 밀도 합)×100%	

계속▶

구분	측정방법	기타
상대빈도(RF: Relative Frequency)	(특정 종의 빈도/조사된 전체 종의 빈도 합)×100%	
상대피도(RC: Relative Coverage)	(특정 종의 피도/조사된 전체 종의 피도 합)×100%	
상대우점치(IV: Important Value)	(RD+RF+RC)/3	
종 다양도 (Species Diversity)	H′ = -Σ pi loge pi*	
종 풍부도 (Species Richness)	RI = S-1 / loge N	S: 출현 종수, N: 출현 개체 수
종 균등도 (Species Evenness)	E = H′ / Ln(S)	H′: 종 다양도, S : 전체 종수

*pi: i종의 개체 수 비율로 종의 상대적 개체 수를 고려하여 산출한 상대풍부도, pi = i번째 종의 개체 수(ni)/군집 내 모든 종의 총 개체 수(N)

3) 대상법

대상법은 방형구법과 달리 도로 또는 하천, 그리고 일정한 환경구배(해발고도, 수분조건 등)를 갖는 입지 조건에서 발달하는 식물사회의 연속적인 변화를 알아보는 데 유리한 조사방법이다. 주로 띠대상법(belt transect)과 선대상법(line transect)이 이용된다. 띠대상법은 길고 일정 폭이 있는 띠 모양 지역에 분포하는 식물상을 조사하는 방법이며, 선대상법은 선상에 출현하는 식물종을 조사하는 방법으로서 습지 등 특정한 환경변화에 대응한 식물사회의 질적·양적 변화를 이해하고, 환경조건과의 상관관계를 파악하는 데 적합한 조사방법이다.

4) 부정형의 식생조사구 설치를 통한 조사

부정형의 식생조사구 설치를 통한 조사방법은 목표로 하는 식생형 또는 우세 식생 구조를 중심으로 한 식피면적을 조사하는 데 유리한 조사방법이다. 특히 식물의 군락경계가 부정형인 경우에는 정방형과 같은 정형화된 형태의 방형구를 설치하기보다는 보다 포괄적이거나 또는 부정형의 식생조사구를 설치하는 것이 목표로 하는 식생종이 누락될 확률이 낮다 볼 수 있다(그림 2-14).

그림 2-14 부정형의 식생조사구 설치 예시

3.6.5 멸종 위기 Ⅰ급으로 지정된 식물

마지막으로 멸종 위기 야생 생물은 자연적 또는 인위적 위협요인으로 인하여 개체 수가 현격히 감소하거나 소수만 남아 있어 가까운 장래에 절멸될 위기에 처한 야생 생물을 말한다. 법으로 지정하여 보호·관리하는 법정 보호종으로, 현재 멸종 위기 야생 생물 Ⅰ급과 멸종 위기 야생 생물 Ⅱ급으로 나누어 지정 관리하고 있다(국립생물자원관 '한반도의 생물다양성' https://species.

nibr.go.kr/index.do). 멸종 위기 야생 생물 I급은 자연적 또는 인위적 위협요인으로 인하여 개체 수가 많이 줄어들어 멸종 위기에 처한 야생 생물로서 관계 중앙행정기관의 장과 협의하여 환경부령으로 정하는 종으로 현재 육상식물은 총 13종이 지정되어 있다(표 2-27). 이러한 멸종 위기 식물종이 출현할 경우 해당 비오톱 유형은 특별히 보존가치가 높은 비오톱 유형으로 판단할 수 있다. 멸종 위기 I급으로 지정된 육상식물에 대한 사진은 국립생물자원관 '한반도의 생물다양성' 홈페이지에서 확인할 수 있다.

표 2-27 멸종 위기 I급으로 지정된 육상식물 목록

구분	Korean Name(한글명)	Scientific Name(학명)
멸종 위기 I급 (13종)	광릉요강꽃	Cypripedium japonicum Thunb
	금자란	Gastrochilus fuscopunctatus Hayata
	나도풍란	Sedirea japonica
	만년콩	Euchresta japonica
	비자란	Thrixspermum japonicum
	암매	Diapensia lapponica var. obovata
	제주고사리삼	Mankyua chejuense
	죽백란	Cymbidium lancifolium Hook
	탐라란	Gastrochilus japonicus
	털복주머니란	Cypripedium guttatum Sw
	풍란	Neofinetia falcata
	한라솜다리	Leontopodium coreanum var. hallaisanense
	한란	Cymbidium kanran Makino

출처: 국립생물자원관(http://www.nibr.go.kr).

표 2-28 식물상 현장조사 야장표

조사지역			조사일시		조사자명		
날씨(선택)		바람(선택)		풍향	기온		기타사항
맑음 흐림 안개 비		강 중 약 무					
번호	종명	개화 여부	식재 여부	생육지 현황	군락규모 또는 개체 수	위협 요인	GPS 좌표
1							
2							
3							
4							
5							
6							
7							
8							
⋮							

* 개화 여부 및 식재 여부: 해당은 1, 비해당은 0으로 표기
출처: 「도시생태현황지도의 작성방법에 관한 지침」(2021).

표 2-29 식물상 현장조사 속성정보

구분		필드유형	세부 사항		비고
① 조사지역		문자	필드길이	-	
② 종명		문자	필드길이	-	
③ 개체 수		문자	-	-	
④ 개화 여부		문자	필드길이	1	
⑤ 식재 여부		문자	필드길이	1	
⑥ 생육지 현황		문자	필드길이	-	
⑦ 위협요인		문자	필드길이	-	
GPS 좌표 (경도)	⑧ 도	Short 정수	-	-	
	⑨ 분	Short 정수	-	-	
	⑩ 초	소수	소수점자릿수	1	
GPS 좌표 (위도)	⑪ 도	Short 정수	-	-	
	⑫ 분	Short 정수	-	-	
	⑬ 초	소수	소수점자릿수	1	
⑭ 날씨		문자	필드길이	2	
⑮ 바람		문자	필드길이	1	
⑯ 풍향		문자	필드길이	-	
⑰ 기온		소수	소수점자릿수	1	
⑱ 기타사항		문자	필드길이	-	
⑳ 조사일시		문자	필드길이	-	
㉑ 조사자명		문자	필드길이	-	

*: 동일 조사지역에서 출현한 종별로 레코드를 생성함
출처: 「도시생태현황지도의 작성방법에 관한 지침」(2021).

◦ 제3장 ◦

비오톱 유형 분류

1. 비오톱 유형 분류의 의미 및 목적

비오톱 유형화란 개별 비오톱의 특성을 파악한 후 유사한 생태적 특성을 가진 비오톱들을 하나의 동일공간 단위로 분류한 것 또는 최소한의 동일한 생태적 특성을 가진 개별 비오톱들의 집합체를 의미한다. 이와 유사한 맥락에서 「도시생태환경지도의 작성방법에 관한 지침」(환경부, 2021)에서는 비오톱 유형을 개별 비오톱의 생태적 특징을 바탕으로 체계적으로 분류하여 나타내는 과정으로 규정하고 있다. 이를 포함한 많은 연구사례를 종합해 볼 때, 비오톱 유형은 생물생태적 요소들의 상호형질 조합 속에서 동질성을 나타내는 하나의 비오톱이 전체 계획대상 부지 내에서 복수로 출현할 경우 이를 하나의 동일유형으로 추상화하여 분류한 공간단위로 정의해 볼 수 있다. 특히 비오톱 유형은 생태적 동질성을 나타내는 공간을 포괄적으로 유형화하여 일반화시킨 추상적인 공간형태로서 비오톱과는 달리 정확한 부지경계를 가지는 것은 아니다(나정화, 2021). 이와 같은 개념에 입각해서 전체 도시·군 계획권 내에 분포하고 있는 모든 비오톱을 유형화하는 가장 근원적인 목적은 아래와 같이 정리해 볼 수 있다.

첫째, 전체 도시·군 계획권에서 분포하고 있는 모든 비오톱을 유형화하여 평가할 경우 도시·군 계획권 내에 분포하고 모든 부분 공간 또는 지역들이 가지고 있는 경관생태적 가치를 빈 공간(틈) 없이 파악하는 데 매우 효과적이다. 또한 이와 같은 비오톱 유형 평가를 토대로 역시 도시공간 전체를 대상으로 그 속에 귀속되어 있는 세부적인 개별비오톱의 생태적 가치평가를 가능하게 해 준다. 이러한 평가는 1차 평가(비오톱 유형 평가) 및 2차 평가(개별 비오톱 평가)를 통해 수행되며, 이를 통해 도시·군 계획권 전체를 빈 공간(틈) 없이 경관생태적 가치평가가 가능하여 도시공간 내 분포하고 있는 모든 비오톱 유형 및 비오톱의 양적, 질적 개선을 위한 중요한 기초자료로 활용될 수 있다.

둘째, 비오톱 유형을 대, 중, 소로 분류하여 평가할 경우 국토공간계획 및 경관생태계획으로의 접목을 용이하게 해 준다. 일례로 1/25,000으로 작성되는 도시·군기본계획의 토지이용에서는 비오톱 유형의 대분류 평가 결과의 적용이 용이하고, 1/5,000을 기본으로 작성하는 도시·군 관리계획, 특히 지구단위계획에서는 비오톱 유형의 중분류 또는 소분류 평가 결과의 활용이 용이하다. 또한 소분류 평가 결과는 1/1,000까지의 상세한 경관생태적 평가정보를 포함하고 있어 소축척으로 진행되는 각종 도시개발사업으로의 활용이 가능하다.

셋째, 비오톱 유형 분류를 통해 조사, 분석 및 평가를 수행할 경우 일반적인 생태조사보다 비교적 빠른 시간 내에 체계적인 경관생태적 정보의 확보가 가능하다. 특히 포괄적-대표적 방법으로 도시 비오톱 지도를 작성할 경우 시간, 인력 및 재원을 획기적으로 절감할 수 있는 효과가 있다.

2. 비오톱 유형 분류를 위한 진행절차

비오톱 유형 분류는 크게 비오톱 유형 분류체계 설정, 비오톱 유형 분류, 비오톱 유형 분류 도면 작성의 순서로 진행된다. 우선 비오톱 유형 분류체계 설정은 선행연구에서 제시하고 있는 유형 분류를 위한 검색 목록키(김진효, 2015; 서울특별시, 2005; 조현주, 2011; 최일기 등, 2008; 환경부, 2020)를 활용하여 해당 조사대상 부지에 적합한 개략적인 분류체계를 설정한다. 이를 기초로 1

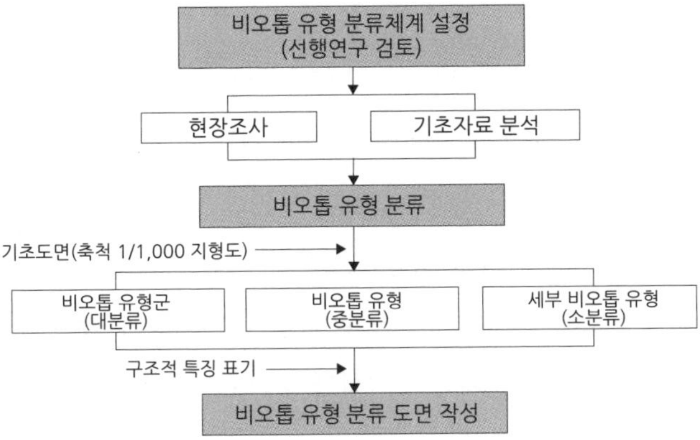

그림 3-1 비오톱 유형 분류를 위한 전체적인 진행절차
출처: 나정화(2021), p. 97.

차 현장조사 이전에 사전 기초자료 분석을 수행하는데 이는 조사대상지에 대한 경관생태적 정보를 미리 검토하여 유형 분류의 정확도를 높임과 동시에 현장조사에서 소요되는 시간, 인력 및 재원을 절감하는 데 주안점을 두고 있다.

앞서 언급한 바와 같이 많이 활용되고 있는 사전 기초자료 및 도면들로는 지형도, 토양도, 생태·자연도, 적외선 컬러항공사진, RS위성영상 등을 들 수 있다. 특히 적외선 컬러항공사진 및 고해상도의 RS위성영상 자료는 유형 분류의 정확도를 높임과 동시에 조사의 정밀도를 향상하고 현장조사에서 소요되는 시간, 인력 및 재원을 절감하는 데 효용가치가 높다. 다음으로는 1차 현장조사(포괄적 현황조사)를 수행한다. 여기서는 특히 지형적 조건, 식생 구조, 토양형태, 이용 강도, 포장률, 토지이용형태, 시각적 일체성 등과 같은 비오톱 유형 분류기준뿐만 아니라 1차 가치평가에 활용할 수 있는 포괄적인 경관생태적 현황 및 특성을 조사하게 된다.

이와 같은 검토과정을 거쳐서 비오톱 유형 분류 및 유형 분류 도면을 작성하게 된다. 유형 분류는 일반적으로 1/25,000~1/1,000까지 적용 가능하게 대분류, 중분류, 소분류로 구분하되, 이때 다시 한 번 유형 분류를 위한 검색 목록키와 비교분석을 통해 수정 및 보완한 후 조사대상지역에 가장 부합하는 비오톱 유형 분류를 최종적으로 확정한다. 또한 분류 결과는 반드시 수치도면(비오톱 유형 분류 도면)으로 작성한다. 이상과 같은 비오톱 유형 분류의 전체적인 진행절차를 도식화해 보면 〈그림 3-1〉과 같다.

3. 비오톱 유형 분류체계 및 분류기준

3.1 비오톱 유형 분류체계

비오톱 유형 분류체계는 국내외 각 도시별로 차이가 있는데, 이는 무엇보다 각 도시가 가지고 있는 경관생태적 특성 및 활용목적에 차이가 있기 때문이다. 우선 60여 전 비오톱 지도 작성을 가장 먼저 시작한 독일의 경우를 간략하게 살펴보면, 독일의 비오톱 지도 작성은 독일의 「국토공간계획법」에 따른 시가화 지역과 비시가화 지역(또는 도시지역과 비도시지역)으로 구분하여 추진해 오고 있다. 비시가화 지역은 16개 주 정부 차원에서 추진하는데, 각 주마다 약간의 차이는 있지만 보편적으로는 대분류, 중분류 및 소분류 체계로 구분하여 선택적 비오톱 지도화 작업을 추진하고 있다.

일례로 Niedersachsen 주의 경우 산림지, 경작지, 건축물 중심지 등을 포함한 13개 대분류 유형, 148개 중분류 유형, 462개 소분류 유형으로 구분하고 있다. Nordrhein-Westfalen 주에서는 8개 대분류 유형, 81개 중분류 유형, 202개 소분류 유형으로, Brandenburg 주는 11개 대분류 유형, 85개 중분류 유형, 270개 소분류 유형으로 구분하고(Drachenfels, 2012) 있다.

도시 및 시가화 지역을 대상으로 한 분류체계를 살펴보면, Hannover 시에서는 주거지 비오톱을 포함한 17개의 중분류 유형과 118개의 소분류 유형으로 구분하고 있다. Berlin 시는 밀집화된 건축물 비오톱을 포함한 13개 중분류 유형과 54개 소분류 유형으로 구분하고 있다. 이에 반해 Dortmund 시에서는 대분류, 중분류, 소분류 체계를 갖추고 있어 각 도시마다 분류체계에 차이가 있음을 알 수 있다. 이러한 점을 감안하여 Arbeitsgruppe Stadtbiotopkartierung(1993)에서는 도시 비오톱 유형 분류 체계를 혼합된 건축물 밀집지역 비오톱을 포함한 총 12개의 대분류 유형, 이에 귀속되는 75개의 중분류 유형, 이에 귀속되는 119개 소분류 유형을 지침으로 제시하고, 도시 비오톱 유형 분류 체계를 대분류, 중분류, 소분류로 구분할 것을 제안한 바 있다.

국내의 도시 비오톱 유형 분류체계를 살펴보면, 대부분의 연구사례 및 각 지방단치단체별로 작성한 비오톱 지도에서는 대분류, 중분류, 소분류 체계를 따르고 있다(그림 3-2). 그러나 분류 항목 선정에 있어서는 각 도시별로 상당한 차이가 있어 통일성을 갖추지 못하고 있다. 일례로 고양시의 경우 대분류 유형은 16개, 중분류 유형은 50개, 소분류 유형은 146개인 반면, 성남시의 경우 대분류 유형은 6개, 중분류 유형은 26개, 소분류 유형은 24개로 분류항목에서 큰 차이를 보이고 있다. 이러한 점을 감안하여 「도시생태현황지도(비오톱 지도)의 작성방법에 관한 지침」(환경부, 2021)에서는 대분류, 중분류, 소분류의 위계로 분류하되, 각 도시별 경관생태적 특성을 고려하여 중분류까지는 통일하고 소분류는 해당 지역의 특성에 맞게 융통성 있게 세분할 수 있도록 명시하고 있다. 지침에서 제시하고 있는 대분류 유

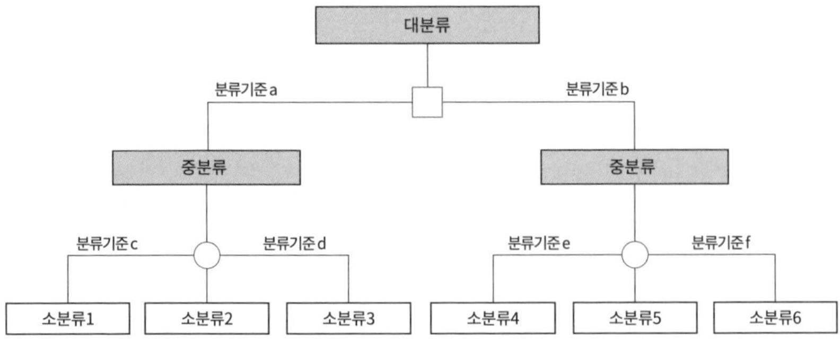

그림 3-2 비오톱 유형 위계에 따른 분류체계

형은 13개, 중분류 유형은 42개, 소분류 유형은 125개로 구분하고 있다.

이상과 같은 국내외 현황 검토와 필자의 연구 결과 및 경험에 비추어 볼 때, 도시 비오톱 유형 분류체계는 대분류, 중분류, 소분류의 위계를 갖추고 중분류까지는 통일하고 소분류는 해당 지역의 특성에 맞게 융통성 있게 세분할 수 있도록 하는 것이 바람직하다. 특히 도시 비오톱 유형을 대분류, 중분류, 소분류의 위계로 구분하는 가장 중요한 이유는 앞서 기술한 바와 같이 국토공간계획, 경관생태계획 및 각종 도시개발사업들과의 연계를 보다 더 용이하게 할 필요가 있기 때문이다. 대분류 유형(필요할 경우 중분류 포함)은 1/25,000을 기본으로 격자가 아닌 폴리곤(polygon) 형태로 작성하는 도시·군기본계획의 토지이용이나 도시·군 관리계획의 용도지역 선정에 부합하는 축척 및 정밀도로 접목이 용이하도록 폴리곤 형태로 구분 및 작성한 경관생태적 기초자료이다. 중분류 유형(필요할 경우 세분류 포함)은 1/5,000을 기본으로 폴리곤 형태로 작성하는 도시·군 관리계획, 특히 지구단위계획, 용도지구제, 용도구역제 및 규모가 큰 각종 도시개발사업계획으로의 활용이 용이하도록 폴리곤 형태로 구분한 경관생태적 기초자료이다. 소분류 유형(필요할 경우 중분류 포함)은 1/1,000까지의 상세한 경관생태적 평가정보를 포함하고 있어 소축척으로 진행되는 각종 도시개발사업들과의 접목이 용이하도록 폴리곤 형태로 구분한 경관생태적 기초자료이다.

3.2 비오톱 유형 분류기준

3.2.1 국내외 각 도시별 비오톱 유형 분류기준 현황

비오톱 유형 분류를 위한 기준은 무엇보다 어떤 비오톱 유형이 인접해 있는 다른 비오톱 유형들과 비교해서 경관생태적 측면에서 어떤 차별적 특성이 있는지를 판단해 줄 수 있는 척도 항목으로 선정할 필요가 있다. 그러나 위의 분류체계에서와 마찬가지로 비오톱 유형 분류기준도 각 도시가 가지고 있는 경관생태적 특성 및 활용목적에 따라 국내외 각 도시별로 차이가 있다. 우선 독일의 각 도시에서 적용하고 있는 분류기준을 간략하게 살펴보면, Arbeitsgruppe Stadtbiotopkartierung(1993)에서는 토지이용형태, 이용 및 관리 강도, 토양 포장정도, 시설의 종류, 건물층수, 형성원인(자연 혹은 인공) 등과 같은 인공적인 기준과 식생 형태 및 구조, 녹지면적의 크기, 토양조건, 경관구조 등과 같은 자연생태적 기준을 혼합하여 총 10개를 제시하고 있다.

Berlin 시에서는 토지이용형태, 이용 및 관리 강도, 시설의 종류, 건물층수, 형성원인(자연 혹은 인공), 식생 형태 및 구조, 자연성, 녹지면적의 크기 등 8개, Hannover 시에서는 토지이용형태, 이용 및 관리 강도, 토양 포장정도, 형성원인(자연 혹은 인공), 식생 형태 및 구조, 식물상 특성, 천이 단계, 경관구조 등 총 8개의 분류기준을 적용하고 있다. 또한 Dortmund 시의 경우 토지이용형태, 이용 강도, 포장률, 식생 형태 및 구조, 크기(면적), 토양조건, 기질면 특성, 수리분포, 지형적 조건 등 총 9개의 분류기준을 적용하고 있어, 각 도시 마다 해당 도시의 특성에 부합하는 분류지표를 차별적으로 적용하고 있음을 알 수 있다.

국내의 환경부 및 주요 도시에서 제시하고 있는 비오톱 유형 분류기준을 살펴보면, 우선 환경부(2020)의 경우, 대분류 단위에서는 토지이용형태를, 중분류 단위에서는 자연성, 지형, 경작형태, 주거형태 등을 주요 분류기준으로 제시하고 있다. 「도시생태현황지도의 작성방법에 관한 지침」(2021)에서는 위계에 따라 자연성, 공간유형, 녹지율 등의 분류기준에 의거하여 비오톱을 유형화하도록 명시하고 있다. 또한 대전광역시(2020), 공주시(2010) 등은 환경부의 기준과 유사하게 대분류 단위에서는 토지이용 및 동식물 서식처를, 중분류 단위에서는 식생조성상태 및 지형적 특성 등을 주요 분류기준으로 선정하고 있다. 그러나 성남시와 창원시의 경우 대분류 단위에서는 도시의 대표적인 경관유형을, 중분류 단위에서는 토지이용 및 형태적 특성을 분류기준으로 선정하고 있다.

이 외에도 경기도 내 31개 도시들의 경우 각각의 도시가 가지는 생태적 특성이 서로 상이하다는 점을 감안하여 대분류 단위에서는 공통적으로 시가지비오톱 및 녹지비오톱으로 구분하고, 시가지 비오톱은 녹지율, 포장률 등을, 녹지비오톱은 식생의 자연성, 이용 강도 등을 핵심 분류기준으로 선정하여 중분류 및 소분류 유형으로 세분하고 있다.

3.2.2 공통적으로 적용 가능한 표준화된 분류기준

위에서 보는 바와 같이 국내의 각 도시는 해당 도시의 특성에 부합하는 분류지표를 차별적으로 적용하고 있음을 알 수 있다. 그럼에도 불구하고 국내 각 도시별 공통적으로 적용 가능한 분류기준을 국내외 현황 검토, 그리고 필자의 연구 결과 및 경험에 비추어 볼 때 다음과 같이 제시해 볼 수 있다. 공통적으로 적용 가능한 표준화된 분류기준은 토지이용형태, 지형적 조건, 토양조건, 식생 형태 및 구조, 포장률, 이용 강도, 면적, 시각적 일체성(또는 시각적 경관구조) 등 총 8개이다. 다만 이러한 분류기준은 절대적 기준이 아니라 해당 도시의 경관생태적 특성 및 활용목적에 부합하게 추가 또는 삭제하여 차별적으로 적용할 필요가 있다. 각 분류기준별 특징을 살펴보면 다음과 같다.

1) 토지이용형태

토지이용형태는 국토계획법상 용도지역을 의미하며, 이미 개략적인 공간적 경계가 정해져 있는 각각의 용도지역은 서로 경관생태적으로 차별화되는 특성을 보인다는 전제를 함의하고 있다. 실제로 개인주택지와 중심상업업무지 또는 공동주택단지와 공업지 같은 용도지역 상호 간에는 이미 경관생태적 특성 및 위의 분류기준에서 서로 차이를 보인다는 많은 연구 결과가 보고된 바 있다. 이와 같은 분류기준의 차별적 특성이 비오톱 유형 분류의 중요한 근거가 된다는 점에서, 토지이용형태는 타 분류기준보다 비오톱 유형 분류에서 우선적으로 고려해 볼 수 있는 핵심지표로서 가치가 높다.

2) 지형적 조건

지형적 조건을 분류기준으로 선정한 근거는 지형적 조건에 따라 공간적 경계구분이 가능하기 때문이다. 이를테면 평탄지, 저지대, 수공간, 구릉지,

완경사의 산림지, 급경사의 산림지, 특이한 지형적 조건 등에 따라 서로 다른 경관생태적 특성을 보이고 있으며, 이러한 서로 다른 특성이 오히려 주변과 구별되면서 동질성을 나타내는 하나의 공간단위로 경계구분을 가능하게 해 주는 근거가 될 수 있다.

3) 토양적 조건

토양적 조건 역시 토양의 종류 및 형태 등에 따라 공간구분이 가능하다. 이를테면 사토, 사질토, 점토, 양토, 석회질양토, 식토 등에 따라 동질성을 나타내는 하나의 공간단위로 분류가 가능하고, 분류된 각 공간별로는 경관생태적 특성의 차이가 존재한다. 이와 같은 공간구분은 실측을 통해 할 수도 있지만, 기존의 1/5,000 기준의 정밀토양도 등을 활용하면 유용하다.

4) 식생 형태 및 구조

식생 형태 및 구조에 따라서도 공간적 경계구분이 가능하다. 일례로 활엽수림, 침엽수림, 침·활 혼효림, 관목림, 초원 등에 따라 경관생태적 특성에 차이가 있으며, 이를 토대로 식생 형태에 따른 공간구분, 즉 현존 식생도의 작성이 가능하다. 특히 현존식생도는 가능한 한 자연식생을 기준으로 구분하고, 특히 잠재자연식생도를 활용하면 많은 유용한 정보를 얻을 수 있다.

5) 포장률

포장률은 도시공간에서 토양의 포장정도를 의미하며, 토양의 포장정도에 따른 공간적 경계구분이 가능하다. 이에 따라 분류된 각 공간단위 상호간에는 경관생태적 특성에 차이를 보인다. 토양의 포장정도는 일반적으로

20% 미만, 20~40%, 40~60%, 60~80%, 80~100% 등과 같은 정량적인 비율 척도에 따라 공간구분을 수행할 수 있다.

6) 이용 강도

이용 강도는 인간의 자연에 대한 간섭정도를 의미한다. 일반적으로 이용 강도를 파악하고자 하는 경우에는 아래와 같은 헤메로비(Hemeroby) 7단계를 적용하여 공간을 구분하며(표 3-1), 이를 바탕으로 구분된 각 공간단위 상호간에는 경관생태적 특성에 큰 차이를 보인다.

표 3-1 Hemeroby 등급구분 및 적용기준

Hemeroby 등급	N과 T의 분포비율*	적용기준
a-hemeroby	N=0; T〈20%	인간의 영향력이 전혀 미치지 않은 생태계
oligo-hemeroby	N〈5%; T〈20%	생태계에 약간의 변동이 있음/인간의 영향력을 약간 받고 있는 생태계
meso-hemeroby	N〈5~12%; T〈20%	임업 등으로 인한 새로운 생태계가 출현하고 있는 공간
β-hemeroby	N〈13~17%; T〈21~30%	전형적인 기존의 농업경영형태에서 발생되는 생태계
α-hemeroby	N〈18~22%; T〈31~40%	인간의 간섭이 다소 많이 미치고 있는 공간/자연발생적인 식물류의 출현이 곤란한 공간
poly-hemeroby	N〉22%; T〉20%	인간의 간섭이 지배적인 공간/건축물 등으로 인해 노출된 토양이 거의 없으며 자연발생적인 식물류의 출현이 배척된 공간/부분적으로 개척식물이 잔류하지만 생태계의 파괴를 의미하는 조류, 박테리아, 곰팡이류의 생육이 왕성한 공간
meta-hemeroby	-	인간의 간섭이 매우 지배적인 공간/유기체들의 활동이 완전히 정지된 공간/건축물 및 기타독성물질들로 인해 식생이 완전 파괴된 공간

*N: 귀화종, T: 1, 2년생 초본류
출처: 나정화(2001).

7) 면적

면적은 각 분류기준별 경관생태적으로 동질성을 나타내는 서로 다른 크기의 공간단위들을 특히 대분류, 중분류, 소분류의 축척에 부합하게 재조정하는 것을 의미한다.

8) 시각적 일체성

시각적 일체성이란 육안을 통해 인지되는 공간적 경계를 말하며, 일반적으로는 도시경관의 유형 및 구조나 현존 토지이용형태에 기초하여 분류하면 용이하다.

이상과 같이 8개의 각 분류기준별 공간적 경계는 제각기 서로 다른 형태로 나타난다는 사실을 확인할 수 있다. 그러나 비오톱 유형 구분은 이론적으로는 8개의 각 분류기준을 중첩했을 때 일치되는 공간적 경계를 동일한 유형으로 묶어서 하나의 비오톱 유형으로 재차 분류하는 것이다. 그렇다면 위에서 언급한 바와 같이 각각의 분류기준별로 나타나는 공간적 경계는 서로 상이하다는 점을 감안해 볼 때, 8개의 분류기준을 모두 중첩시켜 하나로 일치하는 공간적 경계를 도출하고, 이를 다시 하나의 비오톱 유형으로 분류하는 것은 사실상 불가능하다고 볼 수 있다.

따라서 8개의 분류기준의 경계가 서로 일치하지는 않더라도 각 분류기준들의 공통분모를 최대한 많이 포함할 수 있는 공간크기를 설정하고, 이를 토대로 주변의 토지이용과 구별되는 개략적인 공간적 경계를 구분하여 하나의 비오톱 유형으로 분류해 나가는 방법을 모색해 볼 필요가 있다. 비

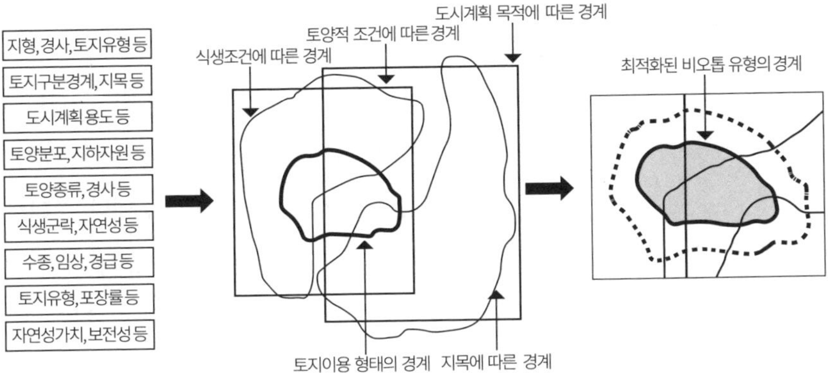

그림 3-3 비오톱 유형 분류 절차과정 모식도

록 이 방법이 완전하지는 못하더라도 비오톱 유형 분류의 정밀도를 높임과 동시에 오차범위를 최대한으로 줄일 수 있는 하나의 대안으로서 충분히 고려해 볼 수 있다. 또한 이러한 절차를 통해 설정된 비오톱 유형은 앞서 언급한 바와 같이 부지경계를 명확하게 설정하기가 곤란하며, 다소 추상적이면서 개략적인 개념으로 공간단위를 구분한 것으로 이해하는 것이 타당하다.

이보다 더 간편한 약식방법으로는 토지이용형태를 중심으로 우선 비오톱 유형을 분류한 후, 분류된 각각의 비오톱 유형마다 각 분류기준의 공통적 특성을 설명하는 방법이 있다. 특히 이와 같은 방법은 정밀도가 떨어질 수 있는 단점이 있지만 대분류 및 중분류 단위에서의 복잡하고 어려운 유형 분류 문제를 빠른 시간 내에 훨씬 더 쉽고 간편하게 해결할 수 있다는 장점이 있다(그림 3-3).

4. 비오톱 유형 분류방법

일반적으로 많이 사용하고 있는 비오톱 유형 분류방법으로는 비오톱 유형 검색 목록키에 의한 전통적 분류방법, QGIS 도구를 활용한 분류방법, 비오톱 유형 분류기준을 활용한 직접분류 방법, 형질조합에 의한 수리분류 방법 등이 있다. 여기서 비오톱 유형 분류기준을 활용한 직접분류 방법에 대해서는 위에서 이미 상세하게 기술하였으며, 형질조합에 의한 수리분류 방법에 대해서는 『수리분류학』(고철환, 1987)에서 잘 설명하고 있다. 아래에서는 비오톱 유형 검색 목록키에 의한 전통적 분류방법과 최근 들어 많이 사용하고 있는 QGIS 도구를 활용한 분류방법에 대해 기술하였다.

4.1 비오톱 유형 검색 목록키에 의한 전통적 분류방법

비오톱 유형 검색 목록키에 의한 전통적 분류방법은 우선 지금까지 제시되어 있는 국내 비오톱 유형 분류목록(환경부, 2020; 김진효, 2020; 나정화, 2021)에 대한 검색을 통해 조사대상지에 대한 비오톱 유형 분류의 기본틀을 유도한다. 그리고 사전기초자료 분석 및 1차 현장조사 자료를 기반으로 비오톱 유형 분류의 기본틀을 다시 비교 및 검토한 후, 추가 또는 삭제하는 절차를 거쳐 최종적으로 비오톱 유형을 대분류, 중분류, 소분류 체계로 확정하는 방식을 말한다. 유형 분류를 위한 최소면적 크기는 축척 1/5,000을 기본도로 작성할 경우에는 도면표기의 한계로 인해 10×10m 이상의 크기로 설정하고, 이보다 작은 공간규모에서 생태적으로 가치 있는 구조적 특징들이 출현할 경우에는 약어로 표기하여 가치등급의 평가에서 반영할 수 있도록 한다.

4.2 QGIS 도구를 활용한 분류방법

비오톱 유형 분류도 작성방법은 비오톱 지도가 작성된 국가 및 연구자에 따라 다양하다. 오늘날과 같이 고해상도 위성영상 및 GIS와 같은 기초자료 및 프로그램이 보편화되지 않았던 과거에는 주로 수치지형도를 활용하여 작성하였다. 수치지형도는 다양한 속성정보에 대한 레이어(등고선, 토지이용 등)를 포함하고 있는데 이 중 도로 레이어를 중점적으로 활용하여 위성사진과의 중첩 및 현장조사 결과를 바탕으로 비오톱 유형을 분류하는 경우가 일반적이었다. 하지만, 최근에는 Arc-GIS 및 QGIS, 토지피복지도, 토지이용현황도, 임상도, 고해상도 위성영상 등 다양한 기초자료 및 프로그램이 보편화됨에 따라 더욱 편리하고 정확한 비오톱 유형 분류도 작성이 가능하게 되었다. 아래에서는 다양한 프로그램 중 무료로 이용 가능한 오픈소스 프로그램인 QGIS를 중심으로 기초자료인 수치지형도, 토지피복지도, 위성영상 등을 활용한 비오톱 유형 분류도 작성 방법에 대해 기술하였다.

4.2.1 QGIS란?

QGIS는 대표적인 오픈소스 공간분석 프로그램으로서 GIS 분야에서 널리 사용되는 소프트웨어이다. 오픈소스 프로젝트로 누구나 자유롭게 이용 및 개선할 수 있다. 이러한 QGIS는 공간데이터 조회, 편집, 분석 기능을 제공하는 대표적인 오픈소스 데스크톱 지리정보시스템(GIS) 소프트웨어이다. QGIS는 2007년 오픈소스 지리공간재단(OSGeo) 인큐베이터 프로젝트로 선정된 후, 2009년 1월에 1.0 버전이 공개되었다. 공식 홈페이지(https://www.qgis.org/ko/site)에 접속하여 다운이 가능하며, 2024년 8월 기준으로 이용자들이 QGIS(버전 3.38.2)를 직접 다운받아 사용할 수 있다.

4.2.2 QGIS 및 플러그인 설치

우선 비오톱 유형 분류도 작성을 위한 핵심 기초자료인 토지피복지도 및 수치형도의 경우 앞서 언급한 바와 같이 환경공간정보서비스(http://egis.me.go.kr) 및 국토지리정보원(http://map.ngii.go.kr)에서 다운받을 수 있다. 이러한 기초공간자료를 바탕으로 비오톱 유형 분류도를 작성하기 위해서는 위성영상과의 중첩이 선행되어야 한다.

여기서는 비오톱 유형 분류도 작성을 위해 TMS for Korea를 활용하였다. TMS for Korea는 우리가 일반적으로 사용하고 있는 네이버 지도 또는 카카오맵의 레이어를 불러오는 플러그인이라 볼 수 있다. 설치 방법은 우선 QGIS를 실행한 이후 상단의 플러그인(P) 탭을 클릭하고, 아래의 플러그인 관리 및 설치 문구를 다시 클릭하면 플러그인 관리창이, 실행된다. 이후 관리창 상단 돋보기 옆에 있는 빈칸에 'tms'를 입력하면 설치 가능한 플러그인을 확인할 수 있다. 이 중 'TMS for Korea'를 선택하고 창 오른쪽 아래에 있는 플러그인 설치를 클릭하면 설치가 자동으로 진행된다.

TMS for Korea가 정상적으로 설치되었다면 Naver Maps 또는 Kakao Maps 등을 선택할 수 있으며 비오톱 유형 분류도 작성에 활용할 위성영상을 선택할 수 있다(그림 3-4). 이 중 Kakao Maps을 선택할 경우 Kakao Street는 기본지도만을, Kakao Hybrid는 스카이뷰와 주변 정보를, Kakao Satellite는 스카이뷰만을, Kakao Cadstral은 지적편집도만을 제공하고 있다. 여기서는 비오톱 유형 분류도 작성에 가장 적합한 Kakao Hybrid를 활용한 비오톱 유형 분류도 작성에 대해 기술하였다.

Kakao Maps의 설치를 통해 활용 가능한 도면의 유형은 〈그림 3-4〉와 같다. 일반적으로 수치지형도 및 토지피복자료 등을 활용해도 토지이용

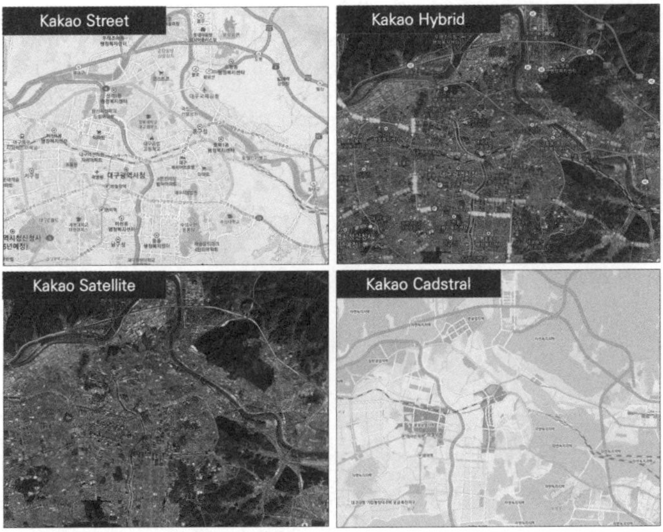

그림 3-4 Kakao maps에서 활용 가능한 자료화면의 종류

및 경계를 확인할 수 있다. 하지만 스카이뷰 및 주변정보가 포함된 Kakao Hybrid를 활용할 경우 비오톱 유형화 작업을 보다 원활하게 수행할 수 있으며 특히 현장조사를 병행할 경우 보다 상세하고 정확한 유형 분류 작업을 수행할 수 있다는 장점이 있다.

4.2.3 좌표계 통일

비오톱 유형 분류도 작성을 위한 다음 단계는 기초공간자료(토지피복지도 및 수치지형도 등)와 Kakao Hybrid의 좌표계를 통일시키는 것이다. 좌표계 또는 CRS(Coordinate Reference Sysyem)는 지표면상의 위치에 수치 좌표를 결합시키는 체계를 말하며 일반적으로 QGIS에서는 약 7,000개의 표준 좌표계를 지원하고 있다. 이 표준 좌표계들은 유럽 석유 탐사 연합(EPSG: European Petroleum Search Group)과 프랑스 국립지리원(IGNF: Institut Geographique

National de France)이 정의한 좌표계에 기반하고 있다. 이와 같은 표준 좌표계들은 'EPSG' 또는 'IGNF' 같은 조직명이 기관(authority)이며 특정 좌표계에 할당된 유일한 숫자가 코드인 기관:코드(authority:code) 조합을 사용해서 식별된다. 예를 들어, 흔히 쓰이는 WGS 84 위도/경도 좌표계는 식별자 EPSG:4326으로 알려져 있으며, 웹 매핑 표준 좌표계는 EPSG:3857이다. 우선 분석을 위한 수치지형도 파일(shp 파일)을 불러오기 위해서는 QGIS의 보기-패널-레이어, 탐색기 체크 이후 비오톱 유형 분류도 작성에 활용할 shp 파일을 클릭한다.

그러나 shp 파일을 불러왔을 경우 토지피복지도가 원래의 위치가 아닌 상단부에 나타나게 되는 문제점이 발생한다. 이러한 문제가 발생하는 이유는 불러온 shp 파일에 대한 좌표계 값이 QGIS상에 반영되지 않았기 때문이다. 일반적으로 분석에 활용되는 기초공간자료들은 작성기관별로 데이터좌표계를 제시하고 있으며, 환경공간정보서비스에서 제공하고 있는 세분류 토지피복지도의 경우 ESPG:5186(Korean 2000/Central Belt 2010) 좌표계를 활용하여 구축이 되었다고 명시되어 있다.

따라서 위성영상을 활용하여 비오톱 유형 분류도 작성을 수행하기 위해서는 세분류 토지피복지도에 대한 좌표계 설정이 선행되어야 한다. 좌표계 설정방법은 우선 불러온 레이어 창을 선택하고 우클릭-레이어 좌표계 선택-레이어 좌표계 설정(L)을 클릭한다.

이후 나타나는 새로운 창의 필터에서 세분류 토지피복지도의 좌표계로 확인된 5186을 입력하게 되면 아래에 ESPG:5186(Korean 2000/Central Belt 2010) 좌표계를 확인할 수 있다. 이 좌표계를 클릭 후 아래에 위치한 확인버튼을 누르면 shp 파일이 원래 위치해 있어야 할 지점으로 이동하게 된다.

4.2.4 비오톱 유형(shp 파일) 편집

계속해서 비오톱 유형 분류도 작성을 위해서는 기초공간자료(토지피복지도 및 수치지형도)를 비오톱 유형에 맞게 수정할 필요가 있다. 제1장에서 기술한 바와 같이 비오톱이란 '동식물 군집이 서식하고 있거나 서식할 수 있는 최소한의 단위공간'을 의미한다. 즉, 생물생태적 요소가 중심이 되어 주변 환경과의 상호 물질교환 작용이 일어나는 최소 단위공간을 비오톱으로 해석할 수 있다. 그러나 토지피복지도의 경우 「토지피복지도 작성 지침」 제2조(정의)에 의하면 지구표면 지형물의 형태를 과학적 기준에 따라 분류하고 동질의 특성을 지닌 구역을 지도 형태로 표현한 환경기초지도라고 명시하고 있다.

이처럼 비오톱 유형과 토지피복유형은 상이한 기준에 의하여 공간을 구분한다. 따라서 비오톱 유형 분류도 작성을 위해서는 기초자료인 토지피복지도 및 수치지형도를 비오톱 유형 분류기준에 부합하도록 공간을 재구성 및 편집할 필요가 있다. 이때 〈그림 3-5〉에서 보는 바와 같이 피처 분할, 선택한 객체 병합 등과 같은 다양한 툴을 활용하여 폴리곤에 대한 추가 작업이 필요하다.

그림 3-5 편집을 위한 주요 툴(Tool)

재구성 및 편집방법을 살펴보면, 우선 편집을 위해서는 편집 모드 활성화가 필요하다. 편집할 레이어를 클릭한 뒤 상단에 위치한 편집 모드 켜고 끄기(연필 모양)을 클릭하면 편집 모드가 활성화되고(아이콘이 변경됨) 이후부터 선택한 폴리곤에 대한 편집이 가능하게 된다.

여기서 피처 분할은 이름 그대로 하나의 공간을 여러 개로 분할하는 기능이다. 농촌지역에 위치한 마을 숲을 일례로 살펴보면, 〈그림 3-6〉과 같이 마을 숲은 마을 숲과 경작지가 하나의 공간으로 설정되어 있음을 확인할 수 있다. 그러나 마을 숲과 경작지는 서로 다른 비오톱 유형이기 때문에 서로 다른 공간으로 분할되어야 한다. 따라서 위성영상에서 보이는 경계를 기준으로 피처 분할 기능을 사용하면 하나의 공간을 마을 숲과 경작지 2개로 구분이 가능하다.

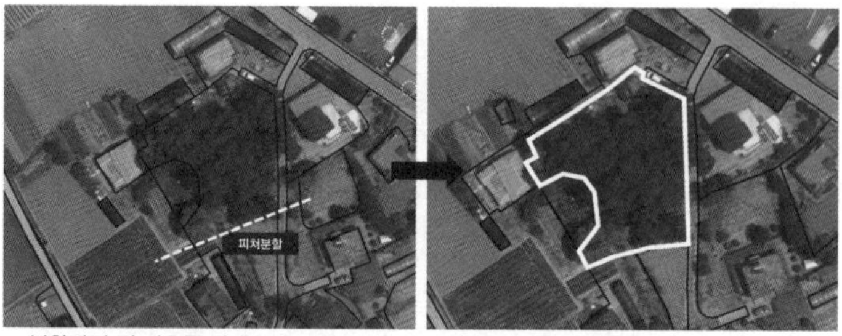

a. 분할작업 전 비오톱 경계 b. 분할작업 후 비오톱 경계

그림 3-6 피처 분할 기능을 통한 포위된 마을 숲과 경작지의 분할

병합 기능은 하나의 비오톱 유형으로 설정되어야 하지만 공간이 여러 개로 분할되어 있는 경우 활용 가능한 편집 기능이다. 〈그림 3-7〉에서 보는 바와 같이 실내 체육시설은 비오톱 소분류 유형으로 하나의 공간으로 설정되어 있어야 함에도 불구하고 실내 체육시설 내 각각의 건물들이 개

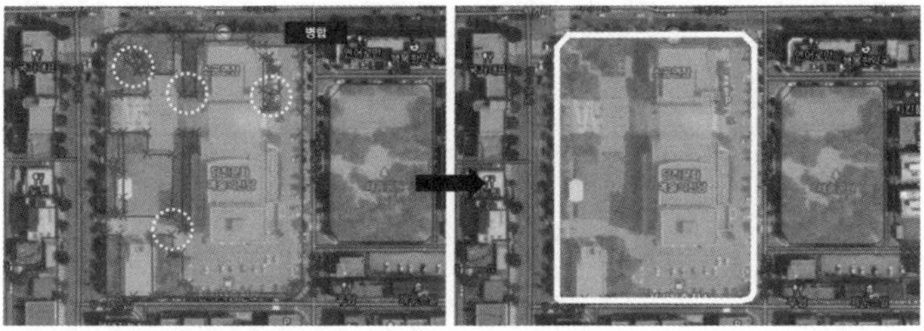

a. 병합작업 전 비오톱 경계 b. 병합작업 후 비오톱 경계

그림 3-7 하나의 공간으로 병합된 실내 체육시설 비오톱

별적인 폴리곤 형태로 분할되어 있음을 확인할 수 있다.

따라서 하나의 공간으로 병합하기 위해서는 먼저 병합이 필요한 실내 체육시설 내 모든 폴리곤을 선택하고, 객체병합 버튼을 클릭하면 객체병합 창이 나타나게 된다. 이후 기타 초지, 문화체육 휴양시설과 같은 다양한 공간의 속성들 중 병합 시 기준이 될 유형을 선택하여야 하는데, 여기서는 기타 초지가 아닌 문화체육 휴양시설을 선택한 후 확인 버튼을 누르면 선택한 유형으로 〈그림 3-7〉과 같이 병합이 진행된다.

4.3 QGIS 도구를 활용한 주요 비오톱 유형별 분류방법 예시

4.3.1 병합기능을 활용한 분류방법 예시

1) 녹지가 풍부한 복합형 주거지역 비오톱

녹지가 풍부한 복합형 주거지역 비오톱은 농촌 또는 도시 외곽지역에서 쉽게 접할 수 있으며, 주거지(대분류) 및 농촌단독주택지(중분류)에 귀속되는 소분류 유형들 중 하나에 해당한다. 일례로 농촌단독주택지(중분류)에 귀속되는 소분류 유형들로는 규모 및 녹지의 피복정도에 따라 녹지가 풍부한 전원형 옛날마을, 녹지가 풍부한 복합형 주거지역, 녹지가 빈약한 복합형

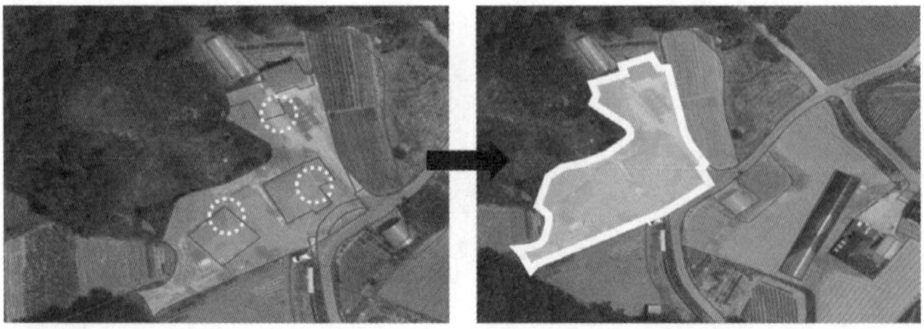

a. 병합작업 전 비오톱 경계　　b. 병합작업 후 비오톱 경계

그림 3-8 녹지가 풍부한 복합형 주거지역 비오톱의 유형화 작업 전후의 비교

주거지역 등을 들 수 있다. 〈그림 3-8〉에서 보는 바와 같이, 연두색의 공간 내에 주거용의 건물과 창고, 잔디밭 등과 같은 다양한 건물 및 공간들이 각각 개별 폴리곤의 형태로 나뉘어 있어, 병합 기능을 활용하여 다시 하나의 공간으로 재조정할 필요가 있었다.

2) 활엽수 혼효림 비오톱

다음으로 산림 비오톱 유형에 대한 유형화 방법 및 유형화 결과를 살펴보면 다음과 같다. 〈그림 3-9〉는 비오톱 소분류 유형 중 활엽수 혼효림 비오톱 유형에 해당되며, 산림은 생태적 특성 및 조성 목적에 따라 크게 자연림과 자연-인공림, 인공림 등으로 구분된다.

이러한 산림의 특성은 일반적으로 임상도를 통해 파악가능하며, 초록색은 자연림, 보라색은 인공림에 해당된다. 위의 활엽수 혼효림은 산림(대분류), 자연림(중분류)의 소분류에 해당하며 자연림은 다시 소나무 중심의 침엽수림, 활엽수 혼효림, 침·활 혼효림, 자연림의 산림가장자리로 구분된다. 따라서 현재 여러 개의 공간으로 분할되어 있는 비오톱 유형을 병합기능을 활용하여 작업을 수행하여야 한다. 뿐만 아니라 붉은색 원으로 표시

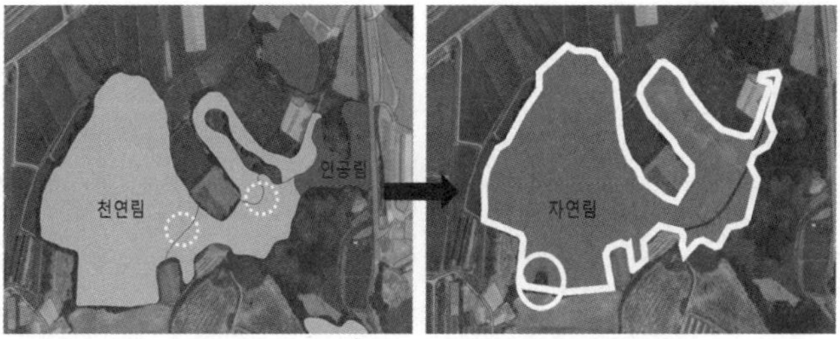

a. 병합작업 전 비오톱 경계　　　　b. 병합작업 후 비오톱 경계

그림 3-9 활엽수 혼효림 비오톱의 유형화 작업 전후의 비교

된 부분의 경우 일반적으로 산림에서 쉽게 나타나는 묘지로서, 해당 비오톱은 벌채 및 훼손지(중분류) 내 묘지(소분류)에 해당됨에 따라 추가적으로 개별 비오톱으로 구분할 필요가 있다. 이러한 묘지 이외에도 경작지 또는 다른 특성을 가진 비오톱 유형이 나타날 경우 동일하게 분할시켜야 하며, 위성영상만으로 판독이 어려울 경우에는 로드뷰 영상 및 현장조사, 또는 무인항공기(UAV)를 활용하여 비오톱 유형 및 경계를 파악하여야 한다.

3) 어린이공원 비오톱

비오톱 소분류 유형 중 어린이공원 비오톱 유형에 대한 유형화 결과 및 유형화 방법을 살펴보면 다음과 같다. 어린이공원 비오톱은 조성녹지(대분류), 인위적으로 조성된 공원녹지(중분류)의 소분류 유형에 해당되며, 인위적으로 조성된 공원녹지는 자연식생의 유무, 공원의 크기, 조성목적 등에 따라 다시 자연식생을 포함하지 않은 공원녹지, 어린이공원 및 소공원, 기타 주제공원으로 세분화된다. 〈그림 3-10〉을 살펴보면 어린이 공원 내 녹지공간, 포장시설, 조경시설 등 다양한 공간들이 개별 폴리곤으로 구분되어 있는바 병합 기능을 활용하여 단일 비오톱으로 공간을 재설정하여야 한다.

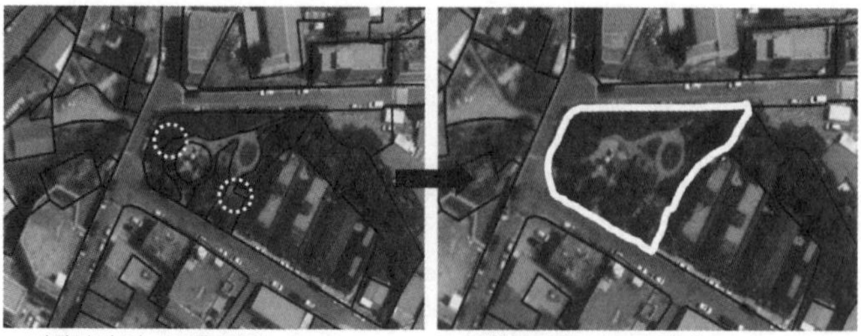

a. 병합작업 전 비오톱 경계　　　　　　b. 병합작업 후 비오톱 경계

그림 3-10 어린이공원 비오톱의 유형화 작업 전후의 비교

4.3.2 분할 기능을 활용한 분류방법 예시

1) 자연재료로 정비된 저수지 및 방축 비오톱

자연재료로 정비된 저수지 및 방축 비오톱은 호소 및 습지(대분류), 인공습지(중분류)의 소분류 유형에 해당되며, 인공습지는 다시 자연재료로 정비된 저수지 및 방축과 인공재료로 정비된 저수지 및 방축으로 구분된다. 이 중 자연형 재료로 정비된 저수지 및 방축 비오톱은 조성목적이 경작지 내 농업용수를 공급하기 위하여 조성된 공간인바 일반적으로 경작지 내에서 나타나는 비오톱 유형으로서 규모는 매우 작지만 생태적 중요도는 높은 비오톱 유형이라 볼 수 있다. 아래의 자연형 재료로 정비된 저수지 및 방축 비오톱 유형에 대한 유형화 방법을 살펴보면, 경작지와 저수지가 하나의 유형으로 표시된 것을 알 수 있다. 하지만 경작지와 저수지의 경우 형태, 기능 등 여러 측면에서 성격이 상이한 비오톱 유형인바 피처 분할 기능을 활용하여 경작지와 저수지를 분할시킬 필요가 있다(그림 3-11).

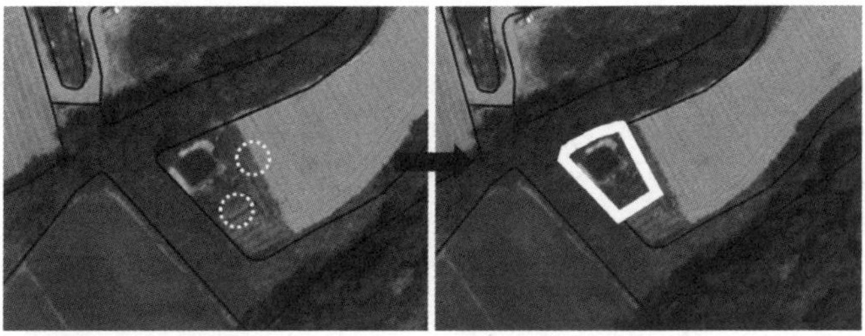

a. 분할작업 전 비오톱 경계　　　　　　　　b. 분할작업 후 비오톱 경계

그림 3-11 자연재료로 정비된 저수지 및 방죽 비오톱의 유형화 작업 전후의 비교

2) 주제공원 비오톱

주제공원 비오톱 유형에 대한 유형화 방법 및 유형화 결과를 살펴보면 다음과 같다(그림 3-12). 주제공원은 앞선 어린이공원 및 소공원 비오톱 유형과 동일하게 조성녹지(대분류), 인위적으로 조성된 공원녹지(중분류)의 소분류 유형에 해당된다. 아래의 공원은 도시의 외곽에 조성된 반려동물 공원으로서 기존에는 경지정리되지 않은 논 경작지 비오톱이었지만 일부분은 주제공원으로 최근 새롭게 조성이 되었다. 따라서 공간적 특성이 다른 논 경작지와 공원지역은 피처 분할 기능을 활용하여 분리시킬 필요가 있었다.

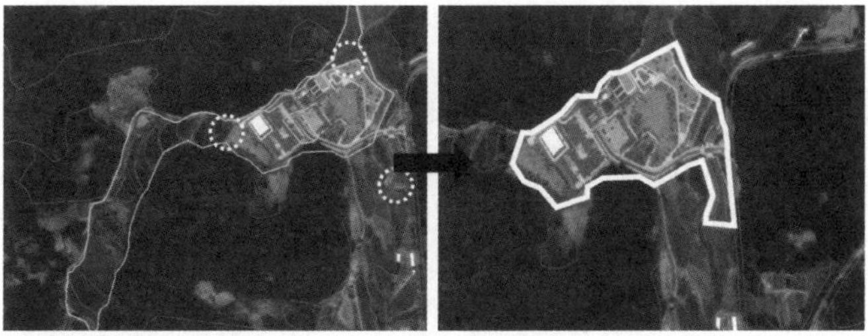

a. 분할작업 전 비오톱 경계　　　　　　　　b. 분할작업 후 비오톱 경계

그림 3-12 기타주제공원 비오톱의 유형화 작업 전후의 비교

3) 묘지 비오톱

묘지 비오톱은 대분류로는 산림에 해당하며, 중분류로는 벌채 및 훼손지에 속한다. 〈그림 3-13〉을 살펴보면 산림 내 다양한 크기 및 형태의 묘지 비오톱이 나타나고 있으며, 이들 공간은 산림과는 다른 생태적, 공간적 특성을 보이는바 각각 분할시킬 필요가 있었다. 단, 크기가 매우 작은 묘지의 경우 지자체 또는 작성기관의 최소면적 기준에 따라 개별적인 비오톱 유형으로의 분할 여부를 결정할 수 있다. 그러나 축척 1/5,000을 기본도로 작성되는 비오톱 지도는 비오톱의 최소면적[3] 10×10m 이상을 도면에 표기하고 있는바, 이보다 크기가 큰 묘지 비오톱이면서 성격을 달리하는 공간이 포함되어 있을 경우에는 피처 분할을 통하여 공간을 구분할 필요가 있었다.

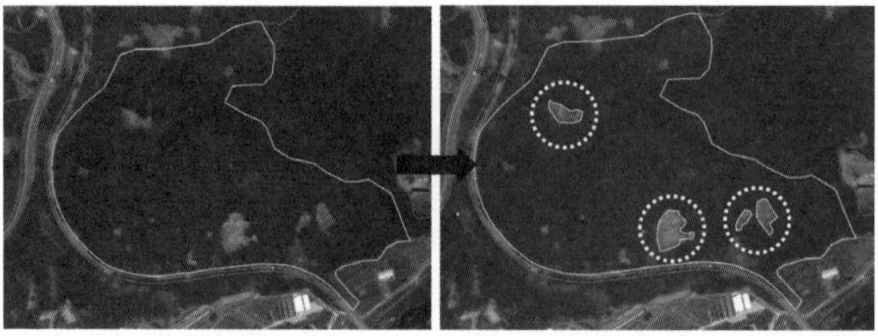

a. 분할작업 전 비오톱 경계　　　b. 분할작업 후 비오톱 경계

그림 3-13 묘지 비오톱의 유형화 작업 전후의 비교

4.3.3 비오톱 유형화 작업결과에 대한 오류 수정

비오톱 유형화 작업에 대한 오류 수정은 크게 비오톱 유형화 작업의 정확성에 대한 검토와 비오톱 유형별 속성정보의 입력 여부에 대한 검토로

3 「도시생태현황지도의 작성방법에 관한 지침」 제3조(정의)에서는 비오톱의 최소면적을 100m²(10×10m)~2,500m²(50×50m)의 범위 내에서 지자체의 현황에 맞게 사용하도록 권고하고 있다.

구분해서 생각해 볼 수 있으며, 각각에 대한 구체적인 내용은 아래와 같다.

1) 비오톱 유형화 작업의 정확성에 대한 검토

비오톱 유형화 작업의 정확성에 대한 검토는 기입력된 비오톱 유형과 현재 상태의 비오톱 유형의 일치 여부를 확인해 보는 데 그 목적이 있다. 일례로 〈그림 3-14〉의 박스 표시 부분을 살펴보면, GIS상에는 도시 유휴지 비오톱으로 입력되어 있었다. 하지만 현장조사 결과 실제로는 개발계획이 완료됨에 따라 과거 유휴지였던 비오톱 유형이 현재는 고층공동주택지 비오톱으로 용도가 변경되어 있어서 기입력된 비오톱 유형과 현재 상태의 비오톱 유형이 전혀 다른 형태임을 확인할 수 있었다. 이러한 오류는 입력 당시 활용한 위성영상, 토지피복지도, 수치지형도 등과 같은 기초자료의 구축시기, 활용시기, 현장조사에서의 누락 등 다양한 측면에서 그 원인을 찾아볼 수 있다. 따라서 이와 같은 확인 작업을 거쳐 기입력된 비오톱 유형 속성 값을 현재 상태의 비오톱 유형으로 수정하여야 한다.

또한 비오톱 유형화 작업 시 오류가 자주 발생하는 비오톱 유형은 산림

그림 3-14 속성정보 불일치 사례

비오톱 유형이다. 일례로 GIS상에는 비오톱 유형이 활엽수 혼효림으로 입력이 되어 있지만 실제로는 벌목지 비오톱인 오류가 자주 발생하게 된다. 이러한 오류는 입력 당시 최근의 기초자료를 활용하였음에도 이후 진행된 벌목 또는 태양광시설 설치 등과 같은 각종 개발사업의 내용을 미처 반영하지 못한 데 그 원인이 있었다. 따라서 기입력된 활엽수 혼효림 비오톱 속성 값을 현재 상태의 벌목지 비오톱 유형으로 수정하여야 한다.

2) 비오톱 유형별 속성정보의 입력 여부에 대한 검토

다음으로 살펴볼 오류검토는 비오톱 유형별 필수적으로 입력되어야 하는 속성정보의 누락 여부이다. 「도시생태현황지도의 작성방법에 관한 지침」에는 비오톱 지도 작성 시 분류된 각 비오톱 유형별 토지이용, 최종등급, 경사, 고도, 향, 조사지점, 녹지율, 녹지구조 등 다양한 속성정보를 모두 기입하도록 명시하고 있다. 이러한 정보들은 사전기초자료 분석 및 현장조사를 통해 얻어진 정보들로서 비오톱 유형의 경계설정이나 비오톱 유형별 가치평가에서 중요한 기초자료로 활용된다.

뿐만 아니라 현장조사 결과 구축된 야생 동식물 GIS 파일 내에도 야장표에 기재되어 있는 모든 속성정보들을 입력하도록 하고 있다. 그러나 일례로 곤충조사를 위한 야장표에서는 종명과 개체 수 이외에도 관찰지 현황(산림, 초지, 논, 밭 등), 주요행동, GPS 좌표, 날씨, 바람, 풍향, 기온 등의 다양한 속성정보 값을 기입하도록 작성되어 있음에도 불구하고 종명과 개체 수만 GIS 파일 내에 입력이 되어 있음을 확인할 수 있다. 따라서 야장표에 기반한 다양한 속성정보 값을 GIS 파일 내 속성정보 목록을 확인하여 해당항목을 모두 입력하여야 한다.

5. 비오톱 유형 분류를 위한 목록 검색키 및 주요 비오톱 유형별 특징

5.1 비오톱 유형 분류를 위한 목록 검색키

국내 도시 비오톱 유형 분류목록 검색키와 관련한 연구 결과는 많이 축적되어 왔다. 그러나 각 도시마다 서로 다른 분류체계 및 분류기준에 근거하여 제각기 작성하다 보니 통일성이 결여되어 혼란스런 점이 많이 노출되었다. 이러한 문제점을 해결하기 위해 환경부에서는 「도시생태현황지도의 작성방법에 관한 지침」에서 기존의 많은 연구사례 검토를 토대로 전국적으로 적용 가능한 비오톱 유형 분류목록 검색키를 [표 3-2]와 같이 제시하고 있다.

「도시생태현황지도의 작성방법에 관한 지침」에서는 비오톱 유형 분류체계를 대분류-중분류-소분류로 구분하여 작성하도록 유도하고 있으며, 특히 [표 3-2]에서 제시하고 있는 16개의 대분류와 59개의 중분류 체계를 따라서 작성하도록 권고하고 있다. 제시된 대분류 및 중분류 유형에 해당하지 않는 비오톱 유형이 새롭게 출현하거나 또는 보다 세분화할 필요가 있을 경우에는 현재의 분류체계 내에서 유형을 추가할 수 있도록 하고 있다. 다만, 소분류는 각 도시별 서로 다른 경관생태적 특성을 가지고 있다는 점을 고려하여 융통성 있게 분류할 수 있도록 유도하고 있다.

이처럼 국가 차원에서 표준화된 비오톱 유형화 체계가 구축된 이후 지자체에서도 이를 준용하여 비오톱 지도 작성이 이루어지고 있으며, 특히 소분류 차원에서 지역적 특성을 고려하여 비오톱 유형을 세분화하고 있다. 충청남도의 비오톱 유형 분류체계를 살펴보면 충청남도는 총 15개의 시군(8개 시 7개 군)으로 이루어져 있으며, 도 전체 차원에서 비오톱 지도화 작업이 완료된 상태이다. 대분류의 경우 주거지, 산림, 경작지 등 총 16개로 구분되었으며, 이에 귀속되는 중분류는 64개, 소분류는 116개로 유형화되었다.

충청남도의 유형 분류체계에 대해 조금 더 구체적으로 살펴보면 특히 서산시, 태안군 등 해안과 접한 도시들의 경우 지리적 특성으로 인해 내륙에 속한 도시들에서는 나타나지 않는 비오톱 유형이 도출되었다. 일례로 대분류유형 '해안'의 경우 중분류에서는 자연해안, 인공해안, 해안구조물

표 3-2 환경부에서 제시하고 있는 비오톱 유형 분류목록 검색키

구분	대분류	중분류
시가지비오톱	주거지(01)	도시단독주택지(0101)
		농촌단독주택지(0102)
		저층공동주택지(0103)
		중층공동주택지(0104)
		고층공동주택지(0105)
	상업업무지(02)	저층상업업무지(0201)
		중층상업업무지(0202)
		고층상업업무지(0203)
	주상혼합지(03)	저층주상혼합지(0301)
		중층주상혼합지(0302)
		고층주상혼합지(0303)
	공공용도지(04)	교육기관(0401)
		행정 및 공공기관(0402)
		병원 및 요양기관(0403)
		대규모 운동시설지(0404)
	공업지(05)	대규모 공장(0501)
		소규모 공장(0502)
		창고(0503)
	공급처리시설지(06)	물 관련 시설지(0601)
		폐기물 관련 시설지(0602)
		에너지 관련 시설지(0603)
		통신 관련 시설지(0604)
	교통시설지(07)	도로(0701)
		주차장(0702)
		철도(0703)
		항만(0704)
		공항(0705)
		교통 관련 부속시설지(0706)
	특수지(08)	군사시설(0801)
		공사현장(0802)
		야적장(0803)
		조사불가능지(0804)

구분	대분류	중분류
녹지비오톱	하천(09)	자연하천(0901)
		자연형 하천(0902)
		인공형 하천(0903)
		소하천(0904)
		농수로(0905)
	호소 및 습지(10)	자연습지(1001)
		인공습지(1002)
	해안(11)	자연해안(1101)
		인공해안(1102)
		해안구조물(1103)
	산림(12)	자연림(1201)
		자연·인공림(1202)
		인공림(1203)
		관목식생지(1204)
		벌채 및 훼손지(1205)
		마을 숲(1206)
		암석노출지(1207)
	초지(13)	자연초지(1301)
		인공초지(1302)
	경작지(14)	습윤지성 경작지(1401)
		건조지성 경작지(1402)
	조성녹지(15)	자연식생이 있는 공원녹지(1501)
		인위적으로 조성된 공원녹지(1502)
		시설형 조성녹지(1503)
	나지 및 폐허지(16)	도시유휴지(1601)
		농촌유휴지(1602)
		채광지(1603)

출처: 「도시생태현황지도의 작성방법에 관한 지침」(환경부, 2021).

로 구분하였으며, 중분류 '자연해안'은 다시 갯벌사빈사구, 자갈 및 암반해안, 해안염습지로 세분화되었다.

대구광역시의 비오톱 유형 분류체계에 대하여 살펴보면 다음과 같다. 대구광역시의 경우 대분류는 주거지, 공공용도지, 초지 등 총 14개로 구분되었으며, 이에 귀속되는 중분류는 총 44개, 소분류는 총 115개로 유형화되었다. 대구광역시의 비오톱 유형 분류체계의 특징 중 주목할 만한 점은 소분류 유형화 작업 시 특히 녹지율을 중요한 분류기준으로 활용하였다는 점이다. 일례로 중분류 '공동주택지' 비오톱 유형의 경우 소분류에서는 주택의 형태 및 녹지율에 따라 녹지율 높은 연립주택(30% 이상), 녹지율 낮은 연립주택(30% 미만), 녹지율 높은 아파트(30% 이상), 녹지율 낮은 아파트(30% 미만)로 세분화되었다.

이상과 같이 충청남도, 대구광역시 등 지자체별로 환경부에서 제시하고 있는 비오톱 유형화 체계를 준용함과 동시에 도시별 특성을 고려하여 비오톱 유형화 작업이 진행된 것을 알 수 있다. 하지만 여전히 서로 다른 분류기준에 따라 비오톱 유형화 작업이 진행됨에 따라 비오톱 유형 분류목록의 세분화 정도는 도시마다 차이를 보이고 있다. 따라서 선행된 각 도시별 비오톱 유형 분류목록을 종합적으로 고려하여 특히 도시라는 공간단위로 공통적으로 적용 가능한 비오톱 유형 분류목록을 다음과 같이 제안해 볼 수 있다(표 3-3).

분류 결과를 살펴보면 공통적으로 적용 가능한 도시 비오톱 유형 분류목록은 대분류 16개, 중분류 57개, 그리고 이에 귀속되는 소분류는 118개로 유형화할 수 있다. 충청남도 및 대구광역시와 비교 시 소분류 항목에서 보다 상세하게 세분화되었으며, 그 이유는 본 분류목록의 경우 주거지, 공공용도지, 하천 등에 대한 소분류 유형화 시 특히 녹지의 양을 중요한 분류기준으로 활용하였기 때문이다. 또한 하천 비오톱의 경우, 충청남도에서는 자연하천(중분류)을 소분류에서에도 중분류와 동일하게 자연하천(소분류)으로 유형화한 반면, 본 분류목록에서는 자연하천(중분류)을 소분류에서는 식생이 풍부한 자연하천, 식생이 빈약한 자연하천, 생태 섬 및 습지, 하천변 수림대 등으로 상세하게 세분화하였다.

표 3-3 공통적으로 적용 가능한 도시 비오톱 유형 분류목록 검색키

<table>
<tr><th>대분류</th><th>중분류</th><th>소분류</th></tr>
<tr><td rowspan="12">주거지
(01)</td><td rowspan="3">도시단독주택지(0101)</td><td>기와형 단독주택지(010101)</td></tr>
<tr><td>옥상형 단독주택지(010102)</td></tr>
<tr><td>전원형 단독주택지(010103)</td></tr>
<tr><td rowspan="3">농촌단독주택지(0102)</td><td>녹지가 풍부한 전원형 옛날마을(010201)</td></tr>
<tr><td>녹지가 풍부한 복합형 주거지역(010202)</td></tr>
<tr><td>녹지가 빈약한 복합형 주거지역(010203)</td></tr>
<tr><td rowspan="2">저층공동주택지(0103)</td><td>녹지가 풍부한 저층공동주택지(010301)</td></tr>
<tr><td>녹지가 빈약한 저층공동주택지(010302)</td></tr>
<tr><td rowspan="2">중층공동주택지(0104)</td><td>녹지가 풍부한 중층공동주택지(010401)</td></tr>
<tr><td>녹지가 빈약한 중층공동주택지(010402)</td></tr>
<tr><td rowspan="2">고층공동주택지(0105)</td><td>녹지가 풍부한 고층공동주택지(010501)</td></tr>
<tr><td>녹지가 빈약한 고층공동주택지(010502)</td></tr>
<tr><td rowspan="7">상업
업무지
(02)</td><td rowspan="2">저층상업업무지(0201)</td><td>녹지가 풍부한 저층상업업무지(020101)</td></tr>
<tr><td>녹지가 빈약한 저층상업업무지(020102)</td></tr>
<tr><td rowspan="2">중층상업업무지(0202)</td><td>녹지가 풍부한 중층상업업무지(020201)</td></tr>
<tr><td>녹지가 빈약한 중층상업업무지(020202)</td></tr>
<tr><td rowspan="2">고층상업업무지(0203)</td><td>녹지가 풍부한 고층상업업무지(020301)</td></tr>
<tr><td>녹지가 빈약한 고층상업업무지(020302)</td></tr>
<tr><td>재래시장(0204)</td><td>재래시장(020401)</td></tr>
<tr><td rowspan="5">주상
혼합지
(03)</td><td>저층주상혼합지(0301)</td><td>저층주상혼합지(030101)</td></tr>
<tr><td>중층주상혼합지(0302)</td><td>중층주상혼합지(030201)</td></tr>
<tr><td>고층주상혼합지(0303)</td><td>고층주상혼합지(030301)</td></tr>
<tr><td>주거공업혼합지(0304)</td><td>주거·공업혼합지(030401)</td></tr>
<tr><td>관광시설혼합지(0305)</td><td>관광시설혼합지(030501)</td></tr>
</table>

계속▶

대분류	중분류	소분류
공공 용도지 (04)	교육기관(0401)	녹지가 풍부한 초·중·고 비오톱(040101)
		녹지가 빈약한 초·중·고 비오톱(040102)
		녹지가 풍부한 대학캠퍼스(040103)
		녹지가 빈약한 대학캠퍼스(040104)
	행정 및 공공기관(0402)	녹지가 풍부한 관공서지역(040201)
		녹지가 빈약한 관공서지역(040202)
	병원 및 사회문화시설(0403)	녹지가 풍부한 병원 및 사회문화시설(040301)
		녹지가 빈약한 병원 및 사회문화시설(040302)
	대규모 운동시설지(0404)	녹지가 풍부한 야외 체육시설(040401)
		녹지가 빈약한 야외 체육시설(040402)
		실내 체육시설(040403)
공업지 (05)	대규모 공장(0501)	대규모 공업지역(050101)
	소규모 공장(0502)	소규모 공업지역(050201)
	창고(0503)	창고 비오톱(050301)
공급 처리 시설지 (06)	물 관련 시설지(0601)	물 관련 시설지(060101)
	폐기물 관련 시설지(0602)	폐기물 관련 시설지(060201)
	에너지 관련 시설지(0603)	유류저장송유시설지(060301)
		발전송전시설지(060302)
		신재생에너지 관련 시설지(060303)
	통신 관련 시설지(0604)	통신 관련 시설지(060401)
교통 시설지 (07)	도로(0701)	도로(070101)
		도로사면(070102)
		교통섬(070103)
		비포장 농로(070104)
	주차장(0702)	주차장(070201)
	철도(0703)	철로 및 철로변(070301)
		철로역사 주변지역(070302)
	교통 관련 부속시설지(0706)	부속시설지(070601)
특수지 (08)	군사시설 및 조사불능지(0801)	군사시설(080101)
	공사현장(0802)	공사현장(080201)
	야적장(0803)	야적장(080301)
하천 (09)	자연하천(0901)	식생이 풍부한 자연하천(090101)
		식생이 빈약한 자연하천(090102)
		하천변 수림대(090103)
	자연형 하천(0902)	식생이 풍부한 자연형 하천(090201)
		식생이 빈약한 자연형 하천(090202)
		하천변 수림대(090203)
	인공형 하천(0903)	인공형 하천(090301)
	소하천(0904)	소하천(090401)
	농수로(0905)	농수로(090501)

계속▶

대분류	중분류	소분류
호소 및 습지 (10)	자연습지(1001)	산림습지(100101)
		자연형 호수(100102)
		경작지 내 소규모 습지 및 늪지(100103)
		습지변 친수자연형 식생군락(100104)
	인공습지(1002)	자연재료로 정비된 저수지 및 방죽(100201)
		인공재료로 정비된 저수지 및 방죽(100202)
		양식장 및 낚시터(100203)
산림 (12)	자연림(1201)	소나무 중심의 침엽수림(120101)
		활엽수 혼효림(120102)
		침·활 혼효림(120103)
		자연림의 산림가장자리(120104)
	자연-인공림(1202)	자연-인공림(120201)
		자연-인공림의 산림가장자리(120202)
	인공림(1203)	인공 조림지(120301)
		인공 조림지의 산림가장자리(120302)
산림 (12)	관목식생지(1204)	관목, 아교목 중심의 관목식생지(120401)
		띠형 덤불림(120402)
	벌채 및 훼손지(1205)	묘지(120501)
		벌목지(120502)
		나지 및 미입목지(120503)
	마을 숲(1206)	산림과 접해 있는 마을 숲(120601)
		경작지 및 주거지와 인접한 마을 숲(120602)
		거수목·군(120603)
		마을 숲의 가장자리(120604)
	암석노출지(1207)	암석노출지(120701)
초지 (13)	자연초지(1301)	자연초지(130101)
	인공초지(1302)	인공초지(130201)
경작지 (14)	습윤지성 경작지(1401)	경지정리된 논 경작지(140101)
		경지정리되지 않은 논 경작지(140102)
		계단식 논 경작지(140103)
		비닐하우스(140104)
		묘포장 및 조경수 재배지(140105)
	건조지성 경작지(1402)	키 낮은 밭작물 재배지(140201)
		키 높은 밭작물 재배지(140202)
		유실수 재배지(140203)
		다면식생지(140204)
		양봉장(140205)
	축산시설(1403)	축사(140301)
		가축(분뇨)처리시설(140302)

계속▶

대분류	중분류	소분류
조성녹지(15)	자연식생이 있는 공원녹지(1501)	자연식생을 포함한 공원녹지(150101)
	인위적으로 조성된 공원녹지(1502)	자연식생을 포함하지 않은 공원녹지(150201)
		어린이공원 및 소공원(150202)
		기타 주제공원(150203): 역사, 문화, 수변, 체육공원, 묘지 공원 등
	시설형 조성녹지(1503)	골프장(150301)
		조경수목식재지(150302)
		문화유적지(150303)
		유원지(150304)
		완충녹지(150305)
		경관녹지 및 연결녹지(150306)
		공동주택단지녹지(150307)
나지 및 폐허지(16)	도시유휴지(1601)	도시유휴지(160101)
	농촌유휴지(1602)	폐허지(160201)
		휴경지(160202)
		방치된 공터(160203)
	채광지(1603)	채광지(160301)

5.2 주요 비오톱 유형별 특성 예시

5.2.1 하천 비오톱 유형

대분류 하천 비오톱 유형(코드번호 09)은, 이에 귀속되는 중분류에서는 자연하천(0901), 자연형 하천(0902), 인공형 하천(0903), 소하천(0904), 농수로(0905)로 구분된다. 이 중 자연하천 및 자연형 하천은 식생조성상태 및 하안의 재료 등에 따라 다시 소분류로 세분화되는데, 일례로 자연하천은 식생이 풍부한 자연하천(090101), 식생이 빈약한 자연하천(090102), 하천변 수림대(090103)로 소분류된다([표 3-3] 참조). 이러한 하천 비오톱(그림 3-15)은 친수성 생물종들을 위한 서식공간 및 선형의 공간으로서 비오톱 네트워크 조성의 핵심지역으로 그 중요도가 매우 높다. 뿐만 아니라 도심지의 경우 친수휴양 및 자연 체험을 위한 핵심공간으로서 중요한 역할을 수행한다. 하지만 하천비오톱 유형은 이·치수 목적의 정비 및 각종 무분별한 개발로 인해 심각하게 훼손된 상태로서, 자연형 하천으로의 전환을 통해 본래의 생태적 능력을 회복시킬 필요가 있다. 도시하천을 자연형의 생태하천으로 전환하기 위한 주요 개선방안을 살펴보면 다음과 같다.

- 하천 전체가 심각하게 훼손된 경우에는 전 구간을, 부분적으로 훼손된 경우에는 훼손된 구간만을 대상으로 재자연화를 유도한다.
- 기존의 자연형 물풀군락 및 수림대는 최대한 보전하며 가급적 자연천이에 의한 식생발달을 유도한다.
- 콘크리트 등과 같은 불투수성 재료를 사용한 호안은 자연형으로 유도하며, 인공보는 자연형으로 전환하거나 어도 설치를 통해 어류의 이동을 용이하게 한다.
- 수변은 자연형의 급·완사면을 조성하여 지형의 변화를 유도하고 여울과 소를 조성하여 하상의 불균일성을 증대시킨다.
- 수변 인접지역에 비경작 야생초본 테두리 띠숲, 키가 큰 다년생 중심의 테두리 띠숲, 선형 수림대 등을 조성하여 생물 서식공간 제공 및 비오톱 연계기능을 강화시킨다.
- 자연 체험 및 생태학습 구간은 관찰데크, 탐조대, 안내시설 등과 같은 생태체험·학습시설을, 친수이용구간에는 편의시설, 운동시설 등을 설치하여 활용도를 높인다. 필요할 경우 자전거-산책 복합로를 설치하여 휴양기능을 강화한다.

a. 미국 몬테나주 메디슨강

b. 서울특별시 정릉천

그림 3-15 자연하천 및 자연형 하천 비오톱 유형의 현장사진

5.2.2 녹지가 풍부한 전원주택지 비오톱 유형

녹지가 풍부한 전원형 옛날마을 비오톱 유형(010201)은 대분류 주거지 비오톱(01)의 중분류인 농촌단독주택지(0102)의 소분류 유형에 해당한다([표 3-3] 참조). 이러한 전원주택지 비오톱 유형은 다양한 야생 동식물들을 위한 서식처로서, 특히 비오톱 네트워크 조성에서 외곽 산림지와 시가화 지역을 연결해 주는 중간 전이지역으로서 중요한 기능을 수행한다. 뿐만 아니라 건축물의 지붕선, 형태 및 색채 등을 주변 자연경관과 조화되도록 조성하여 도시경관의 미시각적 기능을 향상시키는 데 기여한다(그림 3-16).

그림 3-16 녹지가 풍부한 전원주택지 비오톱 유형의 현장사진(미국 유타주 솔트레이크시 일대)

그림 3-17 경작지 가장자리 띠형수림 비오톱 유형의 현장사진(미국 몬테나주 보츠먼시 주변)

5.2.3 경작지 가장자리 띠형수림 비오톱 유형

경작지 가장자리 띠숲은 비오톱 네트워크 조성을 위한 선적 연결요소이다. 이미 소멸되었거나 위험에 처한 경작지 전형의 야생 동식물을 위한 서식처로서, 또한 바람에 의한 토양침식을 완화해 주는 공간으로서 중요한 기능을 가지고 있다(그림 3-17). 특히 경작지 가장자리 띠숲에 생육하고 있는 야생 식물들은 객토 등과 같은 토양변화 및 경지정리에 이미 잘 적응되어 있으며, 다양한 야생 곤충 및 조류들의 기주 및 먹이식물로도 큰 의미가 있다. 이 외에도 획일화되어 있는 농촌경관의 활력·충전요소로서 공간구조적 다양성을 증진시켜 줌과 동시에 옛날 농경문화의 전형적인 모습을 대변해 주는 매개체로서도 중요한 기능을 가지고 있다.

5.2.4 가로변 띠형수림 비오톱 유형

가로변 띠형수림은 도시공간의 가로변에서 주로 가로수와 가로수 사이를 인위적으로 연결하는 선형의 녹지공간을 말한다. 경작지 내에서 출현

a. 미국 유타주 로건시　　b. 미국 유타주 로건시　　c. 대구광역시 수성구 동원로 일대

그림 3-18 가로변 띠형수림 비오톱 유형의 현장사진

하고 있는 비경작 테두리 띠숲, 경작지 가장자리 띠형 수림 등과 같은 잔여 경관요소들의 생태적 특성과 매우 유사한 기능을 가지고 있다. 또한 가로변 띠형수림은 가로수의 생육환경을 개선해 주고, 부족한 도시녹지 공간의 양적확대에도 중요한 역할을 수행한다. 특히 도시 전체 비오톱 네트워크 조성에서 주요 비오톱 상호 간을 연결해 주는 소규모 점적 징검다리 및 선형녹지로서 중요한 역할을 수행한다(그림 3-18).

5.2.5 경작지 내 포위된 수림 비오톱 유형

경작지 내 포위된 수림 비오톱 유형(그림 3-19)은 획일화된 경작지 내에서 위험에 처한 생물종 및 특정 천이단계에 의존해서 살아가는 생물종들을 위한 서식공간으로서, 또한 획일화된 경작지 내에서 조류의 중간기착지로서, 바람에 의한 토양침식을 완화해 주는 공간으로서, 또한 비오톱 네트워크 조성에서 점적인 소규모의 징검다리 녹지공간으로서 중요한 역할을 수행한다. 이 외에도 수평적 요소 중심인 경작지 내에서 수직적 경관요소로 작용하여 미시각적 측면에서 경관의 변화감 및 다양성을 높여 주는 기능을 가지고 있다.

a. 미국 워싱턴주 풀만시 일대

b. 전라북도 고창군 흥덕면 일대

그림 3-19 경작지 내 포위된 수림 비오톱 유형의 현장사진

5.2.6 비경작 테두리 띠형 수림 비오톱 유형

비경작 테두리 띠형 수림 비오톱 유형(그림 3-20)은 강도 높게 이용되고 있는 경작지에서 야생 초본 및 키 큰 다년생 식물의 생육공간으로서, 또한 곤충류 및 소형동물들의 산란, 먹이 및 월동 장소로서 중요한 역할을 수행하고 있다. 뿐만 아니라 비오톱 네트워크 구축 시 선형의 이동통로로서 중요한 의미를 지니며 획일화된 경작지 내에서 경계구분, 활력 및 충전요소로서 작용한다. 그러나 고수확 목적의 무분별한 경지정리로 인해 비경작 테두리 띠형수림 비오톱 유형의 소멸 및 훼손현상은 가속화되고 있다. 훼손된 비경작 테두리 띠형 수림 비오톱 유형에 대한 일반적인 주요 개선방안을 살펴보면 다음과 같다.

- 해충 방제재 및 화학물질의 과도한 사용을 지양하고, 양호한 여과 및 완충 기능을 수행할 수 있도록 가능한 자연천이에 의한 식생발달을 유도한다.
- 농로, 농수로, 논·밭두렁을 따라 형성된 야생 초본테두리 띠숲의 폭은 3m, 소규모 띠형 수림의 가장자리를 따라 형성된 야생 초본테두리 띠

a. 독일 도르트문트시 일대　　b. 강원도 평창군 대관령면 일대

그림 3-20 비경작 테두리 띠형 수림 비오톱 유형의 현장사진

숲은 3~5m로 조성한다.

- 자연발생적 번식 및 생육을 유도하기 위하여 씨앗을 뿌리거나 뗏장을 붙이는 것과 같은 조치는 지양한다.
- 지표면을 덮고 있는 야생초본류 및 식생요소들을 태우거나 화학물질을 사용해 성장을 억제시키는 행위는 금지한다.

5.2.7 녹지가 풍부한 단독주택지 비오톱 유형

전원형 단독주택지 비오톱 유형(010103)은 대분류에서는 주거지 비오톱(01)이며, 이에 귀속되는 중분류에서는 도시단독주택지(0101)의 소분류 유형들 중 하나에 해당한다([표 3-3] 참조). 이러한 단독주택지 비오톱 유형은 앞서 기술한 녹지가 풍부한 전원주택지 비오톱 유형과 유사한 생태적 기능을 가지고 있다. 특히 녹지공간이 부족한 시가화된 지역 내에서 다양한 생물종들의 서식처로서, 크기가 작거나 중간 크기의 조류 및 곤충류의 보금자리로서 중요한 기능을 가지고 있다. 또한 식생이 풍부하게 잘 조성된 단독주택지 비오톱 유형은 전체 비오톱 네트워크 조성에서 면적 거점녹지로서 중요한 기능을 수행할 수 있다(그림 3-21).

a. 독일 도르트문트시 일대 b. 미국 LA시 쉐르만옥스 지역

그림 3-21 식생이 풍부한 단독주택지 비오톱 유형의 현장사진

5.2.8 식생이 풍부한 공동주택단지 비오톱 유형

공동주택은 아파트, 연립주택, 다세대주택 등으로 구분할 수 있으며, 이 중 아파트 단지가 대표적인 공동주택지에 해당된다(그림 3-22). 공동주택지는 중분류 및 소분류에서는 녹지율 및 층수에 따라 비오톱 유형을 세분화하고 있다. 일반적으로 공동주택지는 생태적 가치가 비교적 낮은 편에 속하지만, 최근에 완공된 공동주택지는 많은 식재공간을 확보하고 있어 도시 내 다른 주거공간들보다 높은 생태적 가치를 보이고 있다. 이와 관련하여 서울특별시(2023)는 공동주택지(다세대주택 제외)를 대상으로 생태면적률의 적용기준을 전체 면적 대비 30% 이상을 확보하도록 함으로써 식생이 풍부한 공동주택지 조성에 많은 노력을 기울이고 있다.

a. 대구광역시 북구 대현동 일대 b. 대구광역시 동구 지묘동 일대

그림 3-22 식생이 풍부한 공동주택지 비오톱 유형의 현장사진

5.2.9 식생이 거의 없는 중심상업업무지 비오톱 유형

중심상업업무지 비오톱 유형(그림 3-23)은 일반적으로 밀집화 및 고층화된 도시 중심부에 위치하며, 간선가로, 상가건물, 업무용빌딩, 관공서, 재래시장 등으로 이루어진 공간을 지칭하는 비오톱 유형이다. 중분류에서는 건축물의 층수를 기준으로, 소분류에서는 녹지량을 기준으로 비오톱 유형을 세분화하고 있다. 이러한 식생이 빈약한 중심상업업무지 비오톱 유형은 대부분 생태적 가치가 낮거나 매우 낮은 공간에 속한다는 점을 감안해 보면, 특히 과도하게 포장된 불투수성 면적은 최대한 녹지공간으로 전환하는 것이 중요하다. 최근에는 각 지방자치단체마다 공개공지의 확보를 통한 녹지공간 조성, 옥상정원 조성 및 가로변의 식재공간 확대 등과 같은 사업을 통해 녹지의 양적 확보에 많은 노력을 기울이고 있다.

a. 제주시 누에마루 거리 b. 대구광역시 동성로 일대

그림 3-23 식생이 거의 없는 중심상업업무지 비오톱 유형의 현장사진

5.2.10 식생이 빈약한 시가화 지역 내 공업단지 비오톱 유형

대분류 공업지 비오톱 유형(코드번호 05)은 중분류에서는 규모에 따라 대규모 공장(0501), 소규모 공장(0502) 및 창고(0503)로 구분되며, 이에 귀속되는 소분류 유형은 중분류 유형과 동일하게 구분된다([표 3-3] 참조). 시가화 지역

그림 3-24 식생이 빈약한 시가화 지역 내 공업단지 비오톱 유형의 현장사진(대구광역시 비산동 일대)

내에 위치하고 있는 공업단지 비오톱 유형(그림 3-24)은 일반적으로 대기오염이 심하고, 소음, 미세먼지 등 다양한 오염물질을 배출하며, 특히 녹지공간이 매우 부족하여 생태적으로는 가치가 낮거나 매우 낮은 비오톱 유형으로 분류된다. 따라서 대기오염, 소음, 미세먼지 등을 경감할 수 있는 완충녹지를 조성하고, 가로변 녹화, 불필요한 포장면적의 녹지공간으로의 전환, 건축물 부착녹지의 활성화 등을 통해 녹지공간을 최대한 확보하여 생태적 기능을 개선해 나갈 필요가 있다.

5.2.11 도심습지 비오톱 유형

대분류 호소 및 습지(코드번호 10)는 중분류에서는 자연성 정도에 따라 자연습지(1001), 인공습지(1002)로 세분되며, 이 중 자연습지는 다시 산림습지(100101), 자연형 호수(100102), 경작지 내 소규모 습지 및 늪지(100103), 습지변 친수자연형 식생군락(100104) 등 4가지 유형으로 소분류된다([표 3-3] 참조). 일반적으로 습지는 위험에 처한 많은 생물종들의 중심 서식처, 철새들의 중간 기착지 및 주변지역으로의 종 확산을 위한 공급원으로서 중요한 기능을 가지고 있어 종과 비오톱 보전적 측면에서 생태적 가치가 매우 높은

a. 미국 플로리다주 홈스테드시 외곽　　　b. 대구광역시 동구 안심습지

그림 3-25 도심습지 비오톱 유형의 현장사진

비오톱 유형으로 분류된다. 그러나 도시공간에 위치한 도심습지 비오톱 유형의 경우 역시 위와 같은 중요한 생태적 기능을 수행하고 있지만 각종 무분별한 개발로 인해 이미 생태적 기능이 크게 훼손된 경우가 대부분이어서 보전 및 복원 필요성이 매우 높은 공간이다. 무엇보다 도심습지 비오톱 유형의 보전 및 복원을 위해서는 도심습지를 크게 핵심보전지역, 보전지역, 완충지역, 전이지역으로 구분하여 각 지역의 특성에 부합하는 구체적인 생태적 기능 개선방안을 수립·시행하는 것이 중요하다(그림 3-25).

5.2.12 도시공원녹지 비오톱 유형

도시공원녹지 비오톱 유형(그림 3-26)은 대분류 조성녹지(코드번호 15)에 포함되는 대표적인 도시 내 녹지비오톱이며 조성녹지는 다시 자연식생이 있는 공원녹지(1501), 인위적으로 조성된 공원녹지(1502), 시설형 조성녹지(1503)로 분류기준에 따라 분류된다([표 3-3] 참조). 이와 같은 도시 공원녹지 비오톱 유형은 일반적으로 아래와 같은 중요한 기능을 가지고 있다.

- 도심 속에서 다양한 야생 동식물을 위한 서식처

- 도시 비오톱네트워크 조성에서 중요한 거점녹지 또는 징검다리 녹지
- 도시민들에게 휴양 및 레크리에이션 공간 제공
- 자연 체험 및 생태학습 기회 제공
- 미기후조절(온도, 습도 등), 바람 이동·확산 및 탄소흡수원 기능
- 불투수성 포장면적이 많은 도심 속에서 지하수위 조절 기능

a. 미국 유타주 로건시 윌슨파크

b. 대구광역시 수성구 화랑공원

그림 3-26 도시공원녹지 비오톱 유형의 현장사진

6. 비오톱 유형 분류도 작성

비오톱 유형 분류 작업 및 오류수정이 완료된 이후에는 비오톱 유형 분류도면을 작성하게 된다. 비오톱 유형 분류도면 작성을 위한 전체적인 절차는 크게 구축된 공간정보 shp 파일 불러오기, 비오톱 유형별 색상 입력, 기타작업(유형별 테두리의 굵기, 라벨 표기 등) 등의 단계로 구분된다.

우선 QGIS를 활용하여 '구축된 공간정보 shp 파일 불러오기' 방법을 살펴보면 다음과 같다. 구축된 공간정보 shp 파일(비오톱 유형 분류)은 QGIS 메뉴바의 레이어-레이어 추가-벡터 레이어 추가를 클릭하여 가져오거나 또는 윈도우 탐색기를 활용하여 저장된 폴더에 있는 비오톱 유형 분류 결과 파일을 직접 드래그&드롭하여 가져올 수도 있다.

다음은 비오톱 유형별 색상입력 단계이다. 특히 색상입력은 분류된 비오톱 유형 분류 결과를 서로 다른 색상을 가진 도면으로 제시함으로써 비오톱 유형별 크기 및 분포 정도를 한눈에 파악하도록 하는 데 그 목적이 있다. 단, 비오톱 유형 분류체계인 대분류, 중분류, 소분류 중 어느 분류체계를 기준으로 색상을 입력하여야 하는지는 연구자 또는 지자체마다 상이하게 적용할 수 있다. 하지만 대분류의 경우 보통 10개 내외, 중분류의 경우 50~60개, 소분류의 경우 100개가 넘는 유형으로 세분화되고 있는바 대분류 또는 중분류 수준에서 색상을 입력하는 것이 일반적이다. 색상입력 방법은, 메뉴바의 보기-패널-레이어 스타일 작업을 선택하게 되면 '레이어 스타일 작업' 패널이 나타나게 된다. 이후 '단일심볼'이 아닌 '분류값 사용'을 클릭하면 아래에 테이블 내 입력되어 있는 수많은 분류값들을 확인할 수 있다. 분류값들 중 비오톱 유형 중분류에 해당하는 분류값(예: 유형중기호)을 선택 후 아래의 '분류'를 클릭하면 중분류에 해당하는 코드값들이 나열된다. 마지막으로 아래의 확인을 누르면 중분류에 해당하는 유형별 서로 다른 색상이 입력된 도면이 화면에 표기된다.

그러나 여기서 표기된 화면은 색상이 임의로 지정된 것이어서 연구자가 원하는 비오톱 유형별 적합한 색상을 입력해 줄 필요가 있다. 일례로, 산림 비오톱 유형들의 경우 초록색, 경작지 비오톱 유형들의 경우 노란색, 하천 및 습지 비오톱의 경우 파랑색을 부여하는 것이 일반적이다. 색상변경 방법으로는 우선 좌측에서 해당되는 비오톱 유형을 더블 클릭하게 되면 '레이어 스타일 작업'창이 나타난다. 이후 '단순 채우기'를 클릭해 연구자가 원하는 색상으로 직접 변경 할 수 있으며, 이때 비오톱 유형별 테두리의 굵기 역시 조정할 수 있다.

그림 3-27 비오톱 유형 분류도 예시

마지막으로 기타작업 단계에서는 비오톱 유형별 테두리의 굵기 조정, 라벨표기 등의 작업이 추가적으로 진행되며, 특히 유형별 테두리의 굵기 조정은 위의 색상변경방법과 동일한 작업창을 통하여 변경할 수 있다. 다만 비오톱 유형별 테두리의 굵기가 너무 굵어질 경우에는 특히 크기가 작은 비오톱 또는 선형의 비오톱 유형들은 이미 지정된 색상의 확인이 어려운 문제가 발생할 수 있어 선 굵기를 적절하게 다시 조정할 필요가 있다. 그리고 라벨은 비오톱 유형의 크기가 너무 작거나, 색상으로 구분이 어려워 지정된 약어나 기호 등을 도면 속에 표시하여야 할 경우에 주로 사용하는 기능이다. 라벨 지정은 '속성'에서 '라벨', '단일라벨' 선택 후 테이블 내에서 표기를 원하는 속성 값을 선택하면 화면에 해당 라벨(기호 또는 약어 등)이 표기되는 것을 확인할 수 있다. 이상과 같은 단계를 통해 작성된 비오톱 유형을 분류한 사례도면을 제시해 보면 〈그림 3-27〉과 같다.

◦ 제4장 ◦

비오톱 가치평가

1. 비오톱 가치평가의 의미

비오톱 가치평가란 계획대상부지 내에서 분류된 모든 비오톱 유형들에 대한 생태적 가치를 평가하여 상대적인 중요도를 파악하는 것을 의미한다. 특히 평가 결과는 도시·군 계획, 도시 경관생태계획, 각종 도시개발사업 및 환경영향평가 등을 자연환경 및 경관에 친화적으로 유도해 나가기 위한 생태적 기초자료로 활용하는 데 의의를 두고 있다. 종과 비오톱 보전을 목적으로 한 비오톱 가치평가는 크게 1차 평가(비오톱 유형 평가)와 2차 평가(비오톱 평가)로 대별된다(그림 4-1). 1차 평가는 연구대상지 내 나타나고 있는 모든 비오톱 유형들을 대상으로 이들이 가지고 있는 생태적 가치를 정량적으로 합산하여 평가하는 방법이다. 특히 1차 평가는 전통적 평가모형을 활용한 가치평가 방법과 전산화된 평가모형을 활용한 가치평가 방법으로 구별된다. 2차 평가는 1차 평가 결과 중간 등급 이상의 가치를 지닌 비오톱 유형들을 대상으로 특별히 가치가 높은 비오톱을 찾아내는 데 주안점을 두고 있다. 2

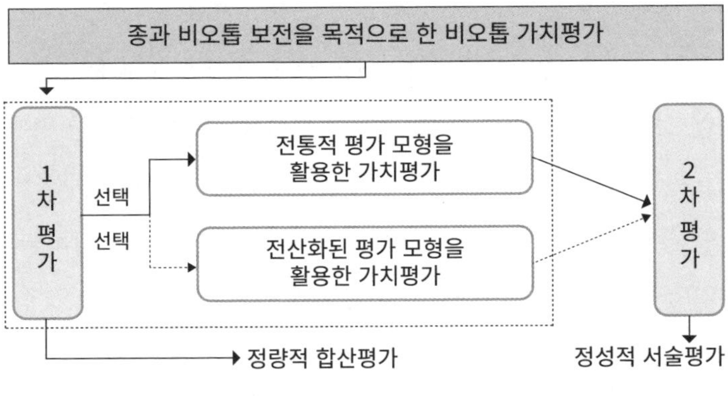

그림 4-1 비오톱 가치평가의 기본 틀

차 평가에서는 산술적 합산을 통해 가치를 평가하는 1차 평가와는 달리 상세한 현장조사 결과에 기초하여 비오톱의 가치에 대해 정성적, 서술적으로 평가를 수행하여 특별히 가치가 높은 비오톱을 찾아내는 방식이다. 비오톱 1차 평가와 2차 평가의 방법에 대한 구체적인 내용은 다음과 같다.

2. 비오톱 1차 평가(비오톱 유형 평가)

2.1 전통적 평가모형을 활용한 가치평가 방법

2.1.1 평가모형

종과 비오톱의 보전을 목적으로 한 전통적 평가모형은 크게 평가 기준 및 평가 지표로 대별해 볼 수 있다(그림 4-2). 우선 평가 기준은 야생 동식물을 위한 서식공간으로서의 의미, 희귀성, 위험성, 재생·복원성 등 3개이며, 야생 동식물을 위한 서식공간으로서의 의미는 다시 야생 식물을 위한 서식공간으로서의 의미와 야생 동물을 위한 서식공간으로서의 의미로 구분된다. 또한 평가 기준 야생 식물을 위한 서식공간으로서의 의미를 평가하기 위한 평가 지표로는 비오톱 전형종의 다양성, 멸종 및 위험에 처한 종들이 출현할 수 있는 현장부지 조건, 이용 강도, 포장률 등 4개이며, 평가 기준 야생 동물을 위한 서식공간으로서의 의미를 평가하기 위한 평가 지표로는 층위구조, 특별한 현장조건, 이용 강도, 포장률 등 4개로 구성된다. 여기서 이용 강도와 포장률은 야생 동물 및 야생 식물을 위한 서식공간으로서의 의미 평가에서 각각 공통적으로 적용되는 평가 지표이다.

평가 기준 희귀성 및 위험성에 귀속되는 평가 지표로는 희귀성과 위험성 등 2개이며, 평가 기준 재생·복원성에 귀속되는 평가 지표로는 공간적·장소적 재생·복원성(복원 능력)과 시간적 재생·복원성(발전 기간) 등 2개이다. 다만, 종과 비오톱의 보전을 목적으로 한 위의 3개 평가 기준에 대한 평가는 서로 합산하지 않고 3개의 평가 기준별로 각각 독립적으로 평가하여 최종 결과로 제시한다. 각 평가 기준 및 이에 귀속되는 각 평가 지표들에 대한 개념 및 평가 방법에 관한 구체적인 내용은 아래에서 기술하였다.

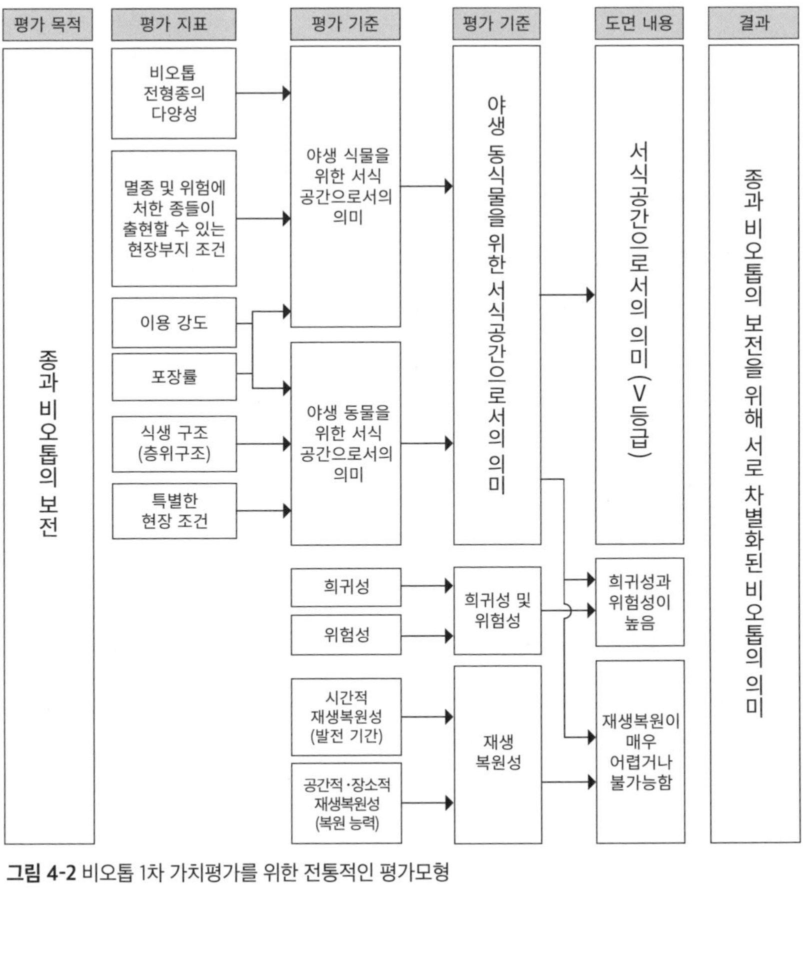

그림 4-2 비오톱 1차 가치평가를 위한 전통적인 평가모형

2.1.2 각 평가 기준 및 지표별 평가 방법

1) 야생 동식물의 서식공간으로서의 의미 평가

(1) 야생 식물의 서식공간으로서의 의미 평가

위에서 언급한 바와 같이 평가 기준 야생 식물을 위한 서식공간으로서의 의미 평가에 귀속되는 평가 지표로는 비오톱 전형종의 다양성, 멸종 및 위험에 처한 종들이 출현할 수 있는 현장부지 조건, 이용 강도, 포장률 등 4개가 있다.

▎비오톱 전형종의 다양성

비오톱 전형종은 교란종이나 멸종 위기종 등을 제외한 일반 종 중에서 어떤 비오톱의 전형적인 환경조건하에서 주로 서식하는 생물을 의미한다. 이를테면 식물의 경우, 인을 많이 함유하고 있는 장소에는 친인 식물이, 빛이 잘 들어오는 장소에는 호광성 식물이, 빛이 잘 들어오지 않는 장소에는 비호광성 음지식물이, 수분 함량이 많은 습한 장소에는 친수 식물이, 건조한 사질 토양에는 건조지 초본식생이 전형종으로 우점하고 있다. 또한 지의류는 이산화황의 농도가 0.03ppm 이하인 비오톱에서 주로 생육한다는 점을 감안해 보면, 지의류가 서식하는 비오톱은 대기질이 매우 양호하다고 볼 수 있다. 이 외에도 여러해살이풀인 미국자리공은 산성화된 토양에서 다른 종보다 번식을 잘하고, 할미꽃은 대기질 및 토양이 양호한 청정지역 비오톱에서 주로 생육하는 식물이다. 위의 평가 지표는 야생 동물을 위한 서식공간으로서의 의미 평가에서도 동일하게 적용할 수 있다.

평가 지표 비오톱 전형종의 다양성 평가는 출현한 각각의 비오톱 유형별 현장조사표를 토대로 전형종 리스트를 작성하여 각 비오톱 유형에 해당하는 전형종 수를 나열한 후, 아래와 같이 3단계로 점수화하여 비오톱 유형별 상대적 평가를 수행한다.

- 1: 높음(비오톱 전형 식물종 수의 출현이 많은 경우)
- 2: 중간(비오톱 전형 식물종 수의 출현이 적거나 중간, 또는 식물종 조성 형태가 빈약한 경우)
- 3: 낮음(비오톱 전형 식물종 수의 출현이 거의 없는 경우)

▌멸종 및 위험에 처한 종들이 출현할 수 있는 현장부지 조건

멸종 및 위험에 처한 종들이 출현할 수 있는 현장부지 조건은 어떤 비오톱 유형 내에서 멸종 및 위험에 처한 종들이 출현할 가능성이 있는 물리적 조건이 존재하는지를 파악함으로써 실제로 멸종 및 위험에 처한 종의 출현 가능성이 확률적으로 높은지 또는 낮은지 판단할 수 있게 해 주는 지표이다. 일반적으로 멸종 및 위험에 처한 종들의 출현 가능성이 높은 현장부지 조건을 가진 비오톱으로는 질소나 영양물질이 매우 부족하거나 매우 풍부한 비오톱, 매우 건조하거나 매우 습한 비오톱, 광 요구도가 높은 비오톱, 강산 또는 강알칼리성 토양 특성을 가진 비오톱, 습지 비오톱, 늪지 비오톱, 독특한 지형적 조건을 가진 비오톱, 미기후 변화가 심한 비오톱 유형 등을 들 수 있다. 반대로 나지 및 미입목지, 벌목지, 유원지, 골프장, 주거지, 상업업무지, 공업지 등과 같은 비오톱 유형은 멸종 및 위험에 처한 종들의 출현 가능성이 불리하거나 없는 현장부지 조건을 가지고 있다.

평가 지표 멸종 및 위험에 처한 종들이 출현할 수 있는 현장부지 조건에 대한 평가는 분류된 모든 비오톱 유형별 현장조사 결과를 토대로 아래와 같이 3단계로 점수화하여 비오톱 유형별 상대적 평가를 수행한다.

- 1: 유리함(멸종 및 위험에 처한 종들의 출현 가능성이 높은 현장부지 조건)
- 2: 중간(멸종 및 위험에 처한 종들의 출현 가능성이 중간 또는 불리한 현장부지 조건)
- 3: 매우 불리하거나 없음(멸종 및 위험에 처한 종들의 출현 가능성이 매우 불리하거나 존재하지 않는 현장부지 조건)

▎이용 강도

분류된 각 비오톱 유형에 작용하는 인위적 영향의 정도를 의미한다. 이를테면 주기적으로 예초되는 잔디밭은 이용 강도가 매우 높은 편에 속하며, 경제적 이용의 목적으로 관리되는 초지는 중간 정도의 이용 강도를 가지며, 특정 폐허지·숲 및 산림 등의 비오톱 유형은 이용 강도가 매우 낮은 편에 속한다. 인위적 영향이 심한 비오톱 유형에서는 종의 높은 이입율 혹은 소멸율을 보이기 때문에 비오톱 내에서 종의 순환이 매우 불안정하다고 할 수 있다. 반면, 인위적 영향이 거의 배제된 비오톱 유형의 경우 종의 치환율이 낮아 비교적 안정적인 상태를 가지고 있다고 할 수 있다. 따라서 이용 강도가 낮은 또는 인위적 영향이 낮은 비오톱 유형일수록 생태적 가치등급은 높다고 볼 수 있다.

평가 지표 이용 강도에 대한 평가는 분류된 모든 비오톱 유형별 현장조사 결과를 토대로 하되 특히 건물 층수, 식생에 대한 이용 및 관리 강도에 따라 아래와 같이 3단계로 점수화하여 비오톱 유형별 상대적 평가를 수행한다.

- 1: 낮음(적게 또는 전혀 이용·관리가 되고 있지 않은 비오톱 유형, 건물 층수가 저층이거나 혹은 건물이 없는 환경, 식생에 대한 관리 강도가 방치 혹은 연 1회)

- 2: 중간(중간 정도로 이용되거나 관리되는 비오톱 유형, 건물 층수가 중·저층인 건축물, 식생에 대한 관리 강도가 연 2회)
- 3: 높음(지속적·주기적으로 심하게 이용·관리되고 있는 유형, 건물 층수가 고층·초고층인 건물, 식생에 대한 관리 강도가 연 3회 이상)

▎포장률

포장률은 어떤 비오톱 유형의 전체 면적에 대한 도로, 인도, 주차장 등과 같은 불투수성 포장 재료로 조성되어 있는 면적의 비율을 의미한다. 일반적으로 불투수성 포장 면적의 비율이 높은 비오톱 유형일수록 식생의 활력이 낮아지며, 물 순환에 부정적인 영향을 끼치게 되고, 높은 열반사 및 열전도로 인한 대기 온도 상승 등으로 인해 생태적 가치는 낮아진다. 반면 불투수성 포장률이 낮으면서 적정 생태면적률 및 생태적 안정성을 유지하고 있는 비오톱 유형일수록 생태적 가치는 높아진다. 포장률은 현장조사를 통해 파악할 수 있지만, 최근에는 고정밀 원격탐사를 기반으로 하는 LiDAR를 이용하여 포장률 정보를 얻어낸 후 해당 DB를 기존 평면도에 입혀 각 비오톱 유형별 포장률을 파악하는 방식을 많이 활용하기도 한다.

평가 지표 포장률에 대한 평가는 분류된 모든 비오톱 유형별 전체 면적에 대한 불투수성 면적의 비율을 계산한 후, 아래와 같은 3단계의 점수화를 통해 분류된 각 비오톱 유형별로 상대적 평가를 수행한다.

- 1: 낮음(0~30%)
- 2: 중간(30~70%)
- 3: 높은(70% 이상)

(2) 야생 동물을 위한 서식공간으로서의 의미 평가

평가 기준 야생 동물을 위한 서식공간으로서의 의미 평가에 귀속되는 평가 지표로는 층위구조, 특별한 현장 조건, 이용 강도, 포장률 등 4개이다. 이 중 이용 강도와 포장률은 위의 내용과 동일하여, 아래에서는 층위구조, 특별한 현장 조건 등 2개의 평가 지표에 대해서만 기술하였다.

❙ 식생 구조(층위구조)

층위구조란 식생의 성장 형태를 포함하여 초본층, 관목층, 아교목층, 교목층의 조성 형태에 따른 식생 구조를 말한다(그림 4-3). 다층 구조는 초본층, 관목층, 교목층이 서로 어우러져 잘 발달된 식생의 조성 형태를 말하며, 중층 구조는 초본층과 관목층 또는 관목층과 교목층 등과 같이 중층으로 구성된 식생 조성 형태이며, 단층 구조는 초본층, 관목층, 교목층 중에서 어느 한 층으로만 구성되어 있는 식생 조성 형태를 말한다. 특히 어떤 비오톱 유형에 서식하고 있는 생물종의 변동 폭은 식생의 조성 형태, 즉 층위구조의 조성 형태와 밀접한 관계가 있다. Forman(1995)의 연구 결과에 따르면 종 수, 개체 밀도, 생물공동체의 다양성은 식생의 층위구조에 결정적으로 의존하고 있음을 설명하고 있다. 평가 지표 층위구조에 대한 평가는 분류된 모든 비오톱 유형별 식생의 층위구조를 조사한 후, 아래와 같은 3단계의 점수화를 통해 분류된 각 비오톱 유형별로 상대적 평가를 수행한다.

- 1: 다층 구조(초본층, 관목층, 아교목층, 교목층이 다층으로 서로 풍부하게 잘 발달한 식생 구조)
- 2: 중층 구조(초본층과 관목층, 관목층과 교목층 또는 초본층과 교목층 등과 같이 중

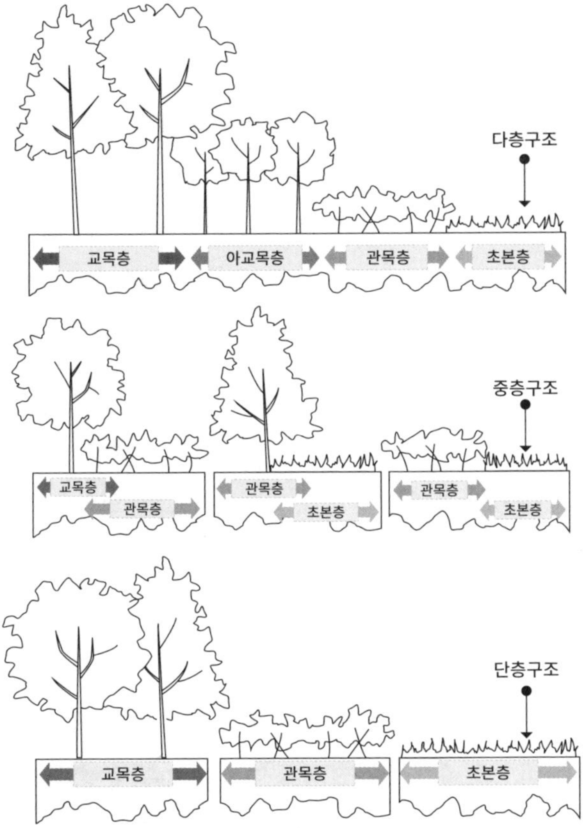

그림 4-3 식생의 조성 형태(층위구조)에 따른 단면도

층으로 구성된 식생 구조)

- 3: 단층 구조(초본층, 관목층, 교목층 중에서 어느 한 층으로만 빈약하게 구성되어 있는 식생 구조)

▎특별한 현장조건

특별한 현장조건은 어떤 비오톱 유형 내에서 서식하고 있는 생물종이

필요로 하는 특별한 물리·환경적 특성을 말한다. 일반적으로, 생태적 지위[4]가 높은 동물종의 경우 특별한 현장조건을 요구하며, 생태적 지위가 낮은 동물종은 일반적이고 보편적인 현장조건을 요구한다. 일례로 물벼룩이자리는 물속 또는 습지와 같은 현장조건에서 주로 서식하고, 참우렁이는 논이나 못과 같은 특별한 현장조건을 요구하는 동물종이라 볼 수 있다. 또한 생태적 지위가 높은 장수하늘소는 서어나무 군락지와 같은 특별한 현장조건을 요구하며, 모래풍뎅이와 딱정벌레는 사구와 같은 독특한 현장조건을 요구하는 동물종이다.

그렇다면 생태적 지위가 높은 희귀종의 서식에 적합한 특별한 현장조건을 가지고 있는 비오톱 유형은 생태적 지위가 낮은 일반종의 서식에 적합한 현장조건을 가진 비오톱 유형보다 생태적 가치를 높게 평가할 수 있다. 특히 매우 건조하거나 습한 장소, 암석 및 자갈 노출지, 수분 함유량이 많은 저지대, 토양의 Ph 농도가 매우 높은 장소, 특별히 따뜻한 장소, 영양물질이 특별히 풍부하거나 또는 빈약한 장소 등과 같은 특별한 현장조건을 가지고 있는 비오톱 유형들은 그렇지 않은 비오톱 유형들보다 그 생태적 가치를 높게 평가할 수 있다. 위의 평가 지표는 야생 식물을 위한 서식공간으로서의 의미 평가에서도 동일하게 적용할 수 있다.

평가 지표 특별한 현장조건에 대한 평가는 분류된 모든 비오톱 유형별 매우 건조하거나 습한 장소, 수분함유량이 많은 저지대, 토양의 Ph 농도가 매우 높은 장소, 특별히 따뜻한 장소 등과 같은 특별한 현장조건을 조사한

4 Hutchinson(1957)에 따르면, 생태적 지위란 종합적인 서식지의 상태를 의미하며, 이는 장소와 더불어 먹이, 천적, 물리적 환경(온도, 염분, Ph 농도 등) 또한 다차원적으로 고려한 것이라 할 수 있다.

후, 아래와 같은 3단계의 점수화를 통해 분류된 각 비오톱 유형별로 상대적 평가를 수행한다.

- 1: 높거나 매우 높게 출현(특별히 건조하거나 습한 장소, 암석노출지, 수분 함유량이 많은 저지대, 토양의 Ph 농도가 매우 높은 장소, 특별히 따뜻한 장소, 영양물질이 특별히 풍부하거나 또는 빈약한 장소 등)
- 2: 부분적으로 출현
- 3: 출현하지 않음

(3) 최종 합산평가 및 가치등급

야생 동식물을 위한 서식공간으로서의 의미를 평가하기 위한 최종 합산평가는 우선 평가 기준 야생 식물을 위한 서식공간으로서의 의미에 귀속되는 각 평가 지표들의 합산점수와 평가 기준 야생 동물을 위한 서식공간으로서의 의미에 귀속되는 각 평가 지표들의 합산점수를 더하여 총점을 도출한다(표 4-1). 6개 각 평가 지표를 합산한 각 비오톱 유형별 총점의 범위는 최저 7점에서 최고 18점이 된다. 이 합산점수는 다시 5등급으로 분류하여 최종 합산평가 결과로 제시한다. 여기서 각 비오톱 유형별 합산점수의 등급이 낮을수록 야생 동식물을 위한 서식공간으로서의 의미는 높아진다.

표 4-1 야생 동식물을 위한 서식공간으로서의 의미를 평가하기 위한 최종 합산평가 및 가치등급

가치등급	총점
I(매우 높음)	7~9점
II(높음)	10~12점
III(중간)	13~15점
IV(낮음)	16~18점
V(매우 낮거나 의미 없음)	16~18점(포장률이 70% 이상으로 매우 높은 경우)

2) 희귀성 및 위험성

평가 기준 희귀성 및 위험성에 귀속되는 평가 지표로는 희귀성, 위험성 등 2개이며, 각각에 대한 구체적인 내용은 아래와 같다.

(1) 희귀성

평가 지표 희귀성은 국가 및 지역적 차원에서 오랜 시공간적 증감에 따른 발전 추이를 감안하여 작성한 희귀 비오톱 유형 목록을 토대로 조사대상지역 내에 출현하고 있는 어떤 비오톱 유형이 타 비오톱 유형보다 얼마나 희귀한지를 판단하여 가치평가 등급을 상향 또는 하향조정하는 데 활용할 수 있는 중요한 평가 기준이다. 국가 및 지역적 차원에서 축적된 희귀 비오톱 유형 목록이 없을 경우에는 조사대상지역 내에 출현하고 있는 모든 비오톱 유형들의 면적과 출현하는 수를 조사한 후, 이를 토대로 출현하고 있는 모든 비오톱 유형들 상호간의 비교 평가를 수행하여 어떤 비오톱 유형이 희귀한지 아니면 자주 출현하는지를 입증할 수 있다. 띠형 수림 및 유수지 같은 선형 비오톱 유형들은 길이의 측정을 통해서 부지 면적 및 크기를 파악할 수 있다.

그러나 소규모 수공간 또는 습지, 포위된 수림, 비경작 테두리 띠숲, 도심 속 폐허지 등과 같이 원래부터 규모가 작은 비오톱 유형들은 단순히 점유 면적의 크기만으로 희귀성 정도를 판단할 경우 실제로는 희귀성이 높더라도 낮은 것으로 평가될 수 있는 한계가 있다. 따라서 단순히 면적에 기반하여 희귀성을 평가하기보다는 이를 보완해 줄 방법을 모색해 볼 필요가 있다. 보완적 방법으로는 격자분석을 통해 비오톱 유형의 희귀성을 판단하는 방법과 비오톱 유형이 실제 출현하고 있는 빈도를 산출하여 희귀성을 판단하는 방법 등을 들 수 있다.

일반적으로 많이 적용하고 있는 격자분석은 단순히 면적이 아니라 특정 비오톱 유형이 하나의 격자 내에 존재하는지 혹은 존재하지 않는지, 만약 존재한다면 격자의 빈도수는 몇 개인지 등을 파악하여 희귀성을 평가하는 방식이다. 나정화 등(2001)은 대구광역시 수성구를 대상으로 격자의 크기를 500×500m로 설정한 후, 출현하는 격자의 빈도수를 토대로 각 비오톱 유형의 희귀성 정도를 검토한 바 있다. 여기서는 아래와 같이 3단계로 점수화한 후, 분류된 각 비오톱 유형별 상대적 평가를 통해 희귀성 정도를 판단하고 있다(그림 4-4).

- 1: 매우 희귀한 비오톱 유형(격자 수: 0~49개)
- 2: 희귀한 비오톱 유형(격자 수: 50~149개)
- 3: 보편적으로 많이 출현하고 있는 비오톱 유형(격자 수: 150개 이상)

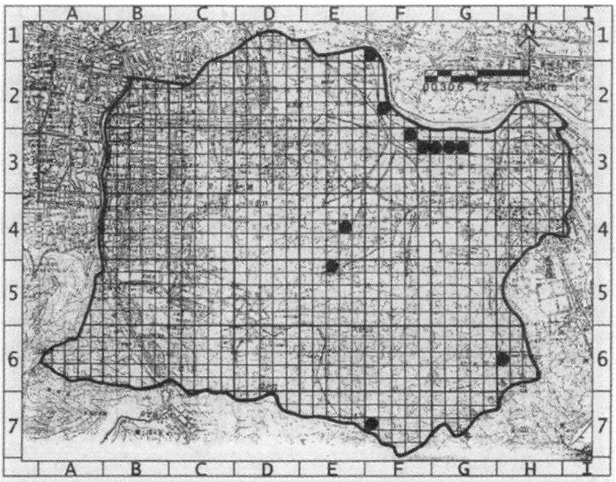

그림 4-4 늪, 소택 및 습원 비오톱 유형의 격자 내 분포 현황
출처: 이석철(1999); 나정화(2021), p. 117 재인용.

이 외에도 희귀성을 평가하는 다른 방법으로는 실제 출현하고 있는 비오톱 유형의 빈도를 산출하여 평가하는 방법이 있다. 우선 GIS 또는 QGIS 프로그램을 이용하여 대상지 내 비오톱 유형들의 면적과 출현 수를 산출한 후, 대상지 특성에 따라 각 비오톱 유형이 출현하는 빈도를 고려하여 아래와 같이 세 등급으로 구분하여 상대적 평가를 수행한다. 비오톱 유형의 면적이 작고 출현 빈도가 낮은 경우는 희귀성이 높은 등급 평가를 받게 되고, 면적이 크고 출현 빈도가 높은 경우는 희귀성이 낮은 등급 평가를 받게 된다.

- Ⅰ 등급: 매우 희귀한 비오톱 유형(대상지 내 상대적 비교)
- Ⅱ 등급: 희귀한 비오톱 유형(대상지 내 상대적 비교)
- Ⅲ 등급: 보편적으로 많이 출현하고 있는 비오톱 유형(대상지 내 상대적 비교)

일례로 위의 희귀성 평가 방법을 실제 지구단위개발계획지를 대상으로 적용한 연구 결과를 살펴보면(김진효, 2020), 5회 이하로 출현빈도가 낮은 비오톱 유형은 인공조림지, 습지, 늪지 등으로 나타났다(그림 4-5).

특히, 습지 및 늪지 유형은 출현빈도가 낮아 희귀성이 높음과 동시에 야생 동식물을 위한 서식공간으로도 높은 가치를 지니고 있는 것으로 분석되었다. 이와는 반대로 높은 출현빈도를 보이는 비오톱 유형은 밭작물 재배지, 비닐하우스, 공장 및 물류저장고, 경지정리된 논 경작지 비오톱 유형으로 나타났다. 이와 같은 비오톱 유형들의 출현빈도가 높게 나타난 것은 연구대상지가 도시 외곽에 위치하고 있는 비시가화 지역이라는 특성에 기인하고 있는 것으로 보인다.

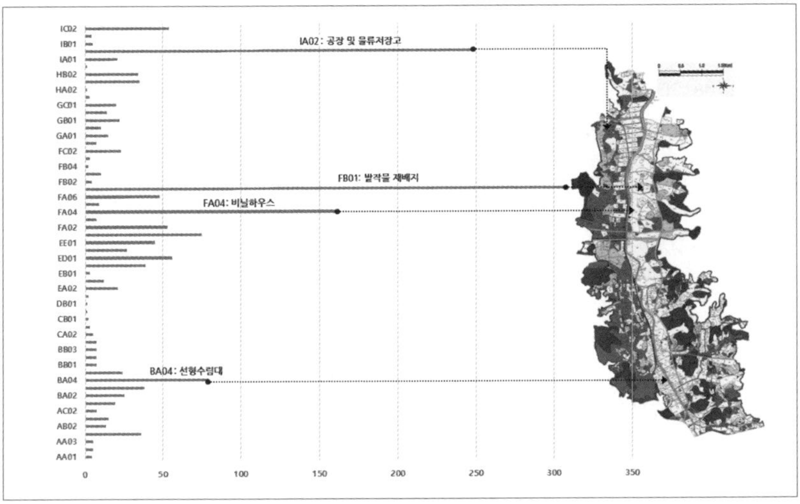

그림 4-5 비오톱 유형의 출현 빈도에 기초한 희귀성 평가
출처: 김진효(2020).

(2) 위험성

평가 지표 위험성 역시 국가 및 지역적 차원에서 오랜 시공간적 증감에 따른 발전 추이를 감안하여 작성한 위험에 처한 비오톱 유형의 목록을 토대로 조사대상지역 내에 출현하고 있는 어떤 비오톱 유형이 타 비오톱 유형보다 얼마나 위험에 처해 있는지를 판단하여 가치평가 등급을 상향 또는 하향조정하는 데 적용할 수 있는 중요한 평가 기준이다.

국가 및 지역적 차원에서 축적된 위험에 처한 비오톱 유형의 목록이 없을 경우에는 조사대상지역 내에 출현하고 있는 모든 비오톱 유형들의 면적 및 토지이용 형태의 변화 등을 시계열적으로 추적해서, 면적 감소 및 토지이용 형태의 변화 등이 심할 경우 위험성이 높은 비오톱 유형으로 평가할 수 있다. 특히 토지이용 형태의 변화는 오랜 시계열의 진행을 충분히 파악할 수 있는 과거와 현재의 토지이용도 또는 토지피복지도를 통해 파악할 수 있고, 면적 변화는 QGIS를 통해 과거와 현재의 면적을 산출하면 면적의 증감 추이를 파악할 수 있다. 이를 토대로 출현하고 있는 모든 비오톱 유형들 중에서 어떤 비오톱 유형이 보다 더 위험에 처해 있는지를 판단할 수 있다. 위험성 평가는 아래와 같이 3단계로 점수화한 후, 분류된 각 비오톱 유형별 상대적 평가를 통해 위험성 정도를 파악한다.

- 1: 위험에 처한 비오톱 유형(시계열상 면적 감소 및 토지이용 변화가 심한 상태)
- 2: 부분적으로 위험에 처한 비오톱 유형 또는 위험 상태가 불확실한 유형(* 표시)
- 3: 위험에 처하지 않은 유형

이와 같은 시계열적 면적 증감 및 토지이용 변화에 기초한 비오톱 유형들의 위험성 평가 방법은 광역규모에서도 적용이 가능하다. 일례로 1988년부터 2018년까지 약 30년 동안 경기도 내 31개 도시들을 대상으로 토지피복 및 MSPA[5] 분석값의 변화를 통해 위험에 처한 비오톱 유형을 평가한 결과를 살펴보면(Kim et al., 2021), 전체 31개의 도시들 중 시가화 지역 비오톱 유형의 면적 증가가 가장 큰 도시는 화성시로 나타났다(그림 4-6). 반면 농업지역, 산림지역, 습지, 수역 비오톱 유형의 면적은 크게 감소하였다. 특히 농업지역의 면적은 7,600ha, 습지의 면적은 1,705ha 감소하였으며 이러

5 MSPA 구조 변화 분석에는 7개의 토지피복 유형들 중 산림을 대상으로 GUIDOS를 활용하였다. GUIDOS(Graphic User Interface for the Description of image Objects and their Shape)는 기존의 경관패턴분석 프로그램인 FRAGSTATS에서 제시하고 있는 수치적인 데이터의 한계를 극복하고 직관적으로 공간의 형태 변화를 파악할 수 있도록 고안된 프로그램으로서 최근 경관생태계획 분석에 폭넓게 활용되고 있다.

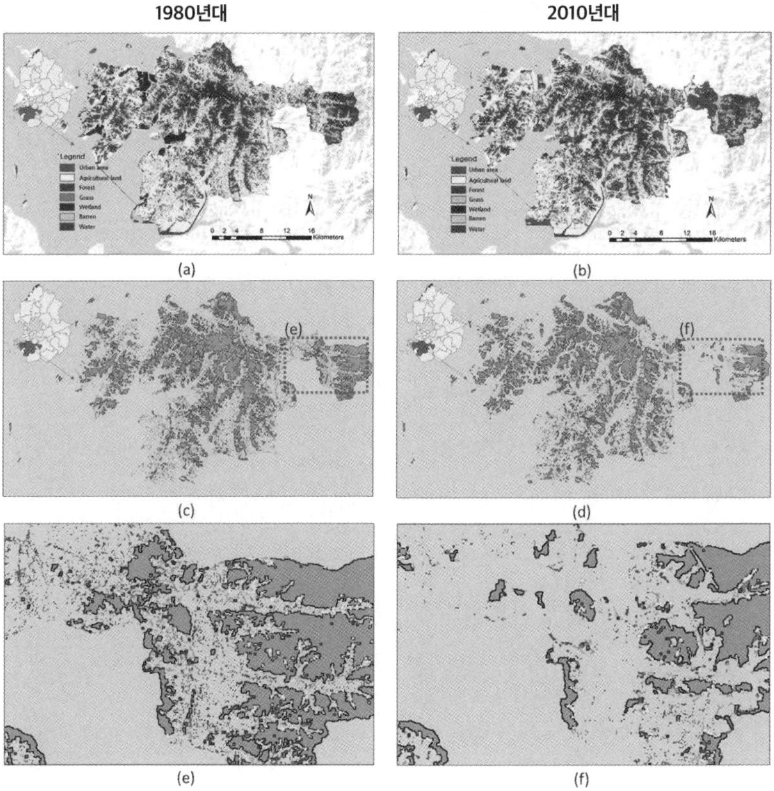

그림 4-6 화성시의 토지피복 변화량 추이 및 녹지 비오톱 유형의 공간구조적 변화
출처: Kim et al.(2021).

한 감소 폭은 31개의 도시들 중 가장 큰 것으로 나타났다. 또한 산림 비오톱 유형도 2,600ha의 면적 감소를 보여 전반적으로 화성시는 도시화로 인한 자연형 비오톱 유형의 면적 감소가 두드러졌다.

평택시의 경우 시가화 지역의 면적은 6,296ha 증가한 데 반해 경작지 비오톱 유형은 7,233ha, 산림 비오톱 유형은 1,325ha 감소하였다. 특히 31개 도시 대부분에서 공통적으로 시가화 지역의 면적은 크게 증가한 반면, 생태적으로 가치가 높은 농경지, 산림, 습지, 수공간 등과 같은 비오톱 유형의 면적은 크게 감소한 것으로 분석되었다. 이러한 추세로 미루어 볼 때, 농경지, 산림, 습지, 수공간 등과 같은 대분류 비오톱 유형들의 면적 감소에 비례해서 이에 귀속되는 많은 중분류 및 소분류 비오톱 유형들이 감소하거나 소멸할 위험성은 계속해서 가속화될 것으로 예측된다.

(3) 희귀성과 위험성의 합산평가 매트릭스

평가 기준 희귀성과 위험성에 대한 합산평가는 우선 평가 지표 희귀성에 대한 3단계 점수와 평가 지표 위험성에 대한 3단계 점수를 서로 교차 비교하는 방식으로 수행한다. 특히 교차비교 시에는 희귀성이 있는 비오톱 유형들보다 소멸 위험에 처한 비오톱 유형들의 중요성을 조금 더 높게 고려할 필요가 있다. 위험성에 가중치를 부여한 합산평가 매트릭스는 아래 [표 4-2]와 같다.

표 4-2 평가 기준 희귀성과 위험성에 대한 합산평가 매트릭스

희귀성 \ 위험성	1	2*	3
1	I	II	III
2	I	II	III
3	II	III	IV

*: 가중치 부여

이와 같은 합산평가 매트릭스를 활용한 평가 기준 희귀성과 위험성에 대한 최종 가치평가 결과는 아래와 같이 총 네 등급으로 구분하며, I 등급

은 희귀성과 위험성이 매우 높은 비오톱 유형이고, 역으로 Ⅳ등급은 희귀성과 위험성이 없는 비오톱 유형을 의미한다(표 4-3).

- Ⅰ등급: 높음(도시지역에서 희귀하거나 매우 희귀하면서 위험에 처해 있는 비오톱 유형)
- Ⅱ등급: 중간(도시지역에서 희귀하거나 매우 희귀하면서 부분적으로만 위험에 처해 있거나 위험성이 불분명한 비오톱 유형)
- Ⅲ등급: 낮음(도시지역에서 부분적으로만 희귀하거나 매우 희귀하면서 동시에 부분적으로만 위험에 처해 있는 비오톱 유형)
- Ⅳ등급: 없음(도시지역에서 보편적으로 많이 출현하면서 동시에 위험에 처해 있지 않은 비오톱 유형)

표 4-3 희귀성과 위험성에 대한 최종가치 등급별 기준

등급	점수	의미	등급 기준
Ⅰ등급	2~3점	의미가 매우 높음	• 희귀성과 위험성이 모두 1점인 경우 • 희귀성이 2점이며 위험성이 1점인 경우
Ⅱ등급	3~4점	-	• 희귀성이 1점이며 위험성이 2점인 경우 • 희귀성과 위험성이 모두 2점인 경우 • 희귀성이 3점이며 위험성이 1점인 경우
Ⅲ등급	4~5점	-	• 희귀성이 1점이며 위험성이 3점인 경우 • 희귀성이 2점이며 위험성이 3점인 경우 • 희귀성이 3점이며 위험성이 2점인 경우
Ⅳ등급	6점	의미가 매우 낮음	• 희귀성과 위험성이 모두 3점인 경우

3) 재생·복원성

평가 기준 재생·복원성에 귀속되는 평가 지표로는 공간적·장소적 재생·복원성(복원 능력), 시간적 재생·복원성(발전 기간) 등 2개가 있다.

(1) 공간적·장소적 재생·복원성(복원 능력)

공간적·장소적 재생·복원성은 침해로 인해 파괴된 어떤 비오톱 유형이 있다고 가정했을 때, 이와 유사한 특성을 가진 대체 비오톱 유형을 계획대상부지 내 또는 인근 주변에서 파괴된 면적만큼 다시 복원할 수 있는지에 대한 가능성의 정도를 의미한다. 따라서 평가 지표 공간적·장소적 재생·복원성은 공간적·장소적 측면에서 잠재적으로 대체 가능한 비오톱 유형이 존재할 경우에 성립된다. 그러나 공간적·장소적 재생·복원성의 평가에서 무엇보다 중요한 것은 공간적·장소적으로 재생·복원을 어렵게 하는 요소들이 있는지 없는지를 파악하는 것이다. 공간적·장소적으로 재생·복원을 어렵게 하는 요소들의 유무를 파악하는 것은 아래와 같이 3가지 측면으로 구분하여 최종 가치평가에 적용할 필요가 있다.

- 없음: 재생·복원을 어렵게 하는 요소들이 존재하지 않는 경우
- A: 잠재적 대체 비오톱이 거의 존재하지 않는 경우(특히, 희귀성 및 위험성 평가에서 높게 평가된 모든 비오톱 유형과 극단적 현장조건 또는 특이한 토양조건 등과 밀접하게 연계된 비오톱 유형)
- B: 잠재적 대체 비오톱이 거의 존재하지 않는 경우(특히, 지금은 사라졌거나 거의 사용하지 않는 오래된 인간의 이용 방식 또는 건축 양식과 밀접하게 연계되어 있는 비오톱 유형)

(2) 시간적 재생·복원성(발전 기간)

시간적 재생·복원성은 어떤 비오톱 유형이 인위적으로 침해를 받은 이후부터 원래 상태대로 회복 또는 발전해 가는 데 걸리는 기간의 정도를 의

미한다. 발전 기간은 사전적으로 어떤 비오톱 유형이 최초로 형성된 시점에서 현재의 모습에 이르기까지 소요된 기간을 말한다. 따라서 비오톱 유형별 발전 기간에 따른 시간적 재생·복원성은 서로 다르다. 이를테면 5년 이내 발전 기간을 가진 1~2년생 및 다년생의 초본 비오톱 유형은 비교적 빠른 시간 내에 복원될 수 있지만, 50년 이상의 발전기간을 가진 오래된 산림 비오톱 유형은 재생·복원에 걸리는 시간이 매우 길다. 따라서 재생·복원에 걸리는 시간이 긴 비오톱 유형일수록 생태적 가치는 높게 평가할 수 있다. 시간적 재생·복원성은 아래와 같이 4단계로 구분하여 최종 가치 평가에 적용할 필요가 있다.

- 1: 복원성이 없음 - 50년 이상의 발전기간을 가지는 비오톱 유형으로 천이 마지막 단계의 극상림, 오래된 산림, 숲 및 관목림, 고원습지, 늪지 비오톱 유형 등이 여기에 속한다. 이러한 비오톱 유형들은 상기와 같은 시공간 속에서 지속적으로 복원되어 갈 수 있을지 현재로서는 불확실하다.
- 2: 복원성이 거의 없음 - 25~50년 사이의 발전기간을 가지는 비오톱 유형으로 오래된 띠형 수림 및 덤불림, 건조지 초원, 양호한 수중식생, 성숙 단계의 숲 비오톱 유형 등이 이러한 범주에 속한다. 이러한 비오톱 유형들은 상기의 시공간 속에서 현재 상태로 다시 복원될 가능성이 매우 희박하다.
- 3: 복원성이 보통 - 5~25년 사이의 발전기간을 가지는 비오톱 유형으로 성숙단계의 초원지, 반건조지 식생, 방치된 폐허지 식생, 갈대류, 수변식생, 초기 단계의 숲 비오톱 유형 등이 여기에 속한다. 그러나

이러한 시공간적 범위는 현재 대체 비오톱 부지로 정해져 있다 할지라도, 특히 국토공간계획의 최대 시공간적 범위가 20년임을 감안해 보면 20년 이후에도 계속 존재할지 또는 계속되는 침해로부터 소멸되지는 않을지 등 불확실성이 충분히 발생할 수 있다.

- 4: 복원성이 강함 - 5년 이내의 발전기간을 가진 비오톱 유형으로 1~2년생 및 다년생의 초본 비오톱 유형 및 초기단계의 초지 비오톱 유형 등이 여기에 속한다.

(3) 재생·복원성의 합산평가 매트릭스

평가 기준 재생·복원에 대한 합산평가는 우선 평가 지표 발전기간에 대한 4단계 점수와 평가 지표 공간적·장소적 재생·복원성에 대한 3단계 점수를 서로 교차 비교하는 방식으로 수행한다. 특히 교차 비교를 통한 합산평가 매트릭스는 [표 4-4]와 같다. 이와 같은 합산평가 매트릭스를 활용한 평가 기준 재생·복원성에 대한 최종 가치평가 결과는 아래와 같이 총 4등급으로 구분하며, Ⅰ등급은 재생·복원이 불가능하거나 매우 어려운 비오톱 유형인 반면, Ⅳ등급은 재생·복원이 매우 쉬운 비오톱 유형임을 의미한다.

- Ⅰ등급: 재생·복원이 불가능하거나 매우 어려운 비오톱 유형
- Ⅱ등급: 재생·복원이 제한적인 비오톱 유형
- Ⅲ등급: 재생·복원이 보통인 비오톱 유형
- Ⅳ등급: 재생·복원이 쉬운 비오톱 유형

표 4-4 평가 기준 재생·복원성에 대한 합산평가 매트릭스

공간적·장소적 재생·복원성(복원 능력) \ 시간적 재생·복원성(발전 기간)	1	2	3	4
없음	Ⅰ	Ⅱ	Ⅲ	Ⅳ
A와/또는 B	Ⅰ	Ⅰ	Ⅱ	Ⅲ

이상과 같은 종과 비오톱의 보전을 목적으로 한 1차 평가의 3개 평가 기준과 이에 귀속되는 10개의 평가 지표들에 대한 각각의 평가 방법 및 가치등급을 종합하여 정리해 보면 [표 4-5]와 같다.

표 4-5 종과 비오톱 보전을 목적으로 한 1차 평가의 평가 기준, 평가 지표 및 가치등급

평가 지표	등급 구분	
비오톱 전형종의 다양성	1	높음(비오톱전형 식물종 수의 출현이 많음)
	2	중간(비오톱전형 식물종 수의 출현이 적거나 중간, 또는 식물종 조성 형태가 빈약한 경우)
	3	낮음(비오톱전형 식물종 수의 출현이 거의 없음)
멸종 및 위험에 처한 종들이 출현할 수 있는 현장 조건	1	유리함(멸종 및 위험에 처한 종들의 출현 가능성이 높은 현장부지 조건)
	2	중간(멸종 및 위험에 처한 종들의 출현 가능성이 중간 또는 불리한 현장부지 조건)
	3	매우 불리하거나 없음(멸종 및 위험에 처한 종들의 출현 가능성이 매우 불리하거나 존재하지 않는 현장부지 조건)
식생 구조 (층위구조)	1	다층구조(초본층, 관목층, 아교목층, 교목층이 다층으로 풍부하게 잘 발달한 식생 구조)
	2	중층구조(초본층과 관목층, 관목층과 교목층 또는 초본층과 교목층 등과 같이 중층으로 구성된 식생 구조)
	3	단층구조(초본층, 관목층, 교목층 중에서 어느 한 층으로만 빈약하게 구성되어 있는 식생 구조)
특별한 현장조건	1	높거나 매우 높게 출현함(특별히 건조하거나 습한 장소, 암석노출지, 수분함유량이 많은 저지대, 토양의 ph 농도가 매우 높은 장소, 특별히 따뜻한 장소, 영양물질이 풍부하거나 또는 빈약한 장소 등)
	2	부분적으로 출현함
	3	출현하지 않음

계속 ▶

평가 지표	등급 구분	
이용 강도	1	낮음(적게 또는 전혀 이용·관리가 되고 있지 않은 비오톱 유형, 건물 층수가 저층이거나 혹은 건물이 없는 환경, 식생에 대한 관리 강도가 방치 혹은 연 1회)
	2	중간(중간 정도로 이용되거나 관리되는 비오톱 유형, 건물 층수가 중·저층인 건축물, 식생에 대한 관리 강도가 연 2회)
	3	높음(지속적·주기적으로 심하게 이용·관리되고 있는 유형, 건물 층수가 고층·초고층인 건물, 식생에 대한 관리 강도가 연 3회 이상)
포장률	1	낮음(0~30%)
	2	중간(30~70%)
	3	높음(70% 이상)
희귀성	1	매우 희귀한 비오톱 유형(격자 수: 0~49개)
	2	희귀한 비오톱 유형(격자 수: 50~149개)
	3	보편적으로 많이 출현하고 있는 비오톱 유형(격자 수: 150개 이상)
위험성	1	위험에 처한 비오톱 유형(시계열상 면적 감소 및 토지이용 변화가 심한 상태)
	2	부분적으로 위험에 처한 비오톱 유형 또는 위험 상태가 불확실한 유형
	3	위험에 처하지 않은 비오톱 유형
시간적 재생·복원성 (발전기간)	1	복원성이 없음
	2	복원성이 거의 없음
	3	복원성이 보통
	4	복원성이 강함
공간적·장소적 재생·복원성	없음	재생·복원을 어렵게 하는 요소들이 존재하지 않는 경우
	A	잠재적 대체 비오톱이 거의 존재하지 않는 경우(특히, 희귀성 및 위험성 평가에서 높게 평가된 모든 비오톱 유형과 극단적 현장조건 또는 특이한 토양조건 등과 밀접하게 연계된 비오톱 유형)
	B	잠재적 대체 비오톱이 거의 존재하지 않는 경우(특히, 지금은 사라졌거나 거의 사용하지 않는 오래된 인간의 이용 방식 또는 건축 양식과 밀접하게 연계되어 있는 비오톱 유형)

위와 같이 비오톱 가치평가와 관련하여 대부분의 도시에서는 도시생태현황지도 작성 매뉴얼을 상당 부분 준용하고 있지만 지역적 특성을 고려한 평가 지표를 비오톱 가치평가 시에 활용하고 있다. 일례로 서울특별시의 경우 주요 서식지 기능, 일반 서식지 기능, 지형 특성, 토양 포장도 등등 총 11개의 평가 지표를 활용하여 비오톱의 가치평가를 수행하고 있다. 평

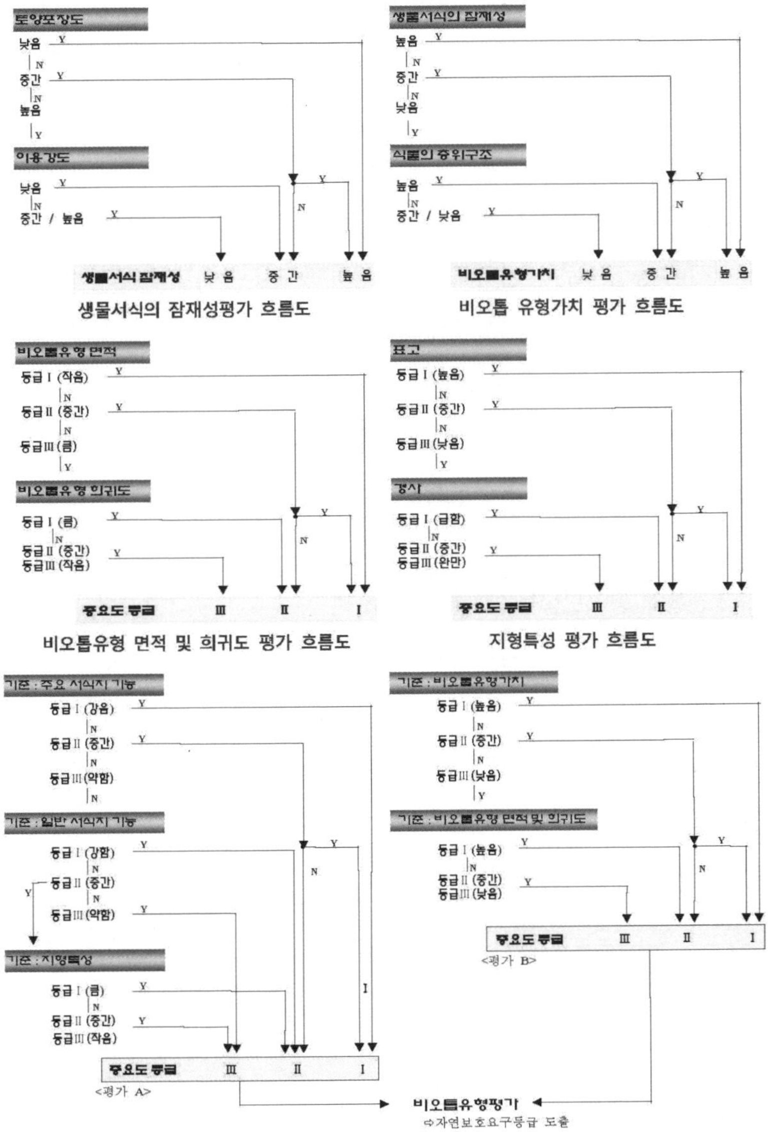

그림 4-7 서울시의 비오톱 유형 평가 흐름도
출처: 환경부(2020), p. 102.

가 방법을 살펴보면 비오톱 유형평가 시에 각 항목별 평가는 의사결정나무 방법에 따라 수행하고 항목별 평가 결과의 종합은 앞서 살펴본 바와 같이 가치합산 매트릭스 방법을 적용하고 있다(그림 4-7).

합산 매트릭스 방법은 평가 A와 평가 B를 통하여 수행된다. 평가 A는 주요 서식지 기능, 일반 서식지 기능, 지형 특성을 기준으로 가치등급을 Ⅰ등급에서 Ⅲ등급으로 구분하고 있다. 평가 B에서는 비오톱 유형 가치, 비오톱 유형 면적 및 희귀도를 기준으로 Ⅰ등급에서 Ⅲ등급으로 구분하고 있다. 최종적으로 비오톱 유형평가는 평가 A와 평가 B를 통해 도출된 중요도 등급(Ⅰ~Ⅲ등급)을 합산 매트릭스 방법을 활용하여 진행되며, 최종 가치등급은 Ⅰ등급에서 Ⅴ등급까지 5단계로 구분된다.

2.1.3 전통적 평가모형을 활용한 적용 사례

대구광역시 수성구를 대상으로 위와 유사한 평가 방법을 적용하여 도출한 1차 평가 결과(표 4-6)를 일례로 살펴보면(이석철, 1999) 종과 비오톱의 보전을 목적으로 한 3개의 평가 기준 야생 동식물 서식공간으로서의 의미, 희귀성 및 위험성, 재생·복원능력에서 비교적 가치가 높게 평가된 비오톱 유형으로는 CC, CD 유형 등으로, 이들 유형 대부분은 시가화 지역 내 공터 지역을 중심으로 출현하고 있었다. 그러나 종과 비오톱의 보전적 가치가 높다 하더라도 시가화 지역 내에 입지한 개발유보지라는 점을 감안해 보면, 향후 이들 비오톱 유형이 훼손되거나 소멸할 가능성이 높을 것으로 예측되어 보전 대책 마련이 필요하다.

야생 동식물 서식공간으로서의 의미, 희귀성 및 위험성, 재생·복원능력에서 가치가 중간으로 평가된 비오톱 유형으로는 CC, CD 유형 등으로, 이

표 4-6 종과 비오톱 보전을 목적으로 한 1차 평가 결과표의 예시

구분	①	②	③	④	⑤	⑥	⑦	⑧	⑨	⑩	⑪	⑫	⑬	⑭
AA	1	1	1	1	1	1	6	Ⅰ	2	1	Ⅰ	1	1	Ⅰ
AB	1	1	2	2	1	2	9	Ⅱ	3	1	Ⅱ	1	1	Ⅰ
AC	1	1	1	1	1	1	6	Ⅰ	2	1	Ⅰ	1	1	Ⅰ
AD	2	1	3	3	1	3	12	Ⅲ	3	1	Ⅱ	2	2	Ⅲ
AE	1	1	2	2	2	2	11	Ⅱ	2	1	Ⅰ	2	1	Ⅱ
AF	1	1	1	1	1	1	6	Ⅰ	1	1	Ⅰ	1	1	Ⅰ
BA	1	1	2	2	1	2	9	Ⅱ	2	2	Ⅱ	2	2	Ⅲ
BB	1	1	2	1	1	2	8	Ⅰ	1	1	Ⅰ	1	1	Ⅰ
BC	1	1	1	1	1	1	6	Ⅰ	1	1	Ⅰ	1	1	Ⅰ
BD	1	1	2	1	1	2	8	Ⅰ	2	1	Ⅰ	1	1	Ⅰ
BE	1	1	2	2	1	2	9	Ⅱ	2	1	Ⅰ	2	1	Ⅱ
BF	1	1	1	1	1	1	6	Ⅰ	2	1	Ⅰ	1	1	Ⅰ
CA	2	1	1	2	3	3	13	Ⅲ	3	3	Ⅳ	2	1	Ⅱ
CB	1	1	1	1	1	5	10	Ⅱ	3	1	Ⅱ	1	1	Ⅰ
CC	2	1	1	3	3	5	15	Ⅳ	2	2	Ⅱ	1	1	Ⅰ
CD	2	1	2	3	3	5	16	Ⅳ	3	2	Ⅲ	2	2	Ⅲ
CE	1	1	1	3	1	5	12	Ⅲ	2	1	Ⅰ	1	1	Ⅰ
CF	1	1	1	2	1	4	10	Ⅱ	3	1	Ⅱ	1	1	Ⅰ
CG	1	1	1	1	1	5	10	Ⅱ	3	1	Ⅱ	1	1	Ⅰ
CH	1	1	1	1	1	1	6	Ⅰ	3	1	Ⅱ	1	1	Ⅰ
DA	1	1	2	2	1	2	9	Ⅱ	2	1	Ⅰ	1	1	Ⅰ
DB	1	1	1	1	1	1	6	Ⅰ	2	1	Ⅰ	1	1	Ⅰ
DC	1	1	1	1	1	1	6	Ⅰ	3	1	Ⅱ	1	1	Ⅰ
EA	1	1	2	1	1	2	8	Ⅰ	2	1	Ⅰ	1	1	Ⅰ
EB	1	1	1	1	1	1	6	Ⅰ	3	1	Ⅱ	1	1	Ⅰ
EC	2	1	2	2	1	2	10	Ⅱ	3	1	Ⅱ	2	1	Ⅱ
ED	1	1	1	1	1	3	8	Ⅰ	2	1	Ⅰ	1	1	Ⅰ
EE	3	2	3	3	2	5	18	Ⅴ	3	2	Ⅲ	3	2	Ⅳ
FA	1	1	1	1	1	1	6	Ⅰ	3	1	Ⅱ	1	1	Ⅰ
FB	1	1	1	2	1	4	10	Ⅱ	3	1	Ⅱ	1	1	Ⅰ
FC	2	1	2	3	1	3	12	Ⅲ	3	1	Ⅱ	2	2	Ⅲ
FD	1	1	1	1	1	1	6	Ⅰ	3	1	Ⅱ	1	1	Ⅰ
FE	1	1	1	1	1	1	6	Ⅰ	3	1	Ⅱ	1	1	Ⅰ

① 비오톱 전형종의 다양성(1: 적음, 2: 중간, 3: 많음)
② 멸종 및 위험에 처한 종들의 출현을 위한 전제조건(1: 조건이 좋지 않음, 2: 조건이 좋음)
③ 층위구조(1: 단층구조, 2: 중간, 3: 다층구조)
④ 특이한 현장조건(1: 없음, 2: 부분적 존재, 3: 있음)
⑤ 이용 강도(1: 높음, 2: 중간, 3: 적음)
⑥ 포장률(1: 80% 이상 2: 60~80% 3: 40~60% 4: 20~40% 5: 0~20%)
⑦ 야생 동식물들의 생활공간 의미의 합산점수 (①+②+③+④+⑤+⑥)
⑧ 야생 동식물들의 생활공간 의미의 가치등급
⑨ 희귀성(1: 군락적 분포 및 자주 출현, 2: 드묾, 3: 매우 드묾)
⑩ 위험성(1: 비오톱 유형이 위험에 처하지 않음, 2: 부분적으로 또는 훌륭하게 조성된 비오톱 유형이 위험에 처했거나 또는 위험 상황이 불분명함, 3: 위험에 처함)
⑪ 희귀성과 위험성의 합산 가치등급(⑨+⑩)
⑫ 발전기간(1: 발전기간이 5년까지인 비오톱 유형, 2: 발전기간이 5~25년인 비오톱 유형, 3: 발전기간이 25~50년인 비오톱 유형)
⑬ 재생을 어렵게 하는 공간적·현장적 요소(1: 재생·복원이 쉬움, 2: 재생·복원이 어려움)
⑭ 재생·복원능력 합산 가치등급(⑫+⑬)

들 유형은 대부분 시가화 지역 내에 분포해 있는 방치된 부지 및 텃밭 비오톱 유형들이었다. 가치가 낮게 평가된 비오톱 유형으로는 AB, AE, BA, BE, CG, DA 유형 등으로, 이들 유형은 대부분 도시밀집지역 또는 주거지역 주변에 분포해 있는 건축물에 부착된 자투리 공터, 폐허지, 텃밭, 정원 비오톱 유형들이었다. 비록 야생 동식물 서식공간으로서의 의미, 희귀성 및 위험성, 재생·복원능력 부문에서 모두 가치가 낮게 평가되었지만, 특히 비오톱 네트워크 조성에서 징검다리 비오톱의 기능을 수행할 수 있도록 이들 비오톱 유형들에 대한 면적 확대, 추가 조성 및 연계 기능 강화 등과 같은 경관생태계획적 개선 조치가 요구된다.

2.2 전산화된 평가모형을 활용한 가치평가 방법

2.2.1 전산화된 평가모형

전산화된 평가모형은 앞서 기술한 전통적 평가모형(〈그림 4-2〉 참조)을 기반으로 하고 있다. 전산화된 평가모형의 평가 기준은 야생 동식물을 위한 서식공간의 의미, 희귀성 및 위험성, 재생·복원능력이며, 이에 귀속되는 평가 지표는 전형종의 다양성, 이용 강도, 식생 구조(층위구조) 등등 총 10개로 전통적 평가모형의 평가 기준 및 평가 지표와 동일하게 구성되어 있다. 다만, 전산화된 평가모형은 실행 프로그램의 원활한 운용 및 평가모형의 고도화를 위해 개발되었으며, 아래와 같은 2가지 측면에서 전통적 평가모형과 다른 점이 있다.

첫째, 실행 프로그램의 원활한 운용을 위해 평가 기준 및 평가 지표들의 평가 방법을 차별화하고 있다. 이를테면 평가 기준 야생 동식물을 위한 서식공간으로서의 의미에서 전통적 평가모형과는 달리 야생 식물을 위한 서식공간으로서의 의미와 야생 동물을 위한 서식공간으로서의 의미로 세분하지 않고 10개의 평가 지표를 활용하여 야생 동식물을 위한 서식공간으로서의 의미를 직접 평가하고 있다. 이때 10개의 평가 지표별 활용방법은 유사한 특성을 보이는 두 지표를 하나로 묶어서 각각의 합산평가 매트릭스를 통해 가치등급을 평가한 후(표 4-7), 이를 토대로 야생 동식물을 위한 서식공간으로서의 의미를 최종적으로 5등급(Ⅰ등급: 가치가 매우 높음~Ⅴ등급: 매우 낮음)으로 구분하는 방식을 적용하고 있어 평가 절차를 단순화하고 있다.

표 4-7 가중치의 적용 유무에 따른 합산평가 매트릭스 모형

지표-2 \ 지표-1	1		2		3
	가중치 미적용	가중치 적용	가중치 미적용	가중치 적용	가중치 적용·미적용 동일
1	Ⅰ	Ⅰ	Ⅱ	Ⅱ	Ⅲ
2	Ⅱ	Ⅰ*	Ⅱ	Ⅱ	Ⅳ
3	Ⅲ	Ⅱ*	Ⅳ	Ⅲ*	Ⅴ

* : 가중치가 적용된 합산 매트릭스 평가 값

둘째, 평가모형의 고도화를 위한 한 방안으로 3개의 평가 기준에 대한 가중치를 부여하여 최종 가치등급을 도출하고 있다. 가중치 산정은 우선 1차 평가를 위해 선정된 10개의 평가 지표들을 대상으로 7점 리커트 척도를 활용한 중요도 분석을 수행하였으며, 분석 결과 평균 중요도 값은 4.7 이상으로 비교적 높은 것으로 나타났다. 특히 비오톱 전형종의 다양성, 복원능력, 희귀성, 발전기간, 위험성 등의 지표항목은 5.5 이상으로 매우 높은 것으로 분석된 반면, 포장률, 층위구조 등의 평가 지표는 5.0 미만으로 상

대적으로 낮은 중요도 값을 보였다. 따라서 중요도 값이 상대적으로 높게 나타난 평가 지표에 대해서는 합산 평가 매트릭스 활용 시 가중치를 부여하였다. 그러나 10개의 평가 지표들 간에는 상대적 중요도에서 차이가 있어 이를 정량화하여 합산평가 매트릭스 모형에 반영할 필요가 있었으며, 특히 각 요인별로 그룹화된 평가 지표의 중요도 평균값을 구하고 이를 전체 합이 10이 되도록 다시 표준화하였다.

가중치 산정 결과, 재생·복원능력 요인이 3.4541로 가장 높은 값을 보였으며, 이에 반해 야생 동식물을 위한 서식공간의 의미 요인은 3.1468로 가장 낮은 값을 보였다. 이는 각 요인에 포함된 평가 지표들의 중요도 평균값에 의해 나타난 결과로, 전산화된 평가모형에서는 재생·복원능력, 희귀성 및 위험성, 야생 동식물을 위한 서식공간의 의미 순으로 차별화된 가중치를 반영하였다(표 4-8).

표 4-8 전산화된 평가모형에 적용한 평가 기준 및 평가 지표별 가중치

평가 기준	평가 지표	평균	요인 평균	표준화 점수
야생 동식물을 위한 서식공간의 의미	비오톱 전형종의 다양성	5.9318	5.1970	3.1468
	멸종 및 위험에 처한 종들이 출현할 수 있는 현장부지 조건	5.2727		
	이용 강도	5.0909		
	포장률	4.9545		
	식생 구조(층위구조)	4.7955		
	특별한 현장조건	5.1364		
희귀성 및 위험성	희귀성	5.7045	5.6136	3.3991
	위험성	5.5227		
재생·복원성	복원능력	5.8636	5.7045	**3.4541**
	발전기간	5.5455		

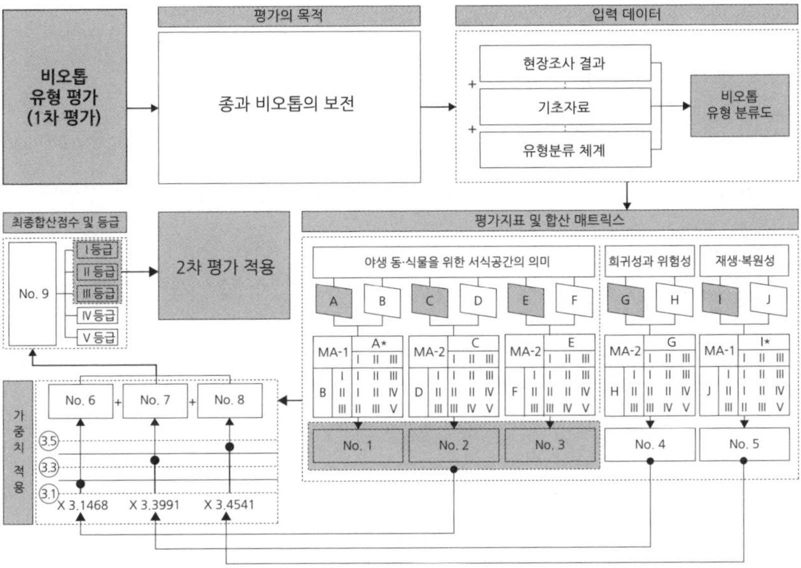

A: 전형종의 다양성, B: 멸종 위험에 처한 종들이 출현할 수 있는 현장부지 조건, C: 이용강도, D: 포장률, E: 층위구조, F: 특별한 현장조건, G: 희귀성, H: 위험성, I: 복원능력, J: 발전기간

그림 4-8 비오톱 1차 가치평가를 위한 전산화된 평가모형

이상과 같은 평가 기준 및 평가 지표들에 대한 평가 방법의 차별화 문제와 평가 기준 및 평가 지표에 대한 가중치 부여 문제 등을 종합적으로 반영하여 작성한, 비오톱 1차 가치평가를 위한 전산화된 평가모형은 〈그림 4-8〉과 같다.

2.2.2 전산화된 평가모형을 활용한 비오톱 1차 평가 방법

1) BVAT(Biotop Value Assessment Tool, 비뱃)의 개념

BVAT은 전통적 평가모형에 따른 비오톱 가치평가 시 모든 데이터를 수기로 작성해야 하는 과정에서 발생할 수 있는 오류를 최소화하고, 또한 수기 평가에 소요되는 시간, 재원, 인력을 절감하기 위하여 고안된 비오톱 가치평가 프로그램이다. 경북대학교 경관생태계획학 연구실에서 국내에서는 최초로 프로그래밍 작업 시에 활용하였던 ESRI® ArcObject™[6]와 프로그래밍 언어인 비주얼 베이직(Visual Basic 6.0)을 이용하여 ArcToolbox의 도구 형태로 합산 평가 매트릭스 모형을 구현하였다. 이렇게 하여 구현된 가치평가 모형을 비오톱 가치평가 도구(Biotop Value Assessment Tool), 즉 BVAT라 명명하였다. BVAT을 통한 가치평가 결과는 ArcGIS 상에서 테이블 형태로 구현되고 자동적으로 평가 결과가 도출되도록 프로그래밍되었다.

2) 파이썬(Python)의 개념

앞서 살펴본 바와 같이 기존에 사용되던 BVAT은 비주얼 베이직(Visual Basic 6.0)을 활용하여 작성되었다. 그러나 일반적으로 프로그래밍 언어인 비주얼 베이직 6.0(Visual Basic 6.0)은 프로그래밍 과정이 매우 복잡하여 일반인이 활용하기에 어려움이 있었다. 최근에는 비주얼 베이직을 대체하기 위한 다양한 프로그래밍 언어들이 개발되었으며, 이 중에서 특히 파이썬의 활용도가 높아지고 있다. 파이썬은 1990년 암스테르담의 귀도 반 로섬에 의해 만들어진 인터프리터 언어이다.

파이썬의 장점은 복잡한 변수 선언이 필요 없으며, 특히 비주얼 베이직 등 기존의 프로그래밍 언어에 비해 언어의 문법이 매우 간결하다는 특징을 가지고 있다. 또한 파이썬 프로그램은 공동 작업과 유지·보수가 매우 쉽고 편하기 때문에 이미 다른 언어로 작성된 많은 프로그램과 모듈들이

6 ESRI® ArcObject™은 ArcGIS™을 위한 개발 플랫폼으로 비주얼베이직(Visual Basic), C++ 등의 프로그래밍 언어로 프로그램을 단독 개발하거나 사용자가 정의를 할 수 있다(이상복, 2009).

파이썬으로 다시 재구성되고 있는 상황이다. 파이썬의 특징은 크게 다음과 같이 요약해 볼 수 있다(박응용, 2023, pp. 20~22).

- 배우기 쉬운 프로그래밍 언어: 파이썬은 문법 자체가 쉽고 간결하다. 프로그래밍 경험이 있는 사람이라면 함수, 라이브러리 및 내장함수 사용방법에 대하여 익히는 데 1주일이면 충분하다.
- 강력한 프로그래밍 언어: 파이썬을 활용한다면 프로그래머는 모든 일을 해낼 수 있다. 매우 복잡하고 많은 반복연산 등은 파이썬으로 개발하기 어렵지만 이러한 부분은 C언어를 활용하여 구축하고 파이썬과 결합한다면 쉽게 해결할 수 있다.
- 무료 프로그래밍 언어: 파이썬은 오픈소스 프로그램이다. 따라서 사용자가 원하는 시기, 장소에서 무료로 다운로드를 받을 수 있다.
- 간결한 프로그래밍 언어: 파이썬은 간결한 프로그래밍 언어이다. 따라서 다른 사람들이 작성한 소스코드를 쉽게 파악할 수 있으며, 이러한 간결함으로 인해 공동 작업 시 작업 효율이 뛰어나다.
- 개발 속도가 빠른 프로그래밍 언어: 파이썬은 다른 언어들과 비교 시 위의 장점들로 인해 개발 속도가 매우 빠르다.

무엇보다 파이썬은 일반인들도 코드를 작성하기에 용이하며, 평가 지표 및 가중치 설정 값을 즉각적으로 변환할 수 있어 특히 비오톱 1차 평가에서 활용성이 높다. 이러한 점에 착안하여 김진효(2020)가 국내에서는 처음으로 파이썬을 활용하여 비오톱 1차 평가모형을 전산화하고 이를 가치평가에 활용하였다.

2.2.3 파이썬(Python)을 활용한 BVAT 평가모형의 고도화 및 실행 방법

1) 파이썬을 활용한 BVAT 평가모형의 고도화

기 구축된 비오톱 1차 평가모형에 파이썬(Python)을 활용한 프로그래밍화 과정을 살펴보면, 아래와 같이 크게 4단계 과정을 거치면서 평가모형의 전산화가 이루어진다(그림 4-9).

- 10개의 평가 지표들 중 가중치가 적용된 합산 매트릭스와 가중치가 적용되지 않은 두 종류의 합산 매트릭스에 대한 프로그래밍 코드 설정
- 합산 매트릭스를 바탕으로 합산 결과 값에 대한 프로그래밍 코드 설정
- 평가 기준별로 상이하게 적용된 가중치에 대한 프로그래밍 코드 설정
- 마지막으로 10개의 평가 지표에 대한 최종 합산점수에 대한 프로그래밍 코드 설정

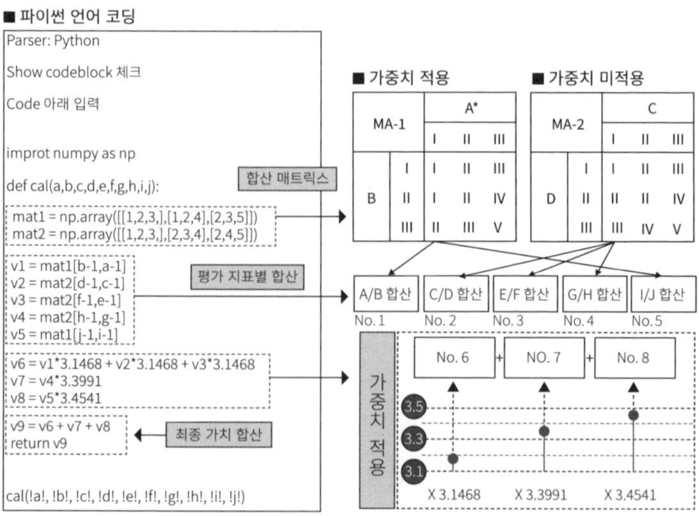

그림 4-9 파이썬(Python)을 활용한 BVAT 평가모형의 프로그래밍화 과정

2) 파이썬을 활용한 BVAT 평가모형의 실행 방법

작성된 파이썬(Python) 언어는 ArcGIS와의 연동을 통한 평가프로그램화를 위해 ArcGIS의 'Model Builder' 기능과 결합하여 파이썬으로 구축된 프로그래밍 코드를 입력하여야 한다. 우선 ArcGIS 파일을 실행한 뒤 'Geoprocessing'에서 모델빌더를 선택하여야 한다. 모델빌더가 실행된 후 'Model only tools'에서 'Calculate Value' 버튼을 클릭하면 분석모델이 생성되는 것을 확인할 수 있다.

이후 파이썬을 활용하여 구축된 언어 코드를 입력하면 알파벳으로 구성된 평가모형이 형성된다. 알파벳은 평가지표를 의미한다. 각각의 평가 지표들은 프로그래밍된 합산 평가 매트릭스 모형에 기반하여 자동적으로 가치평가를 수행하게 된다.

최종적으로 파이썬을 통하여 구축된 비오톱 가치평가모형은 각각의 비오톱 유형별 최종 합산점수, 그리고 합산점수에 기반한 Ⅰ등급에서 Ⅴ등급까지의 가치등급 결과를 빠르고 정확하게 제시해 준다.

이처럼 비주얼 베이직을 사용한 BVAT 평가모형의 실행 과정은 매우 복잡하지만 파이썬 언어를 사용하게 되면 가치평가 결과가 간단명료하게 프로그래밍되는 것을 확인할 수 있다. 특히 비주얼베이직을 활용하여 동일한 평가모형을 프로그래밍한 조현주(2011)의 연구 결과에 의하면, 가치평가 과정에서 10페이지가 넘는 프로그래밍 작업이 진행되었다는 점을 고려해 보았을 때 파이썬이 가지는 장점은 매우 크다는 것을 알 수 있다.

2.2.4 파이썬을 활용한 BVAT 가치평가 적용 사례

구축된 전산화된 평가모형인 BVAT을 활용하여 수행된 1차 평가 결과를 선행연구 사례를 통하여 살펴보면 다음과 같다. 우선 경기도 광명시와 시흥시의 지구 단위 개발계획부지를 대상으로 종과 비오톱의 보전을 목적으로 비오톱 1차 평가를 수행한 김진효(2020)의 연구 결과에 의하면, 가치가 가장 높은 Ⅰ등급 비오톱 유형들로는 식생이 풍부한 자연형 하천, 식생이 풍부한 자연형 도랑 및 실개천, 습지, 소나무 중심의 침엽수림, 활엽수 혼효림, 산림과 접해 있는 소규모 수림 등등 13개인 것으로 분석되었다. 이들 유형은 이용 강도, 포장률, 희귀성, 위험성 등 대부분의 평가 지표에서 Ⅰ등급 또는 Ⅱ등급으로 높은 가치를 보이고 있는 것으로 나타났다. 특히, 부지 곳곳에서 출현하고 있는 산림과 접해 있는 소규모 수림 및 경작지 내 소규모 수림 비오톱 유형은 징검다리 녹지로서 비오톱 네트워크 조성에서 중요한 역할을 수행할 수 있을 것으로 분석되었다.

가치가 낮거나 가장 낮은 Ⅳ, Ⅴ등급으로 평가된 비오톱 유형들로는 녹지가 빈약한 현대식 주거지역, 강도 높게 이용되고 있는 경작지, 식생이 빈약한 인공형 도랑 및 실개천, 비닐하우스, 축사, 유보지 등으로 분석되었다. 이들 유형은 대부분 식생 조성 상태가 불량하거나 인간의 간섭을 심하게 받고 있었으며, 특히 축사와 강도 높게 이용되고 있는 경작지 주변으로는 완충녹지를 조성함으로써 인접한 가치 있는 산림 비오톱 유형들이 추가적으로 훼손되는 것을 완화할 필요가 있었다.

동일한 평가 방법을 활용하여 대구광역시 달성군 구지면 대구사이언스파크 예정부지를 대상지로 선정하여 가치평가를 수행한 조현주(2011)의 연구 결과를 살펴보면 다음과 같다. Ⅰ등급으로는 식생이 풍부한 자연형 하천, 습지, 침·활엽수 혼효림, 휴경지, 경작지 내 비교적 규모가 큰 포위된 수림 등등 총 19개 유형으로 분석되었다(그림 4-10). 또한 Ⅱ등급으로는 소

a. 경작지 내 습지　　b. 경작지와 인접한 마을 숲

그림 4-10 | 등급으로 평가된 비오톱 유형의 예

나무 중심의 침엽수림, 산림과 접해 있는 소규모 수림, 식생이 빈약한 인공형 하천, 활엽수 중심의 소규모 인공 조림지 등등 총 13개 유형으로 나타났다. 특히 소나무 중심의 침엽수림, 산림과 접해 있는 소규모 수림 비오톱 유형의 경우, 야생 동식물 서식공간의 의미에서는 Ⅱ등급으로 분류되었지만 특별한 구조적 특징(흉고직경 27cm 이상, 소밀도 71% 이상, 영급 50년생 이상, 다층구조 등)을 보이며, 희귀성과 위험성, 재생·복원능력의 항목에서 높게 평가되어 2차 평가에서는 가치등급이 한 단계 상향조정되었다. Ⅲ등급으로는 녹지가 풍부한 복합형 주거지역, 비경작지 테두리 띠숲 등등 총 10개 유형, Ⅳ등급으로는 묘목장, 식물원 등등 총 5개 유형, 가치가 가장 낮은 Ⅴ등급은 총 16개 유형으로 평가되었다.

3. 비오톱 2차 평가(비오톱 평가)

3.1 비오톱 2차 평가모형과 최종 가치등급 및 평가 기준

3.1.1 비오톱 2차 평가모형

앞서 언급한 바와 같이 비오톱 2차 평가는 1차 평가 결과 중간 등급 이상의 가치를 지닌 비오톱 유형들을 대상으로 특별히 가치가 높은 비오톱을 찾아내는 데 주안점을 두고 있다. 특히, 2차 평가는 산술적 합산을 통해 가치를 평가하는 1차 평가와는 달리 상세한 현장조사 결과에 기초하여 비오톱의 가치를 정성적·서술적으로 평가하여 특별히 가치가 높은 비오톱을 찾아내는 방식이다. 종과 비오톱의 보전을 목적으로 한 2차 평가에서 적용되는 평가 지표는 구조적 다양성, 주거지와의 인접성, 종 조성 형태의 완전성, 멸종 위험에 처한 종의 출현, 규모, 단절 정도, 완충 기능, 복원을 위한 잠재성, 연결성 등 총 9개로 구성된다(그림 4-11).

이들 지표 가운데 구조적 다양성, 주거지와의 인접성, 종 조성 형태의 완전성, 멸종 위기에 처한 종의 출현, 규모 등 5개는 특히 1차 평가 결과 서식공간으로서의 의미가 부분적으로 높거나 매우 높은 비오톱 유형(II 등급)들을 대상으로 종과 비오톱의 보전을 위해 특별한 의미를 가진 부지 1(1a, 1b)을 선정하는 데 주로 활용되는 평가 지표이다. 이때 종과 비오톱의 보전을 위해 특별한 의미를 가진 부지 1(1a, 1b)로 선정되기 위해서는 위의 5개 지표 모두 공통적으로 높은 가치가 있는 것으로 평가되어도 되고, 1개 지표에서만 높은 가치가 있는 것으로 평가되어도 가능하다.

그리고 연결성, 완충 기능, 복원을 위한 잠재성, 희귀성·위험성 등 4개는 특히 1차 평가 결과 서식공간으로서의 의미가 중간 정도인 비오톱 유형들을 대상으로 종과 비오톱의 보전을 위해 의미를 가진 부지 2(2a, 2b, 2c)를 선정하는 데 주로 활용되는 평가 지표이다. 이때도 역시 종과 비오톱의 보전을 위해 의미를 가진 부지 1(1a, 1b)로 선정되기 위해서는 위의 5개 지표 모두 공통적으로 높은 가치가 있는 것으로 평가되어도 되고, 1개 지표에서만 높은 가치가 있는 것으로 평가되어도 가능하다. 다만, 1차 평가 결과 서식

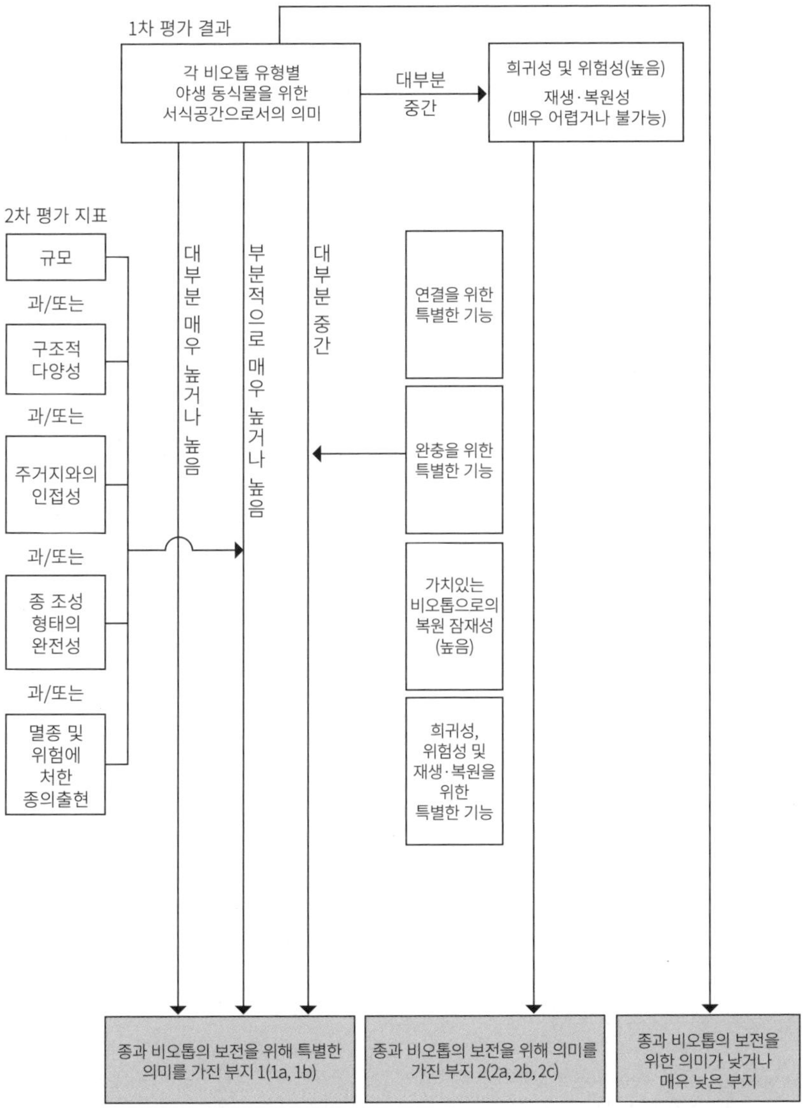

그림 4-11 비오톱 2차 가치평가를 위한 평가모형

공간으로서의 의미가 매우 높은 비오톱 유형(Ⅰ등급)은 위의 지표와 상관없이 2차 평가에서 종과 비오톱의 보전을 위해 특별한 의미를 가진 부지(1a, 1b)로 선정한다. 이와 같은 9개의 평가 지표를 활용한 비오톱 2차 평가의 최종 가치등급은 종과 비오톱의 보전을 위해 특별한 의미를 가진 부지(1a, 1b)와 종과 비오톱의 보전을 위해 의미를 가진 부지(2a, 2b, 2c)의 2개로 대별되며, 각각에 대한 구체적인 평가 기준은 아래와 같다.

3.1.2 비오톱 2차 평가의 최종 가치등급 및 평가 기준

위에서 언급한 바와 같이, 비오톱 2차 평가의 최종 가치등급은 종과 비오톱의 보전을 위해 특별한 의미를 가진 비오톱(1a, 1b), 종과 비오톱의 보전을 위해 의미를 가진 비오톱(2a, 2b, 2c)으로 각각 구분된다. 여기에서 가치등급 1과 2는 비오톱 공간이 지니는 가치등급에 차이가 있는 반면, 1a와 1b 또는 2a, 2b, 2c는 비오톱 공간의 특성에 따른 구분이므로 가치등급의 차이는 없다. 비오톱 2차 평가의 최종 가치등급별 평가 기준은 [표 4-9]와 같다.

표 4-9 비오톱 2차 평가의 가치등급 및 평가 기준

구분		가치등급 및 평가 기준
1	1a	부지 크기가 크면서 1차 평가에서 동식물을 위한 서식공간의 의미가 높거나 매우 높은 (Ⅰ, Ⅱ등급) 비오톱 유형들의 점유율이 높은 공간
	1b	부지의 크기가 비교적 크면서 1차 평가에서 동식물을 위한 서식공간의 의미가 높거나 매우 높은 비오톱 유형들의 점유율이 낮은 공간이지만 특히, 구조적 다양성이 높거나 (부지 내 활력 및 충전요소로 작용하는 소규모 잔여 경관 요소들의 공간적 이질성 또는 경계선의 다양성 정도), 위험에 처한 동식물종들이 출현하거나, 또는 종 조성 형태의 완전성 및 주거지와의 인접성 등이 양호한 경우

계속▶

구분		가치등급 및 평가 기준
2	2a	부지 크기가 작지만 1차 평가에서 동식물을 위한 서식공간의 의미가 매우 높은 비오톱 유형들의 점유율이 높은 공간
	2b	1차 평가에서 동식물을 위한 서식공간의 의미가 중간 등급 정도의 비오톱 유형으로서 특히, 주거지와 인접해 있으면서 희귀성 및 위험성이 높고 재생·복원이 곤란한 비오톱
	2c	1차 평가에서는 동식물을 위한 서식공간의 의미가 대부분 중간 등급 정도의 비오톱 유형으로서 아래와 같은 특별한 기능을 가지고 있는 비오톱 • 비오톱 네트워크 유지 및 증진을 위해 특별한 기능을 가진 비오톱 • 완충을 위해 특별한 기능을 가진 비오톱 • 재생·복원을 위한 부지의 잠재력이 높은 비오톱

1: 종과 비오톱의 보전을 위해 특별한 의미를 가진 부지
2: 종과 비오톱의 보전을 위해 의미를 가진 부지

3.2 비오톱 2차 평가 지표별 평가 방법

3.2.1 규모

일반적으로 규모가 큰 부지는 작은 부지보다 많은 생태적 장점을 가지고 있다. 이를테면 규모가 큰 부지는 내부종의 유지에 적합하고, 행동반경이 큰 동물종의 중심서식지 및 기질면을 통해 분산해 가는 종의 공급원 역할을 수행하며, 또한 작은 부지보다 일반적으로 많은 생물종 수를 가지는 장점이 있다. 이러한 사실은 종-면적곡선 이론 및 섬 생물지리 평형이론에서도 잘 입증되고 있다(Forman, 1995). 〈그림 4-12〉에서 보는 바와 같이 본토와 가깝고 섬의 크기가 큰 남색의 섬(Ⓐ)의 종 풍부도가 가장 높은 반면, 본토에서 거리가 멀고 크기가 작은 주황색의 섬(Ⓔ)들은 종 풍부도가 낮은 것을 알 수 있다. 다양한 연구 사례들을 참고해 보면, 도시공간에서는 1ha를 기준으로 부지 크기가 크면 클수록 높은 가치등급을 부여할 수 있다. 특히 1차 평가에서 야생 동식물을 위한 서식공간의 의미가 부분적으로 매우 높

거나 또는 높게 나타난 비오톱 유형들(Ⅱ등급) 가운데 부지 크기가 큰 유형들은 2차 평가에서 종과 비오톱 보전을 위해 특별한 의미가 있는 부지로 상향조정한다. 또한 1차 평가 결과 중간 또는 낮은 가치를 가지는 비오톱 유형들 가운데 규모가 큰 부지들은 2차 평가에서 가치등급을 다시 상향조정할 수 있다.

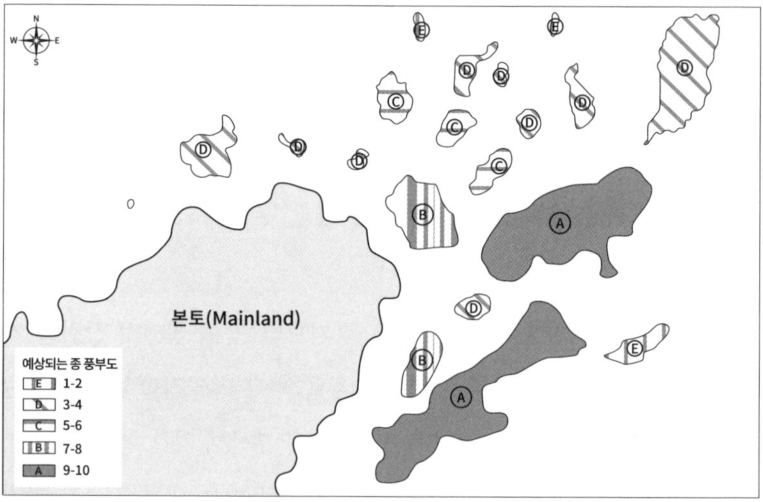

그림 4-12 섬 생물지리 평행이론 모식도

이와 같이 평가 지표 '규모'는 비오톱의 가치 평가 시 중요도가 매우 높은 지표인바 생물종의 서식을 위하여 지방 자치단체마다 일정 수준 이상의 규모가 확보되어야 한다고 제시하고 있다. 서울특별시의 경우 도시생태축 구축을 위한 생태적 공간유형 구분기준으로 거점녹지에 대한 면적기준을 제시한 바 있으며, 거점녹지로서 효용성을 가지기 위해서는 최소 면적이 10ha 이상이어야 한다고 제안하고 있다. 충청남도(2013)의 경우 산

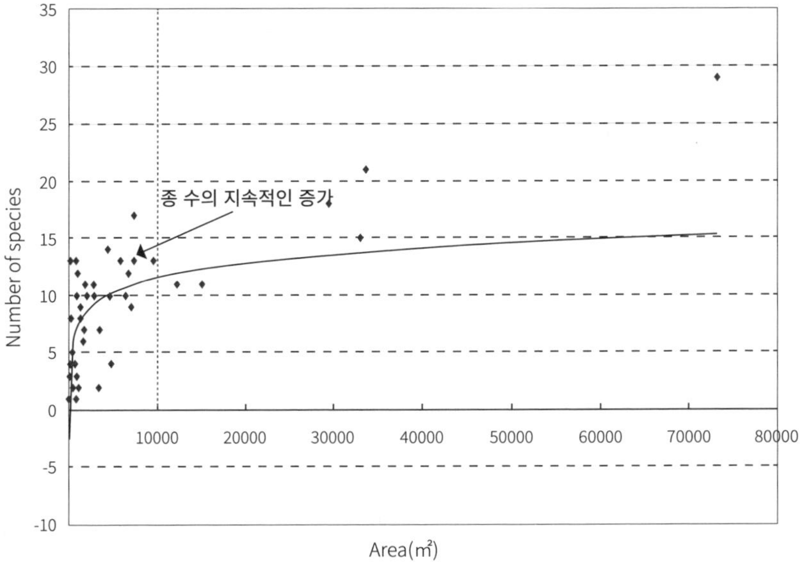

그림 4-13 산림패치 면적과 서식 종 수와의 관계도
출처: 충청남도(2013), 금산군 비오톱(생태) 지도, p. 68.

림패치를 대상으로 산림패치 면적 대비 최소면적을 도출하였으며, 특히 중요 야생 동물의 서식을 위한 최소면적은 1ha 이상, 최소면적(1ha)과 개체 수 증대의 포화점에 해당하는 면적은 50ha, 스스로 존속이 가능한 최소면적은 10ha가 필요하다는 연구 결과를 제시한 바 있다(그림 4-13).

그러나 경관생태적 측면에서 보면, 규모가 작은 부지라 할지라도 다양한 생태적 장점이 있을 수 있다(Croci et al., 2008). 교란 이후 종의 분산 및 재정착이 이루어지는 과정에서 서식지 및 징검다리 역할을 수행할 수 있으며, 특히 가장자리종의 높은 개체 수 및 밀도의 유지가 가능하다. 또한 비오톱 연계망 조성에서 보완요소로 작용하며, 특히 기질면의 불균일성을 증진시켜 유출과 침식을 감소시키고 생물종의 다양성을 높이는 데 기여한다. 따라서 경관생태적 측면에서 부지 크기와 관련하여 최적화한 비오톱 네트워크는 규모가 큰 비오톱에 작은 규모의 비오톱들이 함께 더해지면서 소규모의 징검다리 비오톱으로 서로 연결된 형태로 볼 수 있다.

3.2.2 구조적 다양성

어떤 비오톱 유형의 구조적 다양성에 대한 가치는 서로 다른 조성 형태를 가진 여러 소규모 비오톱 유형들의 공간적 조합 정도를 통해서 판단할 수 있다. 즉 어떤 비오톱 유형 내에서 활력 및 충전요소로 작용하는 소규모 잔여 경관 요소들의 공간적 이질성(또는 동질성) 정도 또는 서로 다른 토지이용 경계선의 조밀성 정도로 파악할 수 있다. 그렇다면 동일 면적에 단일 작물로 조성되어 있는 비오톱 유형들보다는 관목 덤불림, 포위된 수림, 띠형 수림, 폐경지 등과 같은 성격을 달리하는 여러 소규모 비오톱 유형들이 함께 섞여 있거나, 토지이용 형태가 소규모 공간적으로 다양하게 나타날 경우 구조적 다양성은 높게 평가할 수 있다. 또한 도심 속 폐허지의 경우에서도 나지, 1·2년생 초지, 관목 덤불림, 수림지 등과 같은 다양한 천이단계의 소규모 공간적 변화가 분명할 경우 종과 비오톱 보전을 위한 가치는 높게 평가할 수 있다(Gill et al., 2009).

특히 1차 평가에서 '야생 동식물을 위한 서식공간의 의미'가 부분적으로 높거나 매우 높은 비오톱 유형의 경우(Ⅱ등급) 2차 평가에서 구조적 다양성이 높다고 판단되면 해당 비오톱 유형은 종과 비오톱 보전을 위해 특별한 의미가 있는 부지로 선정한다. 또한 1차 평가 결과 중간 또는 낮은 가치를 보이는 비오톱 유형들 가운데 높은 구조적 다양성을 가지는 유형들은 2차 평가에서 가치등급을 다시 상향조정할 수 있다.

유사한 측면에서 Forman(1995)의 경우는 구조적 다양성을 경관 모자이크의 다양성으로 이해하고 평가하고 있다. 경관 모자이크의 구조적 다양성 정도는 야생 동물의 이동 및 종 다양성을 좌우하는 중요한 요소이다. 일반적으로 특정 경관 내 다양한 서식처가 분포하면 각각의 서식처가 요구하는 종들에 의해 종 다양성은 증가하지만, 경관 모자이크의 구조적 다양성이 너무 높아 각 서식처의 크기가 줄어들 경우에는 오히려 종 다양성이 낮아지는 결과를 가져올 수도 있다. 따라서 일반적으로 경관 내의 종 다양성은 경관 모자이크의 구조적 다양성 정도가 중간일 때 가장 높다고 할 수 있다. Forman(1995)은 일반종이 서식하는 경우에는 경관 모자이크의 수가 4~8개일 때 종 다양성에 영향을 미치며, 희귀종 또는 멸종 위기종이 서식하는 경우에는 2~4개일 때 영향을 미친다고 설명하고 있다. 따라서 경관 모자이크의 구조적 다양성은 균재도, 인접성, 수렴점을 파악하는 것이 핵심이며, 이를 고려한 경관 모자이크의 다양성 측정 공식을 아래와 같이 제안하고 있다.

• 경관 모자이크 다양성의 측정값

- 상대풍부도 $R = \frac{s}{S_{\max}} \times 100$

  s = 서식지 수, $S_{\max}$ = 서식지 형태의 최대 가능 수

- 상대균일도 $E = \frac{H2(j)}{H2(\max)} \times 100, \quad H2 = -\ln \sum_{i=1}^{s} Pk^2$

  $H2(j)$ = 경관 j에 대하여 수정된 Simpson의 우점도 지수

  $H2(\max)$ = s 서식지 형태에 대하여 가능한 $H2$의 최대값

s = 서식지 형태의 수, Pk = 서식지 k의 면적비율

- 다양성 $H = -\sum_{K=1}^{S} Pk \; \text{In} \; Pk$

s = 서식지 형태의 수, Pk = 서식지 k의 면적비율

- 우점도 $Do = \text{In} \; s + \sum_{K=1}^{S} Pk \; \text{In} \; Pk$

s = 서식지 형태의 수, Pk = 서식지 k의 면적비율

3.2.3 주거지와의 인접성

주거지와의 인접성은 어떤 비오톱 유형이 주거지로부터 얼마나 떨어져 있는지, 즉 분포 위치에 따른 거리 정도를 통해서 가치를 판단하는 지표이다. 1차 평가에서 야생 동식물을 위한 서식공간의 의미가 부분적으로 높거나 매우 높은 비오톱 유형(Ⅱ등급) 가운데 특히, 주거지역 또는 인간의 생활과 밀접하게 연계되어 있는 경우에만 현재 모습이 유지되거나 재생·복원될 수 있는 특징을 가진 비오톱 유형(예: 정원, 유기농 텃밭 및 유실수원, 폐허지 또는 방치된 부지의 다년생초지 및 관목 덤불림 등)을 중점적으로 고려하여 이들 비오톱 유형이 주거지로부터 얼마나 떨어져 있는지, 즉 분포 위치에 따른 거리 정도를 통해서 가치를 판단하는 지표이다. 따라서 1차 평가에서 야생 동식물을 위한 서식공간의 의미가 부분적으로 높거나 매우 높은 비오톱 유형(Ⅱ등급)을 대상으로 2차 평가에서 주거지와의 인접성이 양호하다고 판단되면 해당 비오톱은 종과 비오톱 보전을 위해 특별한 의미가 있는 부지로 가치등급을 상향조정하여 선정한다. 주거지역과의 인접성에 대한 거리척도는 아래와 같은 기준에 따라 구분해 볼 수 있다.

- 주거지역과의 인접성이 양호함(250m 이내)
- 주거지역과의 인접성이 보통(250~500m 이내)
- 주거지역과의 인접성이 불량함(500m 이상)

3.2.4 종 조성 형태의 완전성

종 조성 형태의 완전성은 어떤 비오톱 유형의 전체 종 조성에서 해당 비오톱 유형의 전형종으로 구성되어 있는 정도 또는 잠재자연식생의 형태로 구성되어 있는 정도를 의미한다. 즉 어떤 비오톱 유형에서 전형종 또는 잠재자연식생의 형태로 구성되어 있는 정도가 높을수록 종 조성 형태의 완전성은 높은 것으로 판단할 수 있다. 어떤 비오톱 유형의 전형종 파악은 국가 및 지역적 차원에서 작성한 각 비오톱 유형별 전형종 목록이나 잠재자연식생도를 활용하면 효과적이다. 이와 같은 자료가 없을 경우에는 잠재적 자연식생을 파악하여 종 조성 형태의 완전성을 평가할 수 있다. 어떤 비오톱 유형의 잠재적 자연식생은 다소 추상적인 개념으로 인간의 간섭이 완전히 배제된 상태에서 형성되는 자연식생을 의미한다. 이는 극상[7]의 개념이 변형·확장된 것으로 볼 수 있는데 극상은 천이의 단계[8](나지-지의류-초원-관목-양수림-혼합림-음수림)에서 음수림에 해당하는 마지막 단계이며, 종 조성 형태의 완전성은 이러한 식생 형태와 유사하거나 이에 준하는 형태로 조성되어 있는 정도로도 이해할 수 있다.

---

7 극상(極相): 천이에 의해 식물의 군집조성이 변화하다가 그 지점에서의 생태적 조건에서 장기간 안정을 지속하는 상태에 있는 군집.

8 천이 과정 중 양수림의 경우 곰솔, 해송 등의 소나무류가 대표적이며, 음수림의 경우 신갈나무, 졸참나무, 상수리나무 등과 같은 참나무과, 참나무목 자작나무과의 서어나무 등이 대표적이다.

이와 같이 1차 평가에서 야생 동식물을 위한 서식공간으로서의 의미가 부분적으로 높거나 높은 비오톱 유형들(II등급) 가운데 종 조성 형태의 완전성 정도가 높은 비오톱 유형은 2차 평가에서 가치등급을 상향조정하여 종과 비오톱 보전을 위해 특별한 의미가 있는 부지로 평가할 수 있다.

3.2.5 멸종 위험에 처한 종의 출현

위험에 처한 종이 출현하고 있는 비오톱 유형은 야장표에 의한 현장정밀조사(2차 현장조사)를 통해 파악할 수 있다. 그러나 포괄적 현황조사(1차 현장조사)에서도 실제로 희귀 동식물들의 출현 여부를 상당 부분 확인할 수 있으며, 추가적으로 전국자연환경조사 데이터, 자연보호 단체, 향토사학자 및 관련 문헌들을 통해서도 희귀 동식물의 출현 여부를 간접적으로 파악할 수 있다. 특히 야생 동식물을 위한 생활공간으로서의 의미가 부분적으로 매우 높거나 또는 높은 비오톱 유형(II등급)들 가운데 위험에 처한 종이 출현하고 있는 비오톱 유형은 2차 평가에서 가치 등급을 상향조정하여 종과 비오톱 보전을 위해 특별한 의미가 있는 부지로 선정할 수 있다.

3.2.6 연결기능

연결성은 주요 비오톱 간에 생물종의 이동, 에너지 흐름, 분포 위치, 크기, 거리 등이 원활하거나 적절한지에 대한 정도를 말한다. 연결성 분석은 경관생태적 맥락 속에서 공간구조적 측면과 기능적 측면으로 구분하여 수행하기도 한다. 공간구조적 측면은 비오톱의 분포위치, 크기, 거리 등의 파악에 주안점을 두며, 기능적 측면은 생물종의 이동 및 에너지 흐름, 연결 정도 등의 파악에 주안점을 두고 분석을 수행할 필요가 있다.

기능적 측면에서의 연결성 분석을 위해서는 도시외곽 생물종을 도시 내부로 유도하는 데 중요한 역할을 할 수 있는 선형 비오톱 및 징검다리 비오톱 등을 우선적으로 검토해 볼 필요가 있다. 일례로 건축물 밀집지역 내 폐허지, 방치된 부지, 포위된 수림지, 도심을 관통하는 선형 철로변 및 하천변 선형 수림대 등은 도시 비오톱 네트워크 조성에서 비오톱 간의 연결 기능 향상 및 도시 외곽의 다양한 생물종들을 도시 내부로 불러들이는 특별한 통로 및 징검다리 기능을 수행하는 비오톱 유형이다.

기능적 측면에서의 연결성 분석을 목적으로 GUIDOS 프로그램을 활용하여 연결성을 분석한 김진효(2020)의 연구 결과를 살펴보면 다음과 같다. 우선 연결성에 대한 가치등급은 일차적으로 비오톱 네트워크 연결선이 직접 지나거나 네트워크 구축에 긴요한 핵심 지역에 비오톱 공간이 위치해 있는 경우 가치가 높게 평가된다. 비오톱 네트워크 선이 지나지 않지만 핵심지역에 위치해 있거나 징검다리 녹지로서 중요한 역할을 수행하는 경우 역시 가치가 높게 평가될 수 있다. 분석 결과를 살펴보면, 초지 중심의 비오톱 유형의 경우 크기는 작지만, 구축된 비오톱 네트워크선상에 위치하고 있어 연결성 측면에서 특별한 기능을 가지는 바 1차 평가에서는 Ⅲ등급으로 평가되었지만 2차 평가에서 종과 비오톱의 보전을 위해 의미 있는 부지2(2c)로 가치등급이 상향조정되었다(그림 4-14). 또한 하천변 선형수림대 비오톱은 인접한 비오톱 간의 연계기능을 강화하는 데 특별한 기능을 가지고 있어 위와 동일하게 등급을 2c로 상향조정하였다.

공간구조적 측면에서의 연결성 분석을 목적으로 한 사례를 살펴보면, 권오성(2021)은 최소비용거리 분석 및 회로이론을 통해 거점지역을 추출하고 비용표면 값을 고려하여 거점지역의 최소면적을 도출하였다. 먼저 최

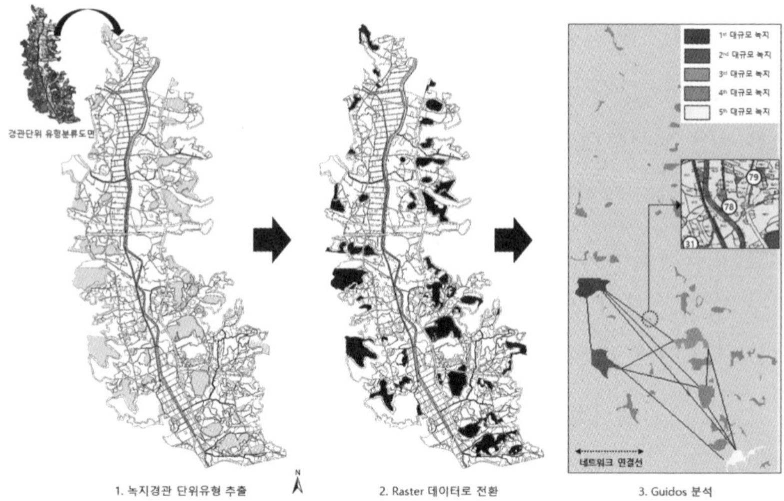

그림 4-14 GUIDOS 프로그램을 활용한 연결성 분석

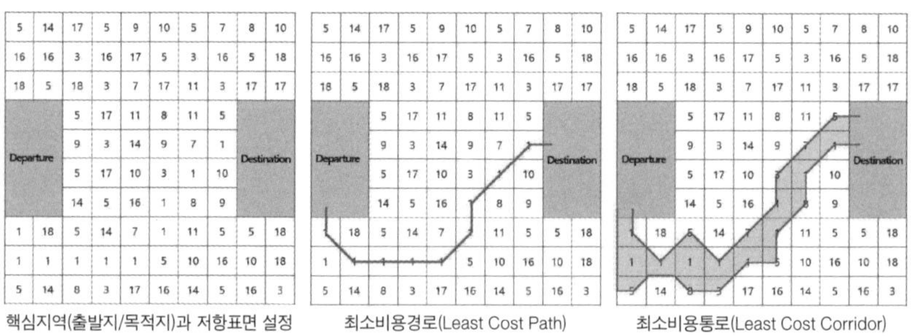

그림 4-15 최소비용거리 분석 방법
출처: Rudnick et al.(2012), 수정 후 재작성.

소비용 거리분석은 네트워크의 출발점 또는 목적지의 역할을 수행할 거점지역을 구분하는 것에서부터 출발한다(그림 4-15). 이러한 거점지역의 면적이 증가할수록 종 다양성, 종 풍부도 등은 증가하며, 이는 지속적인 생물자원의 공급을 유지시키는 데 도움이 된다. 따라서 작은 면적보다 큰 면적을 가지고 있는 비오톱을 거점지역으로 선택하는 것이 중요하며 이때 거점지역의 최소면적은 10ha로 설정할 필요가 있다.

이와 같이 1차 평가 결과 야생 동식물을 위한 서식공간으로서의 의미가 대부분 중간 정도(Ⅲ등급)로 평가되었으나, 생물종의 이동, 에너지 흐름, 분포 위치, 크기, 거리 등과 같은 측면에서 연계 기능이 다른 비오톱 유형들보다 특별히 높은 비오톱 유형은 2차 평가에서 가치등급을 상향조정하여 종과 비오톱의 보전을 위해 의미 있는 부지 2(2a, 2b, 2c)로 선정할 수 있다.

3.2.7 완충 기능

완충 기능은 생태적으로 가치가 높은 어떤 비오톱을 외부환경으로부터 야기되는 부정적인 영향을 가장자리 부분의 여과 혹은 장벽 기능을 통해 완화시켜 주는 기능을 말한다. 생태적으로 가치가 높은 어떤 비오톱을 효과적으로 보전하기 위해서 핵심지역, 내부지역, 완충지역, 전이지역으로 구분하여 관리하는 것도 바로 이런 이유 때문이다. 어떤 비오톱의 완충 기능 정도를 파악하기 위해서는 무엇보다 생태적으로 가치가 높은 어떤 비오톱의 가장자리 부분과 보전적 가치가 높은 비오톱과 기질면의 특성이 전혀 이질적인 비오톱이 접해 있는 지역을 중심으로 여과 및 완충 기능을 검토해 볼 필요가 있다. 일례로 생태적으로 가치가 높은 도심습지의 가장자리 부분이 다수확 목적으로 강도 높게 이용되고 있는 농경지와 접해 있으면서 양호한 여과 및 완충 기능을 수행하고 있다면, 또는 산림과 같은 보전적 가치가 높은 비오톱의 가장자리 부분이 공업지역과 같은 전혀 이질적인 비오톱과 접해 있으면서 양호한 여과 및 완충 기능을 수행하고 있다면, 이런 비오톱은 특별한 완충 기능을 가지고 있는 것으로 평가할 수 있다.

한편 완충 비오톱을 추가로 조성할 경우, 도시 내 일반적인 지역에서는 완충 비오톱의 최소 폭을 10~30m 정도, 오염시설 등이 주변에 위치해 있는 지역에서는 최소 폭을 150~200m로 할 것을 제안한 바 있다(나정화, 2021). Heydemann(1983)은 어떤 비오톱 유형이 완충을 위한 특별한 기능을 수행하기 위해서는 개천, 도랑, 중소 하천, 띠형 수림 등과 같은 소규모 비오톱의 경우에는 최소 폭을 10~30m, 숲 및 산림지와 같은 규모가 큰 비오톱에서는 최소폭을 50~200m로 할 것을 제안하고 있다.

이와 같이 1차 평가 결과 야생 동식물을 위한 서식공간으로서의 의미가 대부분 중간 정도(Ⅲ등급)로 평가되었으나, 가장자리 부분의 여과 및 완충 기능이 양호한 비오톱 유형은 2차 평가에서 가치등급을 상향조정하여 종과 비오톱 보전을 위해 의미 있는 부지 2(2a, 2b, 2c)로 선정할 수 있다.

3.2.8 가치 있는 비오톱으로의 복원 잠재성

가치 있는 비오톱으로의 복원 잠재성은 1차 평가 결과 야생 동식물을 위한 서식공간으로서의 의미가 중간 정도(Ⅲ등급)로 평가되었으나 향후 토지이용 형태의 전환 등과 같은 적절한 개선 조치를 수행할 경우 비교적 단시간 내에 가치가 있는 비오톱으로 다시 복원될 수 있는 잠재력 또는 가능성의 정도를 의미한다. 일례로 강이나 하천변에 위치해 있는 경작지는 1차 평가 결과 현재로서는 야생 동식물을 위한 서식공간의 의미가 중간 정도로 평가되었지만 향후 잔여 경관 요소들을 포함한 초원지 또는 근자연형 수변 수림대로 토지이용을 전환한다면 가치 있는 비오톱으로 다시 복원될 가능성이 높은 특별한 기능을 가지고 있는 공간이다.

이와 같이 1차 평가 결과 야생 동식물을 위한 서식공간으로서의 의미가 대부분 중간 정도(Ⅲ등급)로 평가되었으나 향후 토지이용 형태의 전환 등과 같은 적절한 개선 조치를 수행할 경우 비교적 단시간 내에 가치가 있는 비오톱으로 다시 복원될 잠재력 또는 가능성이 높은 비오톱 유형은 2차 평가에서 가치등급을 상향조정하여 종과 비오톱 보전을 위해 의미 있는 부지 2(2a, 2b, 2c)로 선정할 수 있다.

3.2.9 희귀성, 위험성 및 재생·복원성을 위한 특별한 기능

희귀성, 위험성 및 재생·복원성을 위한 특별한 기능의 의미는 1차 평가 결과 야생 동식물을 위한 서식공간으로서의 의미가 중간 정도(Ⅲ등급)로 평가되었으나 현재는 사라졌거나 거의 사용하지 않는 오래된 인간의 이용 방식 및 건축 양식 또는 인간의 주거 활동과 밀접하게 연계되어 있으면서 희귀성 및 위험성이 높고, 재생·복원이 어려운 비오톱 유형들이 출현하는 경우를 말한다. 또한 희귀성 및 위험성이 높고, 재생·복원이 어려운 비오톱 유형들이 개발 사업으로 소멸 또는 훼손되었을 경우 대체 비오톱으로서의 높은 잠재성 또는 특별한 기능을 가지고 있는 비오톱 유형도 희귀성, 위험성 및 재생·복원성을 위한 특별한 기능의 범주 속에 포함된다.

여기서 오래된 인간의 이용 방식과 결부되어 있는 비오톱 유형들로는 전형적인 옛날 농촌마을, 예전의 방식대로 경작하는 농경지, 방목용 초원지, 유기농 텃밭 및 유실수원 등이 해당하며, 이 중 특히 노거수목, 유실수, 향토 자생 초본식생 군락지, 오래된 정원, 축사, 돌담, 우물, 방목지, 방치된 농가 등으로 구성되어 있는 전형적인 옛날 농촌마을은 오래된 인간의 이용 방식과 결부되어 있는 전형적·대표적인 비오톱 유형이다. 오래된 인간의 건축 양식과 연계되어 있는 비오톱 유형들로는 고건축물, 성곽 및 돌담 주변의 (다년생) 야생초지 또는 관목덤불림 등을 들 수 있다. 또한 인간의 주거 활동과 밀접하게 연계되어 있는 비오톱 유형들로는 도심 속 폐허지 및 방치된 공터의 건조지, 야생초지 및 관목덤불림, 도심습지, 방목용 건초지 등이 해당되며, 특히 이러한 비오톱 유형은 인간의 주거 활동과 밀접하게 연계되어 있을 때만 현재 모습이 유지되거나 재생·복원될 수 있다는 특징을 가지고 있다.

이상과 같이 1차 평가 결과 야생 동식물을 위한 서식공간으로서의 의미가 대부분 중간 정도(Ⅲ등급)로 평가되었으나 현재는 사라졌거나 거의 사용하지 않는 오래된 인간의 이용 방식 및 건축 양식 또는 인간의 주거 활동과 밀접하게 연계되어 있으면서 희귀성 및 위험성이 높고, 재생·복원이 어려운 비오톱 유형들이 출현할 경우, 이와 같은 비오톱 유형들은 2차 평가에서 가치등급을 상향조정하여 종과 비오톱 보전을 위해 의미있는 부지 2(2a, 2b, 2c)로 선정할 수 있다.

3.3 2차 가치 평가모형을 활용한 적용 사례

이와 같은 2차 가치 평가 지표 및 평가모형을 활용하여 수행된 선행연구를 살펴보면, 김진효(2020)는 대전광역시 신동지구를 대상으로 보전 가치가 높은 비오톱 유형을 도출한 바 있다. 우선 종과 비오톱 보전을 위해 특별한 의미를 가지는 비오톱(1a, 1b)은 자연산림지, 자연형의 유수지, 포위된 수림지 등 비교적 규모가 크고 구조적 다양성이 높은 비오톱 유형인 것으로 나타났다. 일례로 상수리나무, 굴참나무, 소나무 등이 우점하고 있는 침·활엽수 혼효림 중심의 비오톱은 특히 부지가 크면서 동시에 야생 동식물을 위한 서식공간으로서의 의미가 매우 높은 것으로 나타나 최종 가치등급은 1b로 평가되었다.

산림과 인접해 있는 조림지 비오톱의 경우 1차 평가에서는 중간 등급인 Ⅲ등급으로 평가되었다. 하지만 본 비오톱의 경우 조림지이지만 자연림과 비교하면 식생 조성 상태가 양호하며 동시에 부지 전체의 비오톱 네트워크 측면에서 징검다리 녹지로서 중요한 기능을 수행하고 있어 특히 연결을 위한 특별한 기능을 가지는 것으로 분석되었다. 따라서 정성평가인 2차 평가 결과 평가등급을 한 단계 상향조정하였으며 최종 가치등급은 2c로 평가되었다.

이와 유사한 맥락에서 대구광역시 달성군 구지면 대구사이언스파크 예정부지를 대상지로 2차 가치 평가를 수행한 조현주(2011)의 연구를 살펴보면 다음과 같다. 예를 들어 경지 정리된 경작지 내 휴경지 중심의 비오톱의 경우 갈대, 물억새, 버드나무, 부들 등이 우점하고 있으며 야생 동식물을 위한 서식공간의 의미가 매우 높은 것으로 평가되었다. 뿐만 아니라 본 비오톱의 경우 산림과 인접한 위치적 특징을 보이고 있는바 향후 자연적인 발전을 통한 복원 잠재성이 높은 것으로 평가되었다. 그 결과 해당 비오톱은 1차 평가에서는 Ⅲ등급으로 평가되었지만 정성적 평가인 2차 평가 결과 평가등급이 한 단계 상향조정된 2b로 평가되었다.

4. 비오톱 가치평가도 작성

비오톱 가치평가도는 유형 분류도와는 달리 평가등급을 기준으로 작성이 되는 도면이다. 즉, 평가등급에 따라 서로 다른 색상을 지정하여 기호를 식별하기 어렵거나 또는 기호가 없이도 비오톱 유형별 등급을 한눈에 알아볼 수 있도록 작성되어야 한다. 이러한 비오톱 가치평가도는 비오톱 1차 평가(비오톱 유형 평가) 도면과 비오톱 2차 평가(비오톱 평가) 도면으로 각각 제시되어야 한다. 작성 절차는 두 도면 모두 구축된 공간정보 shp 파일 불러오기, 가치등급별 색상 입력, 기타 작업(등급별 테두리의 굵기 설정, 라벨 표기 등)의 단계로 이루어진다.

4.1 공통사항

비오톱 1차, 2차 평가 도면 모두 '구축된 공간정보 shp 파일 불러오기' 작업은 비오톱 유형 분류도면 작성 시 활용한 공간정보 shp 파일과 동일한 파일 및 방법을 사용하게 된다. 그 이유는 유형화 작업 이후 속성테이블 내에는 이미 대분류, 중분류, 소분류 유형명 및 유형코드, 경사, 고도, 향, 수목 정보, 가치등급(1차, 2차)의 내용이 모두 포함되어 있기 때문이다. 구축된 공간정보 shp 파일(비오톱 가치평가)은 QGIS 메뉴바의 '레이어' - '레이어 추가' - '벡터 레이어 추가'를 클릭하여 가져오거나 또는 윈도우 탐색기를 활용하여 저장된 폴더에 있는 비오톱 가치평가 결과 파일을 직접 드래그 앤 드롭하여 가져올 수도 있다.

4.2 비오톱 1차 가치평가도 작성

위의 공통사항(구축된 공간정보 shp 파일 불러오기) 내용을 토대로 다음 단계인 '가치등급별 색상 입력 절차'를 살펴보면 다음과 같다. 메뉴바의 '보기' - '패널' - '레이어 스타일 작업'을 선택하게 되면 '레이어 스타일 작업' 패널이 나타나게 된다. 이후 '단일심볼'이 아닌 '분류값 사용', '1차 평가 결과'를 클릭한 이후 아래의 '분류'를 누르게 되면 1차 평가 결과에 해당하는 등급들이 나열되는 것을 확인할 수 있다. 마지막으로 아래의 '확인' 버튼을 누르게 되면 Ⅰ등급에서 Ⅴ등급이 서로 다른 색상이 입력된 상태로 출력되는 것을 확인할 수 있다.

단 앞서 비오톱 유형 분류도면 작성에서 살펴본 바와 같이 표기된 화면은 색상이 임의로 지정된 것이어서 연구자가 원하는 비오톱 등급별 적합한 색상을 입력해 줄 필요가 있다. 색상을 변경하려면 먼저 해당하는 비오톱 가치등급을 더블 클릭하면 되는데, 이때 '레이어 스타일 작업' 창이 나타나게 된다. 이후 '단순 채우기'를 클릭하면 연구자가 원하는 색상으로 직접 비오톱 등급별 색상을 변경할 수 있다. 등급별 색상은 연구자별로 다르게 부여할 수 있지만 일례로, 초록색을 기준으로 가치등급을 구분할 경우 가치가 가장 높은 Ⅰ등급은 진녹색(RGB 값 - R: 32, G: 94, B: 75)을, 가치가 가장 낮은 Ⅴ등급의 경우 연두색(RGB 값 - R: 214, G: 251, B: 147)을 부여하여 등급을 구분할 수 있다.

이후 '기타 작업' 단계에서는 강조되어야 하는 비오톱 공간에 대한 테두리의 굵기 조정, 라벨 표기 등의 작업을 수행할 수 있지만 테두리가 지나치게 굵게 지정될 경우, 특히 크기가 작은 비오톱 유형들은 지정된 등급 색상을 육안으로 확인하기 어려운 문제가 발생하므로 가능하면 테두리의 굵기는 얇게 지정하도록 한다. 이상과 같은 단계를 통해 작성된 비오톱 1차 평가도면의 예시를 살펴보면 〈그림 4-16〉과 같다.

4.3 비오톱 2차 가치평가도 작성

비오톱 2차 가치평가도 작성을 위한 '가치등급별 색상 입력 절차'를 살펴보면 다음과 같다. 앞서 살펴본 바와 같이 메뉴바에서 '보기' - '패널' - '레이어 스타일 작업'을 선택하게 되면 '레이어 스타일 작업' 패널이 나타

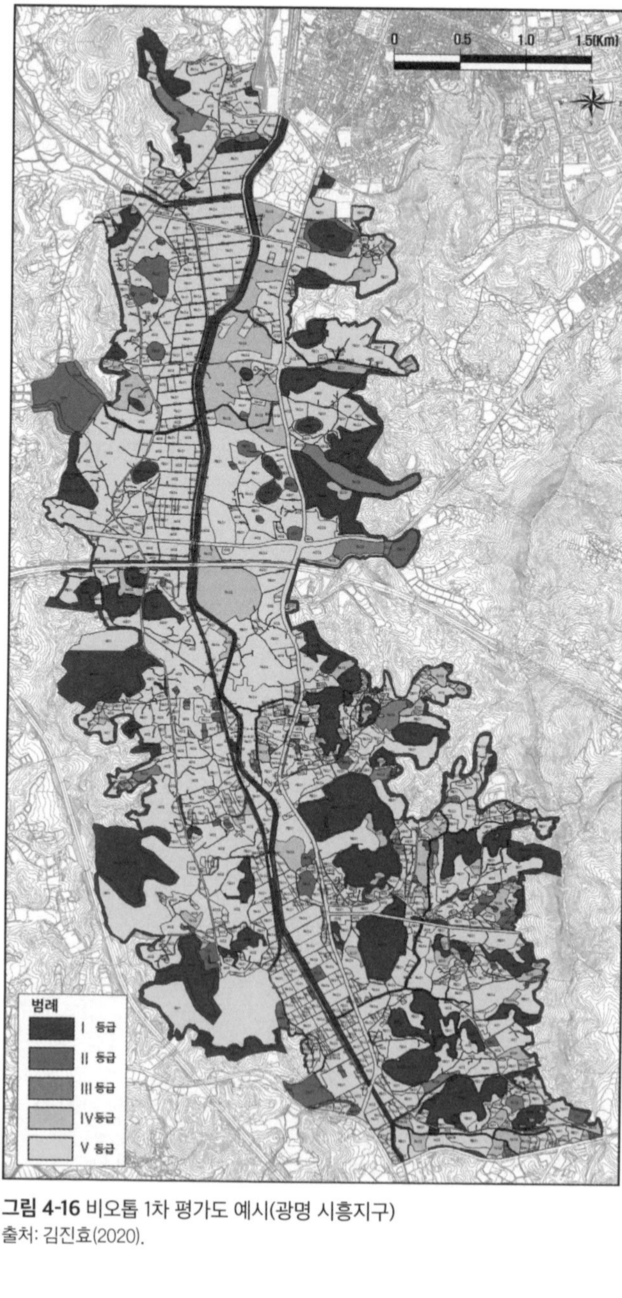

그림 4-16 비오톱 1차 평가도 예시(광명 시흥지구)
출처: 김진효(2020).

나게 된다. 이후 '단일심볼'이 아닌 '분류값 사용'을 선택한 후 본 2차 가치평가도를 작성할 때에는 분류값 '2차 평가 결과'를 선택하여야 한다. 이후 아래의 '분류' 버튼을 클릭하면 Ⅰ등급과 Ⅱ등급이 나열되며 아래의 '확인' 버튼을 클릭할 경우 서로 다른 색상으로 구분된 2차 가치평가도면을 확인할 수 있다.

하지만 앞서 살펴본 비오톱 유형 분류 도면 및 비오톱 1차 가치평가도 작성과 동일하게 초기에는 색상이 임의로 지정되므로 작성자 또는 기관에 따라 지정하고 있는 2차 비오톱 등급별 색상으로 변경을 해 주어야 한다. 색상 변경 방법은 위와 동일하다.

비오톱 2차 가치평가도 작성의 '기타 작업' 단계에서 특히 중요한 부분은 2차 평가 결과 도출된 비오톱에 대한 도면 번호가 함께 표기되어야 한다는 점이다. 따라서 라벨 표기 작업이 반드시 수행되어야 하며 라벨 표기 방법은 다음과 같다. 우선 '속성'에서 '라벨', '단일라벨'을 선택한 후 테이블 내에서 2차 평가 결과 도면 번호에 해당하는 값을 선택하여야 한다. 세부사항으로는 도형의 형태는 '원'을 선택하여야 하며, 이후 확인 버튼을 누르면 서로 다른 색상 및 도면 번호가 함께 표기된 비오톱 2차 평가도면이 화면에 출력되는 것을 확인할 수 있다. 이상과 같은 단계를 통해 작성된 비오톱 2차 평가도면의 예시를 살펴보면 〈그림 4-17〉과 같다.

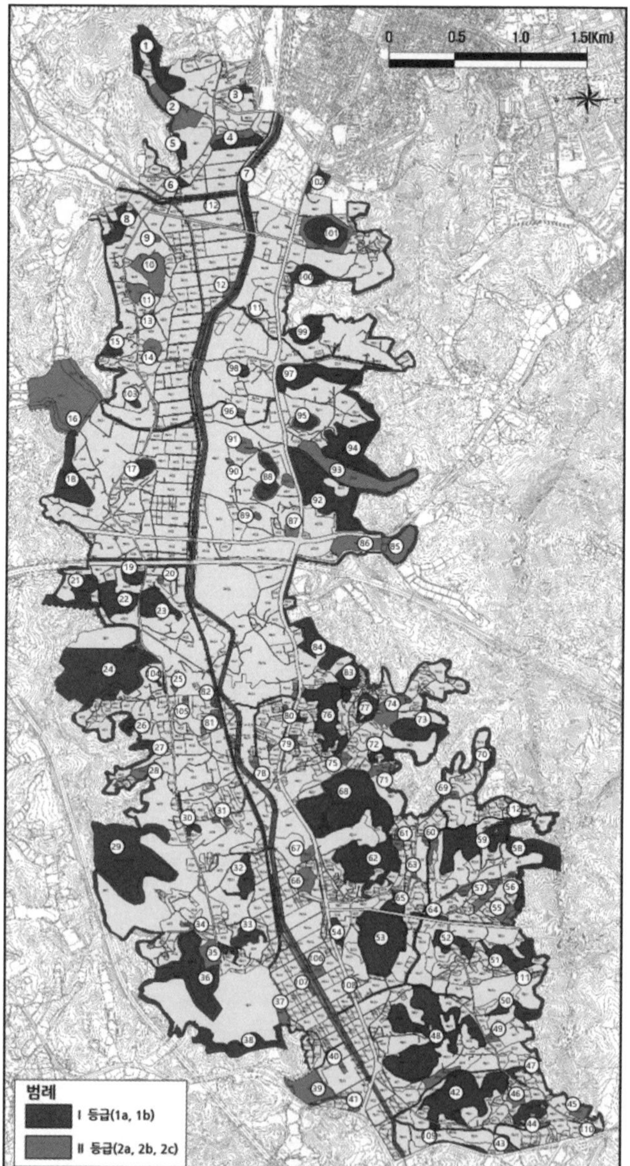

그림 4-17 비오톱 2차 평가도 예시(광명 시흥지구)
출처: 김진효(2020).

◦ 제5장 ◦

국내외 사례

앞서 살펴본 바와 같이 2024년 기준으로, 약 90곳의 지방자치단체에 도시 비오톱 지도가 구축되어 있는 상태이다. 도시 비오톱 지도 작성 방법을 보다 더 폭넓게 이해하기 위해 이들 도시 중 몇 군데의 예를 살펴보자. 최근에 도시생태현황지도가 작성된 대구광역시, 국내에서 가장 먼저 도시생태현황지도가 작성된 서울특별시, 국외의 대표적인 도시인 베를린시를 대상으로 특히, 비오톱 지도의 작성 목적, 비오톱 유형 분류 방법, 비오톱 가치평가 방법, 활용 방안 등에 주안점을 두어 기술한다.

1. 대구광역시 비오톱 지도

1.1 작성 목적

대구광역시는 자연환경보전법 제34조의2(도시생태현황지도의 작성 및 활용)에 의거해서 2019년에 도시생태현황지도 작성을 완료하였다. 대구광역시의 도시생태현황지도 작성 목적은 지역 내 생태환경 정보를 공유하여 보전 가치가 높은 생물서식처를 관리하고, 또한 각종 도시개발사업에서 생태 정보를 정확하게 전달해 줌으로써 개발로 인한 자연환경 및 경관의 훼손을 최소화하는 데 가장 큰 의의를 두고 있다. 뿐만 아니라 환경친화적인 도시·군 계획(토지이용 계획, 지구단위 계획 등)을 유도함은 물론 토지의 생태적인 관리·보전을 위한 기초자료로써 도시 비오톱 지도를 활용하고자 하였다. 특히 대구광역시 비오톱 지도에는 비오톱 유형 분류도, 가치평가도, 활용 방안 이외에도 토지이용 현황, 토지피복 현황, 동식물 주제도, 항공정사영상 등 다양한 기초 도면을 제공하고 있다. 다만 2023년 7월 1일부로 군위군이 대구광역시로 편입되었지만 대구광역시의 도시생태현황지도는

2019년도에 작성되었으므로 군위군에 대한 도시생태현황지도는 아직 구축되어 있지 않은 상태이다.

1.2 비오톱 유형 분류

우선 대구광역시의 비오톱 유형 분류체계는 대분류-중분류-소분류로 구성되어 있다. 대분류와 중분류는 환경부에서 제시한 비오톱 유형 표준안을 기본으로 하고 있으며, 소분류는 대구광역시의 경관생태적 특성을 고려하여 융통성 있게 세부적인 유형화 작업을 수행하였다. 주요 유형 분류 기준으로는 토지이용 형태, 녹지율, 불투수 포장률, 자연성 정도 등을 고려하였다. 대분류는 주거지를 포함하여 총 14개, 중분류는 도시형 단독주택지를 포함하여 총 44개, 소분류는 녹지율이 높은 도시단독주택지를 포함하여 총 115개로 분류되었다.

특히, 분류된 각 비오톱 유형별 분류지표 및 세분화 정도를 살펴보면, 우선 대분류 유형 주거지의 경우 중분류로 구분할 때 녹지율 및 주거유형을 분류지표로 적용하여 도시형 단독주택지, 농촌형 단독주택지, 공동주택지, 단독주택지로 세분화 하였다. 대분류 상업업무지의 경우 중분류에서 중심상업 업무지역과 일반상업 업무지역으로 구분하고 있으며, 규모와 기능에 따라 총 4개의 소분류 유형으로 세분화하였다. 대분류 공공용도지의 경우 교육기관, 행정 및 공공기관 등 5개의 중분류로 구분하였으며, 이는 다시 녹지율과 기능성에 따라 총 15개의 소분류 유형으로 세분화하였다.

또한 하천의 경우 대분류와 중분류는 동일하며, 소분류는 하천의 규모 및 정비 유형을 분류지표로 적용하여 자연하천, 자연형 하천, 인공형 하천, 소하천, 농수로 등 총 5개의 유형으로 세분화하였다. 대분류 호소 및 습지는 중분류에서 자연습지와 인공습지로 구분되며, 소분류는 조성 및 이용 유형을 고려하여 하도습지, 배후습지, 저수지, 인공연못, 낚시터 등 총 5개의 유형으로 세분화하였다. 가장 넓은 면적을 차지하고 있는 대분류 산림의 경우 자연림, 인공림, 혼효림, 관목림 및 교란지, 기타 산림의 중분류로 구분하였으며, 소분류는 수종, 자연림, 인공림, 훼손 정도에 따라 침엽수림, 인공혼효림, 자연·인공혼효림을 포함하여 총 18개로 세분화하고 있다. 대구광역시 비오톱 유형 분류도는 〈그림 5-1〉과 같다.

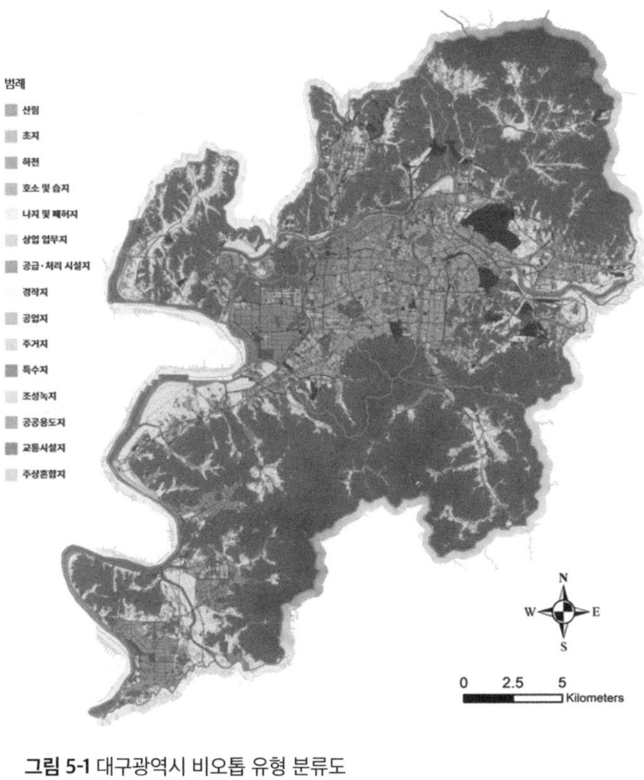

그림 5-1 대구광역시 비오톱 유형 분류도
출처: 대구시 도시생태현황지도(http://gis.go.kr/bc).

1.3 비오톱 가치평가

비오톱의 가치평가는 크게 비오톱 유형 평가와 우수 비오톱[9] 평가로 구분하여 수행되었다. 비오톱 유형 평가에서는 서식지 기능, 지형특성, 비오톱 유형 면적, 비오톱 유형 희귀도를 평가 기준으로 활용하였으며 합산 매트릭스 방법을 적용하여 등급을 산정하였다. 최종 가치등급은 Ⅰ~Ⅴ등급으로 구분하였으며, 각 등급별 의미를 살펴보면 다음과 같다.

- Ⅰ등급
  - 인간의 간섭이 없거나 장기간 안정된 성숙한 식생 비오톱
  - 자연성이 높아 절대적인 보존이 필요한 비오톱
- Ⅱ등급
  - 인간의 간섭이 다소 있어 훼손에 대한 중간 정도의 예민성이 있는 비오톱
  - 일정 수준 자연성이 있어 복원 후 생태적 가치 향상의 잠재성이 있는 비오톱
- Ⅲ등급
  - 인간의 간섭이 높고 훼손에 대한 예민성이 낮으며 자연성이 낮아 중장기적인 관점에서 재생이 필요한 비오톱
- Ⅳ등급
  - 인간의 간섭이 매우 높은 비오톱으로 재생 가능성이 낮은 비오톱
- Ⅴ등급
  - 자연에 의한 재생 가능성이 없는 비오톱

9 우수 비오톱이란 도시생태현황지도 평가를 통해 우수 등급으로 평가된 유형 중에서 희소성, 생물다양성 등 생태적 가치가 특히 우수한 비오톱을 말하며, 비오톱 유형 평가 결과 Ⅰ등급 유형을 대상으로 선정한다.

평가 결과, 우선 보전 가치가 매우 높은 Ⅰ등급은 전체 면적의 22.3%를 차지하는 것으로 나타났으며, 대부분 자연하천, 소하천, 하도습지, 침엽수림, 활엽수림 등과 같이 자연성이 높은 비오톱 유형들이었다. Ⅱ등급은 전체 면적의 23.7%를 차지하는 것으로 나타났으며, 여기에는 저수지, 자연·인공혼효림, 묵논 등과 같은 비오톱 유형들이 해당하는 것으로 나타났다. Ⅲ등급은 22.8%, 가치가 낮은 Ⅳ등급 및 Ⅴ등급은 대부분 축사, 야적장, 시설재배지 등과 같은 집약적인 토지이용을 보이는 비오톱 유형들로서 전체 면적 대비 약 17.8%를 점유하는 것으로 분석되었다. 특히 상대적으로 보전 가치가 높은 Ⅰ~Ⅲ등급에 해당하는 비오톱 유형은 전체 면적 대비 약 70% 정도를 차지하였다(표 5-1). 평가 결과를 도면화한 대구광역시 비오톱 가치평가도를 살펴보면 〈그림 5-2〉와 같다.

표 5-1 대구광역시 비오톱 유형 평가 결과

등급	면적(m^2)	비율(%)
Ⅰ등급	196,818,105.3	22.3
Ⅱ등급	208,540,679.2	23.7
Ⅲ등급	201,100,554.3	22.8
Ⅳ등급	29,359,615.0	3.3
Ⅴ등급	149,153,047.3	16.9
평가 제외	95,866,980.1	10.9
합계	880,838,981.2	100.0

한편, 우수 비오톱 평가에서는 보존대상 경관 1등급 지역, 법종 보호종의 출현 여부, 특이식물의 서식 여부, 우수 산림 분포지역 등을 주요 선정 기준으로 고려하였다. 평가 결과, 대구광역시의 우수 비오톱은 총 31개 지역이 선정되었으며, 이들 지역 대부분은 야생 생물 보호구역, 산림유전자

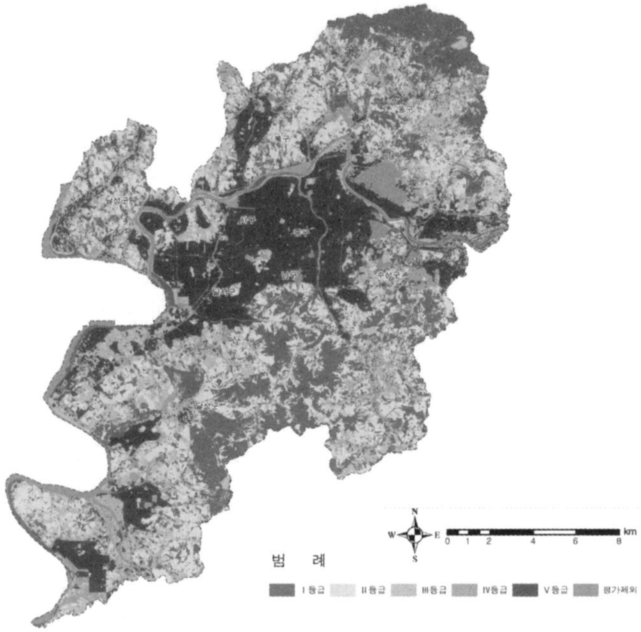

그림 5-2 대구광역시 비오톱 가치평가도
출처: 대구시 도시생태현황지도(http://gis.go.kr/bc).

원 보호림, 식물 군락지, 습지지역, 주요 동물 서식지, 보호 식물 서식지로 분류되었다. 구별 분포 현황을 살펴보면, 동구의 경우 안심습지, 금강습지, 가남지 등등 총 8개소, 남구는 가침박달 분포지 1개소, 수성구는 망월지, 백로 서식지, 팔현습지 등등 총 6개소, 달성군은 산림유전자원 보호림, 용흥지 남생이 서식지 등등 총 12개소가 선정되었다.

일례로 달성습지의 경우, 황로, 왜가리 등 다양한 철새의 서식지임은 물론 환경부 2급 보호 동물인 맹꽁이의 최대 서식지로 확인되었다. 뿐만 아니라 법정 보호종인 수달과 삵의 서식지로 확인되었으며, 또한 달뿌리풀,

갈대, 물억새, 버드나무 등과 같은 정수식물과 하반 식물이 잘 발달되어 식생 조성 형태는 매우 양호하였다. 이와 같이 달성습지는 보존 가치가 높은 내륙습지로서 국제자연보호연맹에 등록되어 있을 뿐만 아니라, 2007년부터는 습지 보호지역 및 야생 동식물 보호구역으로 지정되어 관리되고 있다(그림 5-3).

a. 달성습지 b. 안심습지

그림 5-3 대구광역시 우수 비오톱 사례
출처: 대구시 도시생태현황지도(http://gis.go.kr/bc), 수정 후 재작성.

1.4 비오톱 지도의 활용

대구광역시의 비오톱 지도는 특히, 도시계획, 환경생태, 공원녹지 및 시민들을 위한 도시 비오톱 정보 제공 등과 같은 다양한 분야에서 그 활용 방안을 제시하고 있으며, 주요 내용을 살펴보면 아래와 같다.

1.4.1 도시계획 분야

도시계획 분야에서는 우선 도시기본계획의 각 부문별 계획 및 토지이용계획의 입지 배분 및 도시 공간 구조를 생태적으로 지속 가능하게 유도해 나가기 위해서 도시 비오톱 지도의 활용을 제안하고 있다. 또한 도시관리계획에서는 비오톱 가치등급을 고려한 용도 지역·지구 지정 및 시가화 예정 용지의 지정 필요성을 언급하고 있으며, 특히 지구 단위 계획에서는 개발 계획 초기 단계에서부터 비오톱 가치등급의 검토를 통해 개발 가능 적지를 판단하고, 환경친화적인 토지이용계획을 수립할 것을 제시하고 있다.

1.4.2 환경생태 분야

환경생태 분야에서는 비오톱 평가 및 우수 비오톱 조사 결과를 바탕으로 한 법정 보호지역의 지정 및 관리를 위한 기초자료로, 또한 대표 비오톱 및 우수 비오톱 선정, 야생 동물 주제도를 바탕으로 한 생물상 목록 도출, 생물 다양성 및 자연생태계의 평가를 위한 기초자료로 활용할 것을 제안하고 있다. 이에 기초하여 실제로 대구광역시에서 제시하고 있는 자연생태계 보전 전략 강화 측면에서의 비오톱 지도의 활용 방안을 살펴보면, 크게 생태적 가치 유지 및 향상, 주요 야생 동물 서식지 보존, 우수 비오톱 지정 지역 관리 등으로 구분하고 있다. 생태적 가치 유지 및 향상 지역은 보존 관리와 가치 향상 관리로, 서식지 보존은 겨울 철새 서식지, 야생 조류 서식지, 양서류 산란지 보존, 보호종 집단출현지로, 우수 비오톱 지정 지역 관리는 우수 비오톱과 잠재 우수 비오톱으로 세분하고 있다.

생태적 가치 유지 및 향상을 위해서는 주요 산림 및 하천지역 등을 중심으로 한 비오톱 가치평가 결과 I 등급 지역과 103개소의 보호수 생육지 등에 대하여 생태적 관리를 통한 가치등급의 유지 및 지속적인 관리의 필요성을 제시하고 있다. 주요 야생 동물 서식지 보존에서는 우선 흑두루미류 등 겨울철새의 월동지인 낙동강 연안 및 달성습지의 보전, 맹꽁이 등 양서류 산란지인 대명유수지의 관리 및 유지, 야생 조류의 다양한 서식 기반 확보를 위한 개발제한구역 내 산림, 경작지, 하천, 안심습지 등에 대한 관리의 필요성을 언급하고 있다.

우수 비오톱 관리에서는 비오톱 유형화 및 평가를 통해 안심습지, 달성습지 등을 포함한 총 31개소의 생태경관보전지역 지정 가능 지역을 도출하여 모니터링을 통한 관리 계획 수립과 생태 교육 기반 마련의 필요성을 언급하고 있으며, 잠재 우수 비오톱은 외부로부터의 간섭을 배제시켜 생태적 기능을 향상시켜 나갈 필요가 있음을 제안하고 있다.

1.4.3 공원녹지 분야

공원녹지 분야에서는 비오톱 유형별 공원녹지 개선, 도시 녹화 우선 조성 대상지 선정, 공원녹지 네트워크 계획 등에 도시생태현황지도를 실질적인 기초자료로 활용할 것을 제안하고 있다. 이를 토대로 실제 「2020년 대구광역시 공원녹지 기본계획」(2011)에서는 비오톱 지도를 활용한 비오톱 유형별 공원녹지의 목표 및 계획 방향, 도시생태 네트워크 조성 등에 대한 내용이 기술하고 있다.

일례로 녹지 비오톱 유형에서의 공원녹지 개선 목표는 경관 및 미관 관리, 휴양 및 레크리에이션 장소 제공, 불투수성 포장면적 최소화로 설정하고 있으며, 이를 위한 세부 계획방향으로는 도시지역의 종 다양성 증진과 자연학습장 제공, 산림지의 보전 및 자생종 위주의 식생 구조 개선, 다양한 유형의 생물서식기반 조성, 주변 식생을 고려한 다양한 층위의 식물군락 조성 등을 제시하고 있다. 수공간 비오톱 유형에서의 공원녹지 개선 목표는 선형 비오톱 공간 복원, 비점오염원에 의한 오염 최소화 등을 설정하고 있으며, 이를 위한 세부 계획방향으로는 도심 내 선형 비오톱으로 상징적인 녹지축 조성, 이미 복개된 하천(대구천, 범어천, 달서천)의 복원을 통한 도심 내 수공간 및 생물서식공간 확보, 자연형 하천 정비 생물서식공간 및 완충 수림대 조성 등을 언급하고 있다.

대구광역시 도시 생태 네트워크는 광역 생태 네트워크와 지역 생태 네트워크로 구분하여 제시하고 있다. 광역 생태 네트워크 계획은 팔공산에서 비슬산으로 이어지는 팔공정맥 마루금 중심으로 황학지맥, 유봉지맥, 청룡지맥, 비슬지맥을 연결하는 생태축과 금호강, 안심습지, 달성습지, 낙동강을 연결하는 하천 생태축을 구축할 것을 제시하고 있다. 지역 생태 네트워크는 우선 산림을 중심으로 한 팔공산-환성산-병풍산-상원산-삼성산-청룡산-비슬산 네트워크, 공원녹지를 중심으로 한 도시자연공원지역(팔공산, 앞산 등), 근린공원, 어린이공원, 소공원, 체육공원 녹지 네트워크, 산림에서 하천으로 이어지는 지류·지천을 중심으로 한 생태 네트워크와 생태축을 구축할 것을 제시하였고, 우수 비오톱과 잠재 우수 비오톱 및 야생 생물 주요 서식지를 중심으로 한 생물종 네트워크 등을 구축할 것을 제시하고 있다.

또한 「2030년 대구광역시 공원녹지 기본계획」(2017)에 따르면, 녹지보전지구는 국토환경성평가지도, 생태·자연도를 활용하여 핵심보전지구, 보전지구, 중점관리지구로 구분하여 설정하고 있다. 여기서 핵심보전지구는 생태·자연도 1등급 지역 및 별도관리지역을, 보전지구는 국토환경성평가지도 1등급 지역을, 중점관리지구는 국토환경성평가지도 2등급 지역을 대상으로 선정하고 있다. 그러나 국토환경성평가지도 및 생태·자연도는 전 국토를 대상으로 축척 1:25,000을 기본으로 작성되는 데 반해, 비오톱 지도는 도시공간을 대상으로 1:5,000 또는 1:1,000 수준까지 매우 상세하게 작성된다는 점을 감안해 보면, 위와 같은 핵심보전지구, 보전지구, 중점관리지구를 선정할 때 향후에는 비오톱 지도를 활용하는 것이 보다 더 타당할 것으로 사료된다. 일례로 비오톱 가치평가 결과도를 기반으로 녹지보전지구를 수립할 경우, 핵심보전지구는 비오톱 가치평가 결과 Ⅰ등급 지역을, 우선보전지구는 Ⅱ등급 지역을, 보전지구는 Ⅲ등급 지역을 대상으로 설정하여 양적·질적으로 개선해 나갈 필요가 있다(그림 5-4).

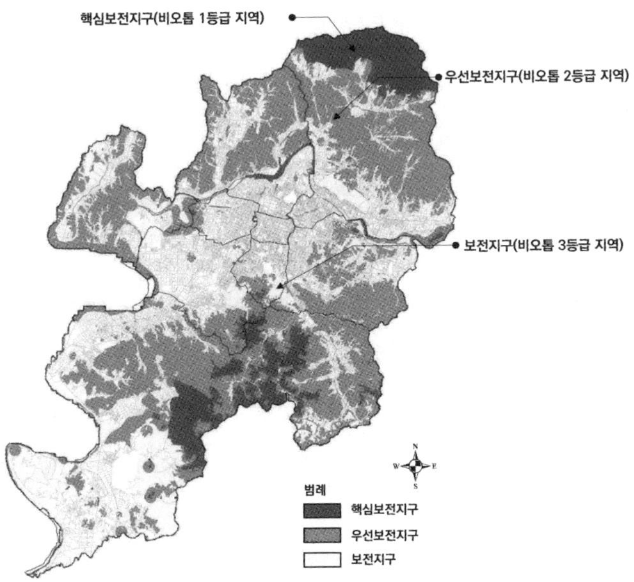

그림 5-4 비오톱 가치평가에 기반을 둔 녹지보전계획도 예시
출처: 대구광역시(2017), 수정 후 재작성, p. 351.

1.4.4 시민들을 위한 비오톱 지도 정보 제공

대구광역시에서는 비오톱 지도를 일반인들이 쉽게 이용할 수 있도록 대구시 도시생태현황지도 사이트(http://gis.go.kr/bc)를 개설하여 서비스를 제공하고 있다. 홈페이지에는 위치, 토지이용 현황도, 토지피복도, 현존식생도,

비오톱 유형도, 비오톱 평가도, 우수 비오톱 현황도, 자연생태 현황도, 비오톱 통계정보 등과 같은 다양한 도면 및 데이터를 포함하고 있어 누구나 손쉽게 생태 정보를 확인할 수 있다.

이상과 같이 대구광역시에서는 도시생태현황지도를 다양한 분야에서 활용하고 있으며, 또한 일반인들도 쉽게 이용할 수 있도록 도시생태현황지도 사이트를 개설하여 서비스를 제공하고 있다. 그러나 대구광역시 도시생태현황지도의 활용성을 보다 더 강화하여 각종 무분별한 도시개발로부터 도시 생태계를 보전하기 위해서는 무엇보다 「대구광역시 도시계획 조례」(2024. 5. 20. 시행), 「자연환경보전 조례」(2024. 5. 17. 시행), 「환경기본 조례」(2024. 2. 20. 시행), 「환경영향평가 조례」(2025. 1. 1. 시행) 등과 같은 조례 속에 도시생태현황지도와 관련한 주요 내용을 규정하여 실효성을 강화할 필요가 있다. 최근 대구광역시로 편입된 군위군의 「도시계획 조례」 제18조(2018. 12. 27. 시행)에 따르면, 개발행위 허가기준을 "도시생태계 보전 가치 1등급(비오톱 현장조사에 의하여 대상지 전체에 대하여 절대보전이 필요한 지역을 말한다) 및 2등급(비오톱 현황조사에 의하여 대상지 전체에 생태계 보전을 우선하여야 하는 지역을 말한다)이 아닌 토지"로 규정하고 있어 비오톱 지도의 실질적 활용성을 강화하고 있다.

2. 서울특별시 비오톱 지도

2.1 작성 목적

서울특별시는 지난 반세기 이상 급속한 도시화로 인해 산림, 초지, 경작지 등 자연형의 비오톱 유형들이 시가화 지역으로 전환됨에 따라 도시 생태계의 불균형이 가속화되어 왔다. 도시계획적 차원에서 도시생태계

회복을 위한 체계적인 정책수립 및 추진을 위해서는 무엇보다 도시생태계에 대한 정확한 현황분석자료 및 기초도면이 전제되어야 한다. 이러한 문제를 해결하기 위한 대응책으로써 베를린 등 독일의 대도시에서 시행하고 있는 비오톱 지도화 방법 및 국내의 연구 결과를 활용하여 토지이용 현황도, 불투수토양 포장 현황도, 현존식생 현황도, 비오톱 유형도, 개별 비오톱 평가도 등의 기초지도를 작성하고 이를 바탕으로 비오톱 지도를 작성하게 되었다. 작성된 비오톱 지도는 5년 주기로 갱신되고 있다.

2.2 도시계획 조례에서 규정하고 있는 비오톱 지도 작성 주요 내용

국내 도시들의 경우 「자연환경보전법」 제34조의2(도시생태현황지도의 작성·활용)에 따라 비오톱 지도화 작업이 진행되고 있다. 하지만 서울특별시에서는 해당 법이 제정되기 이전에 이미 비오톱 지도화 작업이 진행되었으며, 「서울특별시 도시계획 조례 시행규칙」(2017. 4. 6. 시행) 속에 비오톱 지도 작성과 관련한 상세한 내용이 담겨 있다. 이는 무분별하게 진행되고 있는 도시계획 및 각종 도시개발 사업을 자연환경 및 경관에 대해 친화적으로 유도하기 위한 법적 근거가 되고 있다. 서울특별시 도시계획 조례 시행규칙에서 명시하고 있는 비오톱 지도 작성과 관련한 주요 내용은 [표 5-2]와 같다.

표 5-2 「서울특별시 도시계획 조례 시행규칙」에서 규정하고 있는 비오톱 지도 작성과 관련한 주요 내용

구분	내용
제2조 정의	• 도시생태현황도란 도시생태현황 조사 결과 작성된 토지이용현황도, 불투수토양 포장도, 현존식생도, 조류 분포도, 양서·파충류 분포도, 포유류 분포도, 비오톱 유형도, 비오톱 유형 평가도, 개별 비오톱 평가도 등으로 구성된 것을 말한다. • 비오톱 평가란 비오톱 유형화를 통해 유형화된 개별 공간을 평가 기준에 따라서 그 가치를 등급화하는 과정을 말하며, 비오톱 등급을 지도화한 것을 비오톱 평가도라 한다.

계속▶

구분	내용
제3조 도시생태현황 조사 및 평가 방법	• 조례 제4조 제4항에 따른 도시생태현황 조사에는 다음 각 호의 내용이 포함되어야 한다.: 토지이용 현황, 토양의 불투수 포장 현황, 현존 식생 현황, 비오톱 유형 현황, 비오톱 유형 평가 결과, 개별 비오톱 평가 결과 • 비오톱 유형 평가 등급: Ⅰ등급은 보전이 우선되어야 하는 비오톱 유형, Ⅱ등급은 보전이 필요한 비오톱 유형, Ⅲ등급은 대상지 일부에 보전을 하고 잔여지역은 생태계 현황을 고려한 토지이용이 요구되는 비오톱 유형, Ⅳ등급은 생태계 현황을 고려한 토지이용이 요구되는 비오톱 유형, Ⅴ등급은 도시생태적 측면에서 부분적으로 개선이 필요한 비오톱 유형 • 개별 비오톱 평가 등급: Ⅰ등급은 특별히 보호할 가치가 있는 비오톱(보전), Ⅱ등급은 보호할 가치가 있는 비오톱(보호 및 복원), Ⅲ등급은 현재로서는 한정적인 가치를 가지는 비오톱(복원)

2.3 비오톱 유형 분류

서울특별시의 비오톱 유형화 방법 및 유형 분류 현황에 대하여 살펴보면 다음과 같다. 우선 주목할 만한 점은 비오톱 분류체계로써 도시생태현황지도 작성 지침이 마련되고, 타 지자체의 경우 대분류-중분류-소분류의 체계로 유형화가 이루어지고 있으나, 서울특별시는 대분류와 이에 귀속되는 하위유형으로만 구분하고 있다. 서울특별시 비오톱 유형화를 위한 주요 기초자료로는 토지이용·토지피복·현존 식생 자료, 위성 영상 등을 활용하였다. 분류기준으로는 토지이용, 불투수성 포장비율, 면적, 자연성 등을 적용하고 있다. 특히 주거지 비오톱과 상업업무지 비오톱, 공업지 및 도시기반시설지 비오톱, 교통시설 비오톱 등과 같은 도시 내 비오톱 유형들의 경우 유형화를 위한 기준으로 불투수 포장비율을 중요하게 고려하고 있음을 알 수 있다.

2020년 기준 서울특별시의 비오톱 유형 분류 결과를 살펴보면, 대분류 9개와 이에 귀속되는 69개의 하위유형으로 분류되었다. 일례로 주거지 비

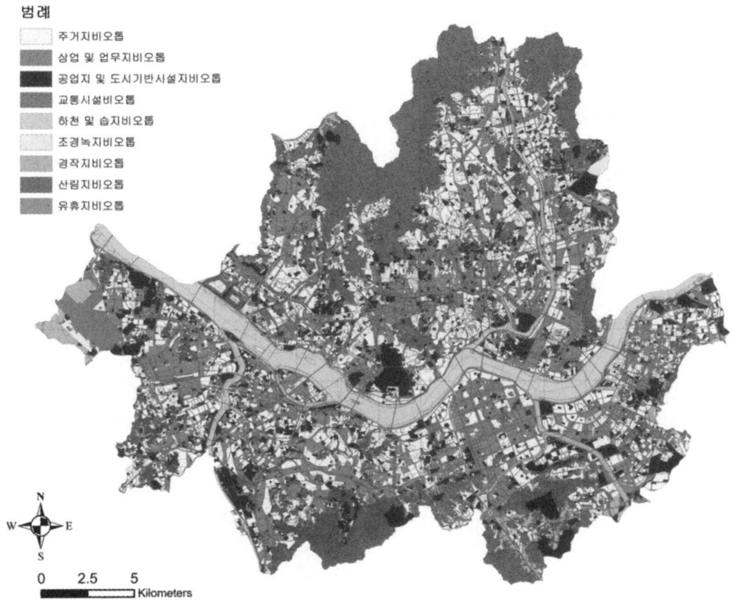

그림 5-5 서울시 비오톱 유형 분류도
출처: 공공데이터포털(https://www.data.go.kr), 수정 후 재작성.

오톱 유형의 경우 불투수 포장비율이 높은(70% 이상) 단독주택지 등등 총 11개의 유형으로 세분화되었으며, 상업업무지 비오톱의 경우 층수, 불투수 포장비율을 고려하여 5층 이하 상업업무지, 6~10층 상업업무지 등등 총 5개의 유형으로 세분화되었다. 산림지 비오톱의 경우 자연림과 인공림, 그리고 침엽수림 및 활엽수림에 따라 자연림으로서 소나무림, 인공조림지로서 외래종 낙엽활엽수림, 초본식생지, 벌채지 및 나지 등등 총 11개의 유형으로 세분화되었다.

비오톱 유형별 면적비율을 살펴보면, 9개 대분류의 비오톱 유형 중 산림지 비오톱이 서울시 전체 면적의 23.32%로 가장 넓은 면적을 차지하고 있으며, 다음으로 주거지 비오톱(19.54%), 상업업무지 비오톱(18.69%), 교통시설지 비오톱(10.85%), 하천 및 습지 비오톱(8.09%), 경작지 비오톱(4.08%), 조경녹지 비오톱(3.57%), 유휴지 비오톱(0.08%)로 나타났다. 서울특별시의 비오톱 유형 목록 및 유형 분류 도면은 〈그림 5-5〉와 같다.

2.4 비오톱 가치평가

자연보전을 목적으로 한 서울시의 비오톱 가치평가는 비오톱 유형에 대한 평가와 개별 비오톱에 대한 평가로 구분하여 수행되고 있으며, 각각에 대한 주요 평가 내용 및 방법은 아래와 같다.

2.4.1 비오톱 유형 평가

비오톱 유형 평가를 위한 전체적인 평가 절차는 〈그림 5-7〉과 같다. 비오톱 유형 평가를 위한 평가 지표로는 주요 서식지 기능, 일반 서식지 기능, 지형 특성, 비오톱 유형 가치, 비오톱 유형 면적, 비오톱 유형 희귀도, 자연보호 요구 등급, 이용 강도, 토양포장도, 생물 서식의 잠재성, 식물의 층위구조 등 총 11개의 지표를 활용하였다. 또한 이와 같은 평가 지표들은 각각의 가치등급으로 구분된다. 일례로 평가 지표 식물의 층위구조의 경우 3개 층위 이상이 형성된 비오톱 유형은 가치가 가장 높은 Ⅰ등급으로 평가되며, 3개 중 1개 층으로만 형성된 비오톱 유형은 가치가 가장 낮은 Ⅲ등급으로 평가된다(표 5-3). 이러한 평가 지표 및 등급구분 기준에 따라 합산 매트릭스를 활용하여 평가한 최종 가치등급은 아래와 같이 5단계로 구분된다.

표 5-3 서울시의 비오톱 평가 지표 및 내용

평가 지표	등급	등급 구분 및 기준	비고 및 근거
주요 서식지 기능	Ⅰ뚜렷함	보호 가치가 높은 식물군집 / 양서·파충류 출현	참조**
	Ⅱ중간	보호 가치가 보통인 식물군집 / 양서·파충류 잠재	
	Ⅲ적음	보호 가치가 낮은 식물군집	
일반 서식지 기능	Ⅰ강함	식피율 10% 이상	식피율***
	Ⅱ중간	식피율 1~10% 미만	
	Ⅲ약함	식피율 1% 미만	
지형 특성	Ⅰ높음	표고 90m 이상, 경사 30% 이상	표고+경사
	Ⅱ중간	표고 25~90m 미만, 경사 10~30% 미만	
	Ⅲ낮음	표고 25m 미만, 경사 10% 미만	
비오톱 유형 가치	Ⅰ높음	-	생물 서식 잠재성+ 식물 층위 구조
	Ⅱ중간	-	
	Ⅲ낮음	-	
생물 서식의 잠재성	Ⅰ낮음	-	토양포장도+ 이용 강도
	Ⅱ중간	-	
	Ⅲ높음	-	
토양포장도	Ⅰ높음	10% 미만	토양포장률
	Ⅱ중간	10~90% 미만	
	Ⅲ낮음	90% 이상	
이용 강도	Ⅰ높음	2층 미만	건물 평균 층수
	Ⅱ중간	2~5층 미만	
	Ⅲ낮음	5층 이상	
식물의 층위 구조	Ⅰ높음	3개 층위 이상이 형성된 비오톱 유형	현존 식생의 층위구조
	Ⅱ중간	3개 중 2개 층위가 형성된 비오톱 유형	
	Ⅲ낮음	3개 중 1개 층위만 형성된 비오톱 유형	
비오톱 유형의 면적 희귀도	Ⅰ높음	-	
	Ⅱ중간	-	
	Ⅲ낮음	-	
비오톱 유형 면적	Ⅰ큼	(유형별 면적비율) 1% 미만	전체 면적에 대한 유형별 면적비율
	Ⅱ중간	(유형별 면적비율) 1~5% 미만	
	Ⅲ작음	(유형별 면적비율) 5% 이상	
비오톱 유형 희귀도	Ⅰ강함	100개 미만	각 비오톱 유형 개수의 3등급
	Ⅱ중간	100~500개 미만	
	Ⅲ약함	500개 이상	

**: 서울시 산림지역 중
- 보호 가치가 있는 군집(자생 낙엽활엽수림): 서어나무림, 물푸레나무림, 느티나무군집, 물박달나무군집, 오리나무군집, 소나무림 토지극상, 흉고직경이 25cm 이상인 소나무림
- 일반 보통군집: 참나무군집, 소나무군집, 산벚나무군집, 팥배나무군집, 버드나무
- 낮은 가치의 식물군집(인공조림지, 조경수식재지): 아까시나무림, 물오리나무림, 현사시나무림, 일본잎갈나무림, 밤나무림, 리기다소나무림, 잣나무림, 가중나무림, 참오동나무림, 관목식생지, 낙엽활엽수 혼효림, 기타 조림지

***: 식피율(%)=(3×상층+2×중층+1×하층)/6

출처: 환경부(2020), p. 99.

- Ⅰ등급: 대상지 전체에 대해 절대적으로 보전이 필요한 비오톱 유형
- Ⅱ등급: 대상지 전체에 대해 절대적으로 보전을 우선해야 하는 비오톱 유형
- Ⅲ등급: 대상지 일부에 대해 보전을 우선하고 잔여지역은 생태계 현황을 고려한 토지이용이 요구되는 비오톱 유형
- Ⅳ등급: 대상지 일부 토지에 대한 토지이용 제한이 필요한 비오톱 유형
- Ⅴ등급: 부분적으로 개선이 필요한 비오톱 유형

비오톱 유형 평가 결과, 보전 가치가 가장 높은 Ⅰ등급은 전체 면적의 24.51%를 차지하고 있었으며, 특히 습지, 하천변 자연녹지, 자연림으로서

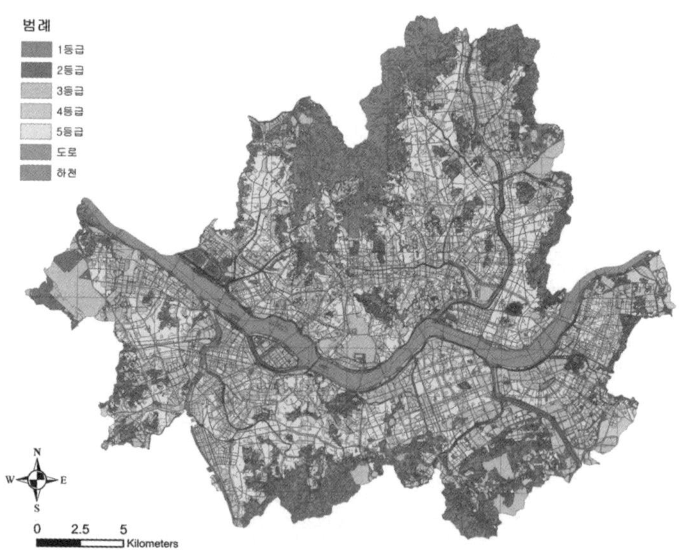

그림 5-6 서울시 비오톱 유형 평가 결과도
출처: 공공데이터포털(https://www.data.go.kr), 수정 후 재작성.

소나무림, 초본식생지 등등 총 10개의 유형이 이에 해당하는 것으로 나타났다. 가치가 높은 Ⅱ등급의 경우 조경수목 식재지, 하천변 인공녹지, 하천 경작지 등등 총 16개 유형으로 분석되었다. 반면 가치가 비교적 낮은 Ⅳ등급에 해당하는 유형은 상업업무지 비오톱, 공공시설, 불투수 포장비율이 높은 철도 및 관련시설지 등등 총 9개의 유형인 것으로 분석되었다. 마지막으로 가치가 가장 낮은 Ⅴ등급에 해당하는 비오톱 유형은 불투수 포장비율이 70% 이상인 혼합지, 불투수 포장비율이 높은(79% 이상) 단독주택지 등등 총 3개의 유형인 것으로 분석되었으며, 이들 대부분은 자연식생이 없거나 불투수 포장비율이 높은 특징을 보이고 있었다(그림 5-6).

2.4.2 개별 비오톱 평가

개별 비오톱 평가를 위한 전체적인 평가절차는 〈그림 5-7〉과 같다. 개별 비오톱 평가는 서울특별시에 출현하고 있는 모든 비오톱 유형들 중에서 자연형 비오톱과 근자연형 비오톱에 해당하는 경작지 비오톱, 산림지 비오톱, 조경녹지 비오톱, 하천 및 습지 비오톱 등등 28개 비오톱 유형을 대상으로 평가를 진행하였다. 평가 기준으로는 주요 서식지 기능, 일반 서식지 기능, 지형 특성, 비오톱 유형 가치, 비오톱 유형 면적, 비오톱 유형 희귀도 등 총 6개를 적용하고 있다. 이와 같은 기준에 따라 평가한 최종 가치등급은 아래와 같이 3단계로 구분된다(서울특별시 도시계획 조례 시행규칙, 2024. 10. 14. 시행).

- Ⅰ등급: 특별히 보호할 가치가 있는 비오톱(보전)
- Ⅱ등급: 보호할 가치가 있는 비오톱(보호 및 복원)
- Ⅲ등급: 현재로서는 한정적인 가치를 가지는 비오톱(복원)

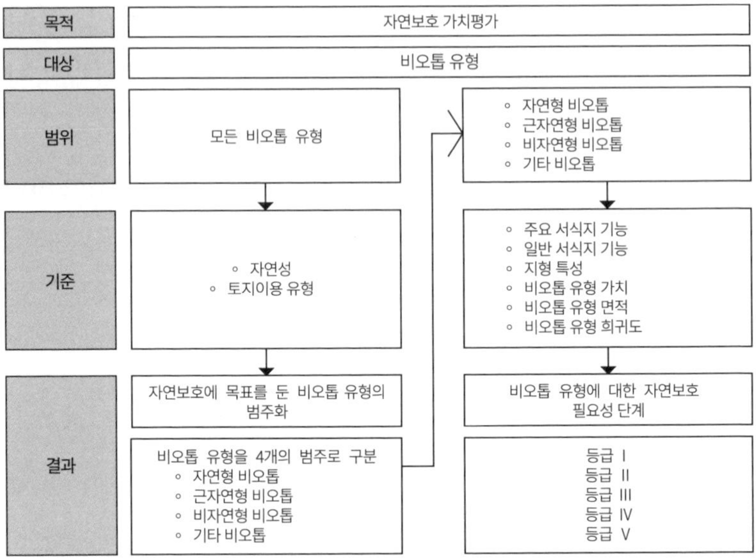

그림 5-7 서울시 비오톱 유형 평가 및 개별 비오톱 평가 절차

개별 비오톱 평가 결과, 특별히 보호할 가치가 있는 Ⅰ등급은 주로 서울특별시의 북쪽과 남쪽에 대규모로 위치하고 있는 산림이 이에 해당하는 것으로 나타났으며, 전체 면적 대비 약 47%를 차지하는 것으로 분석되었다. Ⅱ등급은 산림지 비오톱(도시자연공원 등), 공원녹지 비오톱 등과 같은 비교적 규모가 큰 도시공원을 중심으로 선정되었으며 서울특별시 전역에 넓게 분포하고 있는 것으로 나타났다. 마지막으로 현재로서는 한정적인 가치를 가지는 Ⅲ등급의 경우 1ha 미만의 조경수목 식재지, 밭 비오톱 유형이 우점하는 것으로 분석되었다. 각 등급별 점유면적을 살펴보면, Ⅰ등급 지역은 서울시 전체 면적의 15%, 보호 가치가 있는 Ⅱ등급 지역은 14.2%, 한정적 가치를 지니는 Ⅲ등급 지역은 2.46%를 차지하는 것으로 분석되었다.

특히 서울특별시에 분포하고 있는 자연형 및 근자연형 비오톱 유형의 면적 증감을 과거와 비교해 볼 때 소폭 감소한 것으로 나타났다. 이는 조경수목 식재지 등 신규 녹지 면적이 증가하였음에도 불구하고 무분별한 각종 도시개발로 인해 특히, 논, 밭 등 경작지 비오톱의 면적이 크게 감소한 데 기인한다. 평가 결과를 바탕으로 작성된 서울시 개별 비오톱 평가 결과도는 아래와 같다(그림 5-8).

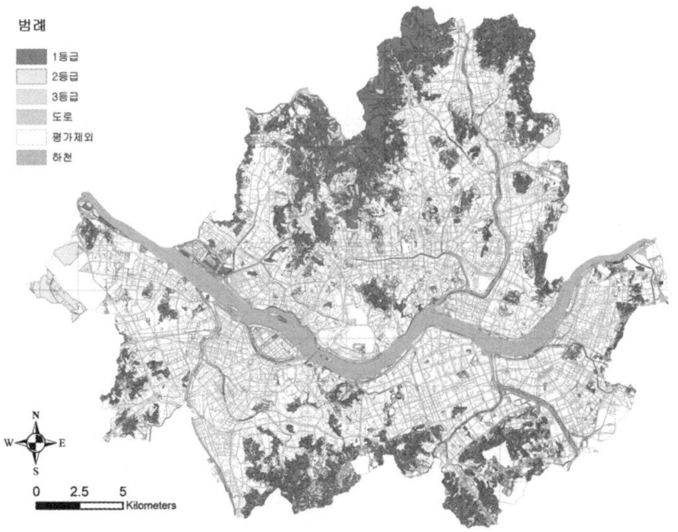

그림 5-8 서울시 개별 비오톱 평가 결과도
출처: 공공데이터포털(https://www.data.go.kr), 수정 후 재작성.

2.5 비오톱 지도의 활용

서울특별시의 비오톱 지도는 특히, 도시관리계획의 환경성 검토, 용도지역·지구 지정의 적합성 평가, 생태경관보전지역의 지정 및 시민들을 위한 도시 비오톱 정보 제공 등과 같은 다양한 분야에서 그 활용방안을 제시하고 있으며, 주요 내용을 살펴보면 다음과 같다.

2.5.1 도시관리계획의 환경성 검토

도시관리계획의 환경성 검토는 도시관리계획의 결정 및 시행이 환경 오염, 기후 변화, 도시생태계, 시민 건강, 에너지 사용 등 시민생활에 미치는 영향을 사전에 예측하여 환경적으로 건전하고 지속 가능한 도시를 조성하기 위해 시행되는 제도이다. 서울특별시의 도시관리계획에 대한 환경성 검토는 자연생태환경, 물환경, 토지환경, 기후대기환경 등과 같은 생활환경과 사회·경제환경으로 구분하고 있으며 도시관리계획의 유형에 따라 환경성 검토 항목을 달리하여 적용할 수 있다. 「서울특별시 도시관리계획 환경성 검토 업무지침」(2021) 내 환경성 검토 항목을 살펴보면 아래 [표 5-4]와 같다. 환경성 검토 항목·범위 등의 결정(스코핑[10])과 관련하여 서울특별시의 도시관리계획에서는 비오톱, 토지이용, 물순환은 기본 검토 항목으로 고려하도록 명시하고 있다.

표 5-4 서울특별시 도시관리계획의 환경성 검토 항목

구분		기본 항목	선택 항목
자연생태환경		비오톱	생태 네트워크, 동·식물상, 자연환경자산
생활환경	토지환경	토지이용	토양, 지형·지질
	물환경	물순환	수질, 수리·수문
	기후대기환경	-	바람, 열, 대기질·미세먼지, 악취, 온실가스
	기타	-	친환경적 자원 순환, 에너지, 소음·진동, 경관, 휴식 및 여가 공간, 일조, 보행 친화 공간, 전파 장애
사회·경제환경		-	인구, 주거, 산업

출처: 서울특별시(2021).

10 스코핑(scoping) 제도란 사업자가 환경영향평가서를 작성하기에 앞서 평가해야 할 항목과 범위를 미리 정하는 절차에 관한 것이다. 본 제도가 도입된 배경은 환경성 검토 시 평가 항목과 범위가 너무 광범위하고 과도하게 평가되고 있다는 지적에 따른 것이다. 이에 따라 2001년에 대상사업별로 중점 평가 항목을 정하여 스코핑 제도를 시행하여 오고 있다. 스코핑 제도의 장점은 불필요한 항목의 평가에 소요되는 시간과 비용을 대폭 줄일 수 있다는 점이다.

추가적으로 환경성 검토 항목 '비오톱'에 대한 계획원칙 및 가이드라인을 살펴보면 다음과 같다.

- 토지이용의 변화, 토양피복의 변화, 식생의 변화로 인하여 비오톱 유형 및 보전 가치가 떨어지지 않도록 한다.
- 녹지, 하천, 가로수, 식생 등과 비오톱 유형의 면적이 증가될 수 있도록 친환경적 생태공간을 확보한다.
- 주변 지역과의 물리적인 녹지 네트워크 수립 시 비오톱 평가 결과를 활용한다.
- 사업 시행 지역에 비오톱 유형 Ⅰ, Ⅱ등급이 인접할 경우 이러한 비오톱에 미치는 영향을 최소화하고, 인접지역 녹지축과 연계를 검토한다.
- 비오톱 Ⅰ등급 토지(비오톱 유형 평가 Ⅰ등급이고 개별 평가 Ⅰ등급)인 지역 인근 개발 시 일정 거리를 완충녹지 등으로 조성하여 자연환경이 우수한 지역을 보호·보전할 수 있는 대안을 제시한다.
- 불가피하게 서식지가 훼손되는 경우 가까운 유사 공간에 이전·복원하거나. 훼손된 서식지와 유사한 비오톱을 동일 지역·지구 내에 복원하는 방안을 강구한다.

2.5.2 용도지역·지구 지정의 적합성 평가

비오톱 지도는 토지이용, 토양피복, 식생에 대한 기초조사 자료와 이에 근거한 비오톱 유형 분류 및 보전 가치 평가에 관한 정보를 담고 있어 이를 근거로 경관생태적으로 뒷받침된 용도지역·지구 지정의 적합성을 평가하는 데 기초자료로 이용되고 있다. 특히 보전 목적으로 지정되는 자연환경보전지역, 녹지지역 및 보전지구, 경관지구 등을 지정하거나 주거지역 세분화 작업 및 개발제한구역을 조정하는 데에도 도시생태현황도를 중요한 기초자료로 이용하고 있다. 또한 지구단위계획 시 환경생태를 고려하도록 명문화함에 따라 특히, 생물서식공간의 평가 및 조성에도 활용하고 있다.

2.5.3 생태경관보전지역의 지정

비오톱 가치평가 결과는 보전지역 지정 및 관리에도 적극적으로 활용되고 있다. 서울특별시에서 밤섬에 이어 두 번째로 생태경관보전지역으로 지정된 둔촌동 습지는 도시생태현황 조사 및 평가에서 그 보전 가치가 알려지게 되었다. 뿐만 아니라 탄천, 방이동 습지의 경우 역시 도시생태현황 조사 및 평가를 통해 그 보전 가치를 인정받아 생태경관보전지역으로 지정된 사례이다(그림 5-9).

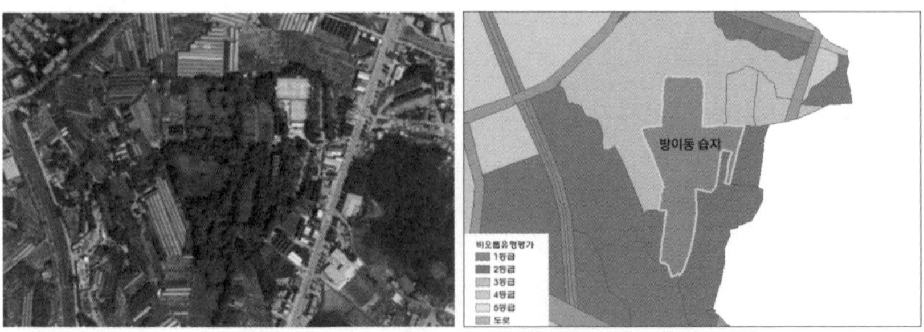

a. 위성 영상 b. 비오톱 유형화 결과 및 가치등급

그림 5-9 생태경관보전지역으로 지정된 방이동 습지 비오톱
출처: 공공데이터포털(https://www.data.go.kr), 수정 후 재작성.

이와 같이 도시 비오톱 지도는 「자연환경보전법」 제23조(시·도 생태·경관보전지역의 지정·보전) 및 「서울특별시 자연환경보전조례」 제7조(생태·경관보전지역의 지정)에 근거하여 특히, 보전 가치가 높은 비오톱 유형들을 생태경관보전지역으로 지정하는 데 핵심적인 기초자료로 활용되고 있다.

2.5.4 시민들을 위한 비오톱 지도 정보 제공

서울특별시에서는 비오톱 지도의 주요 내용을 서울도시계획 포털(http://urbanseoul.go.kr) 사이트를 통해 일반인들에게 제공하고 있다. 포털 사이트에는 도시생태현황도, 용도지역·지구·구역, 지구단위 계획구역, 기후환경 공간유형과 같은 도시계획 및 환경과 관련한 정보를 다양하게 제공하고 있으며, 특히 자연환경 및 경관에 친화적인 도시계획 유도를 위한 핵심적인 기초자료인 도시생태현황도에는 비오톱 유형 분류도, 비오톱 유형 평가도, 개별 비오톱 평가도면 등을 포함하고 있어 일반인들도 쉽게 도시생태적 정보를 이용 및 활용할 수 있다.

3. 독일 베를린시 비오톱 지도

3.1 작성 목적

베를린시는 지난 반세기 이상 각종 무분별한 도시개발 및 이에 기인한 불투수성 포장 면적의 확대로 인하여 수많은 생물서식공간이 소멸되거나 훼손되어 왔다. 또한 인구 집중에 따른 오염 물질 배출량 증가, 지하수의 오염, 농경지의 시가화 지역으로의 전환 등으로 인해 보전 가치가 높은 비오톱 유형들은 지속적으로 감소해 왔다. 실제로 위험에 처한 비오톱 유형 목록(Red List of Biotope Type)의 분석 결과에 따르면, 위험에 처한 비오톱 유형에서 서식하고 있는 약 7,000종의 생물종들 중 약 13%는 멸종되었고,

31%는 심각한 멸종 위기에 처한 것으로 보고되고 있다. 이러한 문제를 해결하기 위하여 베를린을 포함한 독일의 각 도시에서는 1980년대 초반부터 도시 비오톱 지도를 본격적으로 작성하기 시작하였다.

특히 베를린시에서는 1970년대 후반부터 도시 전역에 대한 도시생태 정밀조사를 수행하였으며, 이러한 연구 결과는 1984년 추진한 '경관 및 종 보호 프로그램'의 기초자료로 활용되었다. 이러한 기초자료를 기반으로 베를린시의 비오톱 지도화 작업은 1996년부터 시작하여 많은 수정 및 보완 작업을 거치면서 현재의 도시 비오톱 정보 시스템을 구축하게 되었다. 현재 베를린시의 비오톱 지도는 도시공간에서 우선적으로 보전하여야 할 비오톱 유형을 파악하는 데 핵심적인 기초자료로 활용되고 있으며, 특히 도시 및 지역계획, 경관생태계획, 환경영향평가 등 다양한 분야에서 폭넓게 활용되고 있다.

3.2 비오톱 유형 분류

베를린시의 비오톱 유형 분류체계는 베를린시를 포함하고 있는 브란덴부르크주의 비오톱 유형 목록을 기반으로 작성하였으며, 크게 비오톱계(Biotope Class), 비오톱군(Biotope Group), 비오톱 유형(Biotope Type), 비오톱 세부유형(Biotope Sub-Type)의 4단계 시스템으로 구성되어 있다. 분류기준을 살펴보면, 우선 비오톱계의 경우 서식공간유형을 기준으로 하며, 비오톱군은 생태적 특성 및 생성 원인, 식물사회학적 단위를 기준으로 구분하고 있다. 비오톱 유형은 상세한 현장조사, 항공 영상 데이터 및 위성 영상 자료 등을 활용하여 식물사회학적 단위 및 인간의 토지이용 행태를 기준으로 구분하고 있다(그림 5-10).

a. CIR 항공 영상

b. 현장 사진

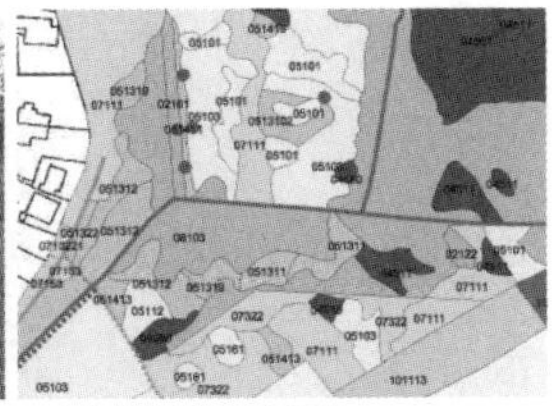

c. 분류된 비오톱 유형

그림 5-10 베를린시 비오톱 유형 분류를 위한 기초자료 및 유형 분류도 사례
출처: 베를린시(http://www.berlin.de).

이러한 기준에 부합하는 세부 분류지표는 생물적 요인(biotic factor), 무생물적 요인(abiotoc factor), 인간행태적 요인(anthropogenic factor)로 나누어 볼 수 있으며, 우선 생물적 요인에서는 현존 식생 유형, 식생 생성 상태, 식생 발달 기간, 식생 군락 규모 등을 세부 분류지표로 활용하고 있다. 무생물적 요인에서는 그늘 조건, 토양 습윤 조건, 토양 토성 조건, 산도 조건 등을 활용하고, 인간행태적 요인에서는 토지이용 유형, 포장 정도, 관리 정도 등을 세부 분류지표로 적용하고 있다.

이와 같은 분류기준 및 분류지표에 따라 구분한 베를린시의 비오톱 유형 분류 결과를 살펴보면, 우선 비오톱계는 서식처 유형에 따라 하천, 호소, 인위적 나지 및 폐허지 식생, 늪지 및 소택지, 초지, 산림, 경작지, 녹지 및 휴양 공간, 특이 비오톱, 시가지 등 총 10개로 분류하였으며, 이에 귀속되는 12개의 비오톱 유형군과 7,000개가 넘는 세부 비오톱 유형으로 매우 상세하게 구분하고 있다. 비오톱 유형 코드는 숫자로 표기하여 베를린시를 포함하고 있는 브란덴부르크주의 비오톱 유형 코드와 호환이 되도록 작성하였다.

비오톱 유형별 면적비율을 살펴보면, 가장 많은 면적 비율을 차지하는 유형은 시가지·교통시설·특수 지역 비오톱 유형으로 전체 50% 이상을 차지하고 있는 것으로 나타났다. 반면 생태적으로 가치가 높은 늪지와 습지 비오톱 유형은 약 0.2%, 산림 비오톱 유형은 약 19%의 면적을 점유하고 있는 것으로 나타났다. 베를린시의 주요 비오톱 유형에 대한 사진 및 비오톱 유형 분류도를 살펴보면 아래의 〈그림 5-11〉 및 〈그림 5-12〉와 같다.

a. 습지 비오톱

b. 경작지 비오톱

그림 5-11 베를린시의 주요 비오톱 유형 사례
출처: 베를린시(http://www.berlin.de).

그림 5-12 베를린시 비오톱 유형 분류도
출처: 베를린시(http://www.berlin.de).

3.3 비오톱 가치평가

베를린시의 비오톱 가치평가는 종과 비오톱 보전적 측면, 휴양 및 자연 체험적 측면, 무생물 생태적 요소들의 보전적 측면 등 다양한 측면에서 수행하고 있다. 일례로 종과 비오톱 보전적 측면에서의 비오톱 가치평가는 크게 비오톱 유형 평가와 개별 비오톱 평가로 구분하고 있다. 우선 비오톱 유형 평가를 위한 평가 기준은 종과 군집의 다양성, 생육 가능한 정도의 개체군을 유지하고 있는 희귀하거나 위험에 처한 종의 비율, 생물지리학적인 특수성, 인간에 의해 형성된 오래된 구조물, 시간적 대체 가능성, 크기, 위치, 반자연 상태의 수변 비오톱, 이용 및 관리 강도, 구조적 다양성, 특정한 식물종 군락 등을 들 수 있다. 비오톱 유형에 대한 가치평가 결과는 크게 8등급으로 구분하고 있다(그림 5-13). 개별 비오톱에 대한 평가는 비

그림 5-13 베를린시 비오톱 가치 평가도
출처: 베를린시(http://www.berlin.de).

오톱 유형 평가 결과 중간 등급 이상으로 나타난 비오톱 유형을 대상으로 가치 있는 비오톱과 특별히 가치 있는 비오톱 두 단계로 구분하여 평가를 진행하고, 평가 결과는 서술적으로 제시하고 있다.

또한 베를린시에서는 비오톱 가치평가 결과에 기반하여 보전 가치가 높은 비오톱 유형 19개를 베를린 자연보전법 제28조에 따른 법적 보호 비오톱으로 지정하여 관리하고 있다(그림 5-14). 이들 비오톱 유형들에 대한 훼손 및 손상을 초래할 수 있는 모든 개발 행위는 엄격하게 금지하고 있다. 불가피하게 훼손해야 할 경우에는 유사한 기능을 가진 대체 비오톱을 인근 주변에 조성하도록 하고 있다. 이와 같이 법적으로 보호받고 있는 베를린시의 비오톱 유형으로는 늪지대, 갈대밭, 사초와 골풀이 풍부한 습지초원, 내륙 사구, 가치 있는 숲 또는 식생 군락지, 자연형 하천 등을 들 수 있다.

a. 초원

b. 참나무·서어나무 숲

그림 5-14 법적으로 보호받고 있는 주요 비오톱 유형 사례
출처: 베를린시(http://www.berlin.de).

3.4 비오톱 지도의 활용

3.4.1 도시경관계획 및 도시계획에서의 활용

베를린시의 도시경관계획은 도시경관기본계획과 경관상세계획으로 구분된다. 도시경관기본계획은 도시기본계획 및 토지이용계획과 연동되고,

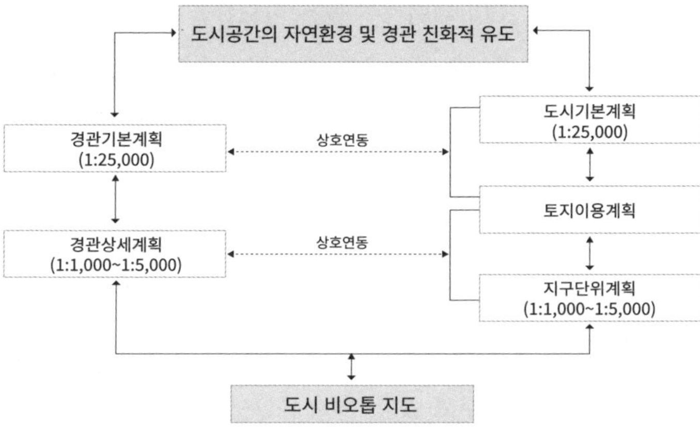

그림 5-15 베를린시의 도시경관계획 및 도시계획과 비오톱 지도와의 관계

경관상세계획은 지구단위계획과 연동되도록 제도화하고 있다. 특히 도시경관계획은 도시공간을 자연환경 및 경관에 친화적으로 유도하기 위한 핵심적인 공간계획적 도구이다. 주요 내용으로는 종과 비오톱 보전, 휴양 및 자연체험 공간 제공, 경관미 개선, 무생물 생태적 요소의 보전 및 개선으로 구성되어 있다. 이러한 내용을 담은 도시경관계획을 실질적으로 수립 및 시행하기 위해서는 도시생태적 기초자료가 필수적으로 뒷받침되어야 하며, 이를 위해 베를린시에서는 도시 비오톱 지도를 핵심적인 기초자료로 활용하고 있다. 또한 도시기본계획의 각 부문별 계획, 토지이용계획 및 지구단위계획의 자연환경 및 경관에 대해 친화적으로 유도하기 위해서도 베를린시에서는 도시 비오톱 지도를 적극적으로 활용하고 있다(그림 5-15).

3.4.2 종과 비오톱 보전 프로그램에서의 활용

베를린시의 종과 비오톱 보전 프로그램의 목표는 생물종을 위한 다양한 서식공간을 보전하고, 소멸 위험성이 높은 비오톱을 보전하고 이들 상호간의 비오톱 네트워크 연결성을 강화하는 데 주안점을 두고 있다. 조사 결과에 의하면 베를린의 동·식물군은 20,000~250,000종에 달하며 이 중 약 7,000종이 멸종 또는 위험에 처해 있는 것으로 보고되고 있다. 특히 종과 비오톱 보전 프로그램은 멸종 또는 위험에 처한 개별 종과 종 그룹의 안정적인 개체수 유지를 위하여 다양한 노력을 기울이고 있으며, 특히 생물종 다양성 확보를 위한 핵심 전략으로서 목표종들의 서식지를 연결하는 비오톱 네트워크를 형성하는 데에 중점을 두고 있다. 이를 실현시키기 위한 핵심적인 생태적 기초자료로 베를린시에서는 비오톱 지도를 적극적으로 활용하고 있다. 종과 비오톱 보전 프로그램의 실행 계획 도면은 아래의 〈그림 5-16〉과 같다.

그림 5-16 종과 비오톱 보전 프로그램의 실행 계획 도면
출처: Berlin(2016).

3.4.3 자연침해조정제도(Eingriffsregelung)에서의 활용

자연침해조정은 1976년 연방자연보호법에 규정된 사항으로서 개발사업에 따른 자연생태와 경관의 침해를 가능한 피하거나 저감하고, 침해가 불가피할 경우에는 훼손 정도를 평가하여 구체적인 복원 또는 대체 방법을 강구하도록 한 법적 규정이다. 특히 국토개발을 제한 또는 금지하기 위한 것이 아니라 사업계획 수립 단계부터 개발에 의한 생태계 단절과 자연환경 및 경관의 훼손을 고려함으로써 개발 이전의 자연상태를 유지·발전시켜 지속 가능한 개발을 유도하고자 하는 데 근본적인 목적이 있다.

개발에 따른 자연환경 훼손이 불가피할 경우 훼손된 자연만큼 '균형 있는 조치'를 시행하도록 하며, 자연환경 및 경관 침해에 대한 책임은 원인자부담 원칙을 적용하여 개발사업 시행자에게 부과하고 있다. 또한 자연침해조정은 독립적으로 진행되지 않고 자연환경 및 경관을 침해하는 사업의 인허가 절차에서 검토하며, 사업계획서 작성 시 침해에 대한 사항 및 지자체에서 수립하는 경관생태계획(Landschaftsplan)을 고려하도록 하고 있다.

자연침해조정은 아래와 같은 4단계의 절차로 진행된다.

- 1단계 - 회피(Vermeidung): 개발에 따른 자연환경 및 경관의 훼손이 없도록 사전에 예방하는 조치로서 자연침해조정 규정의 최우선 목표임
- 2단계 - 균형(Ausgleich): 훼손을 '회피'할 수 없을 경우에는 사업시행 전의 자연환경 및 경관 기능을 유지할 수 있도록 훼손 대상지 또는 주변지역에 훼손된 면적만큼 복원 및 복구하는 조치임
- 3단계 - 대체(Ersatz): 균형 조치가 불가능할 경우, 자연침해가 발생한 개발대상지 이외의 다른 장소에 경관생태계획의 내용을 고려하여 비

오톱 복원이 필요하거나 비오톱 네트워크 조성에 중요한 전략 지역 등을 파악하여 훼손된 지역과 동일한 면적 및 가치를 가지는 비오톱을 복원 또는 복구하여 대체하는 조치임('대체지 은행' 및 '생태계좌' 활용)

- 4단계 - 대체비용(Ersatzgeld): 자연침해조정의 마지막 단계로, 대체 조치가 불가능할 경우 훼손된 면적을 금전적으로 계산하여 보상금을 지불하도록 하는 조치임

특히 대체지로 적합한 장소, 예를 들면 비오톱 복원 필요성이 매우 높거나 또는 비오톱 네트워크 조성에 중요한 전략 지역 등과 같은 장소를 선택하기 위해서는 경관생태계획 내용, 특히 비오톱의 대체지 은행 및 생태계좌를 확인 및 활용할 필요가 있으며, 이를 파악하기 위한 생태적 기초자료로 대부분 도시 비오톱 지도를 활용한다. 베를린시에서도 역시 경관생태계획 수립 및 비오톱의 대체지 은행 및 생태계좌를 작성할 때 비오톱 지도를 핵심적 기초자료로 활용하고 있다.

일례로 베를린시 북역(Nordbahnhof) 주변에 조성된 자연공원은 자연침해조정 규정에 따라 누적된 보상금으로 수많은 개별 프로젝트를 통해 조성된 공원으로 동식물을 위한 서식지로서의 역할은 물론 도시민들의 중요한 휴식공간으로서 그 가치를 인정받고 있다(그림 5-17).

그림 5-17 자연침해조정 규정에 따른 보상금으로 복원된 대체 비오톱
출처: Berlin(2016).

제6장

비오톱 지도의 활용

아래에서는 도시 비오톱 지도의 활용방안을 도시·군 계획 및 도시 경관생태계획, 환경영향평가, 추가적 활용방안으로 구분하여 기술한다. 특히 도시·군 계획, 도시 경관생태계획, 개별 프로젝트 단위로 진행되는 환경영향평가 대상 사업의 경우 1/25,000의 대축척에서부터 1/1,000의 소축척에 이르기까지 서로 다른 정밀도로 추진되고 있다는 점을 감안해 보면, 도시 비오톱 지도가 1/5,000을 기본으로 작성되기는 하지만 1/25,000 대축척으로의 확대 또는 1/1,000 소축척으로의 축소가 가능하도록 정밀하게 작성되어 있어서 무엇보다 도시·군 계획 및 도시 경관생태계획, 환경영향평가 대상 사업에서의 활용도가 매우 높을 것으로 사료된다.

1. 도시 · 군 계획 및 도시 경관생태계획에서의 활용

1.1 도시·군 계획에서의 활용

1.1.1 광역도시계획

우선 광역도시계획은 도시·군 계획상 최상위 계획이며, 인접한 둘 이상의 시·군 전체 또는 일부를 하나의 광역권 계획 단위로 보고 장기적인 도시 발전방향을 제시하는 계획이다. 특히 광역도시계획은 광역권 내에서 특별히 문제가 되는 현안을 중심으로 각 부문별 계획을 수립하는 특정계획 또는 전략계획의 성격을 가지고 있다. 광역도시계획에 포함되어야 할 각 부문별 계획 내용으로는 광역권의 공간 구조와 기능 분담에 관한 사항, 광역권의 녹지관리체계와 환경보전에 관한 사항, 광역시설의 배치, 규모, 설치에 관한 사항, 경관계획에 관한 사항, 시·군 상호 간의 기능 연계에 관한 사항 등이다.

이와 같은 각 부문별 계획 수립 시에는 녹지축, 생태계, 산림, 경관 등과 같은 양호한 자연환경을 반드시 고려해야 한다(「국토계획법」 제12조 및 동법 시행령 제11조). 양호한 자연환경을 고려해서 각 부문별 계획을 수립하려면 도시 비오톱 지도를 효과적으로 활용할 필요가 있으며, 특히 각 부문별 계획 가운데 광역권의 녹지관리체계와 환경보전에 관한 계획, 경관계획, 시·군 상호 간의 기능 연계에 관한 계획 수립 시에는 도시 비오톱 지도가 핵심적인 기초자료로서 활용 가치가 높다. 1/25,000~1/50,000으로 수립하는 광역도시계획을 자연환경 및 경관 친화적으로 유도함에 있어서 도시 비오톱 지도를 중요한 기초자료로서 활용할 수 있는 주요 내용을 일례로 정리해 보면 아래와 같다.

- 광역시설의 배치, 규모, 설치 계획
  - 경관생태적으로 뒷받침된 입지 선정 및 토지이용
  - 절대보전을 필요로 하는 비교적 규모가 큰 비오톱 Ⅰ등급 지역의 훼손 여부
  - 광역 녹지생태축의 단절 여부 파악을 위한 기초자료 제공 등

- 시·군 상호 간의 기능 연계에 관한 계획
  - 2개 이상의 시·군을 통과하는 광역권 도로 및 철도 건설의 경우 경관생태적으로 뒷받침된 노선 선정 및 광역 녹지생태축의 단절 여부
  - 광역권 미세먼지 및 대기오염 저감에 효과가 있는 비교적 규모가 큰 숲의 선정 평가

- 광역권 바람 생성 숲 및 바람 연결 숲의 적지 선정을 위한 평가를 위한 기초자료 제공 등

• 광역권의 녹지관리체계와 환경보전에 관한 계획 및 경관계획
  - 광역권 녹지생태축 또는 녹지생태연계망 구축을 위한 핵심 및 거점 녹지의 선정 및 입지 배치
  - 비오톱 평가에 기초한 보전 가치가 높은 생태·경관보호지역의 선정
  - 2개 이상의 시·군을 통과하는 광역권 강, 하천의 생태적 유도(자연형 제방 조성, 수변 비오톱 관리 및 홍수조절용 저류지 조성 등)
  - 절대보전을 필요로 하는 Ⅰ등급 비오톱 지역 및 보전을 우선시하는 Ⅱ등급 비오톱 지역의 선정 평가
  - 미시각적으로 아름답거나 또는 지형적으로 독특성이 있는 자연경관 지역의 선정 및 관리
  - 역사·문화적으로 정체성 및 고유성이 있는 자연경관 지역의 선정을 위한 기초자료 제공 등

1.1.2 도시·군 기본계획

도시·군 기본계획은 도시·군 계획권 전체를 하나의 계획단위로 보고 20년 주기의 장기적인 도시발전방향을 제시하는 종합계획의 성격을 가지고 있다.「국토계획법」제19조 및 동법 시행령 제15조에 따르면, 도시·군 기본계획에 포함되어야 할 내용으로는 지역적 특성 및 계획의 방향·목표, 공간구조, 생활권의 설정 및 인구의 배분, 토지의 이용 및 개발, 토지의 용도별 수요 및 공급, 기반시설, 환경의 보전 및 관리, 공원·녹지, 경관, 기후변

화 대응 및 에너지 절약, 방재·방범 등 안전, 도심 및 주거환경의 정비·보전에 관한 사항 등으로 구분하고 있으며, 각각에 대한 정책방향을 제시하도록 규정하고 있다.

이와 같은 각 부문별 계획을 수립할 경우에는 녹지축, 생태계, 산림, 경관 등과 같은 양호한 자연환경 및 보전 목적의 용도지역 등을 반드시 고려하도록 명시하고 있다(동법 시행령 제16조). 양호한 자연환경 및 보전 목적의 용도지역 등을 고려해서 각 부문별 계획을 수립하려면 도시 비오톱 지도를 효과적으로 활용할 필요가 있으며, 각 부문별 계획 가운데 특히 토지의 이용 및 개발, 기반시설, 환경의 보전 및 관리, 공원·녹지, 경관, 기후변화 대응 및 에너지 절약에 관한 계획 수립 시에는 도시 비오톱 지도가 핵심적인 기초자료로서 활용 가치가 높다. 1/25,000을 기본으로 수립하는 도시·군 기본계획을 자연환경 및 경관 친화적으로 유도해 나감에 있어서 도시 비오톱 지도가 핵심적인 기초자료로서 적용할 수 있는 주요 내용을 일례로 요약해 보면 아래와 같다.

- 토지의 이용 및 개발계획
  - 토지의 경관생태적 가치를 고려한 자연환경 및 경관 친화적인 토지 이용 및 개발 적합성 검토(특히 시가화 예정용지)
  - Ⅰ등급 및 Ⅱ등급의 비오톱 지역을 대상으로 한 보전 목적의 용도지역 선정 평가를 위한 기초자료 제공 등

- 기반시설계획
  - 기반시설의 입지 선정, 배치, 규모 등의 경관생태적 적합성 검토

- 기반시설이 도로와 같은 교통시설일 경우에는 경관생태적으로 뒷받침이 된 노선 선정, 녹지생태축의 단절 정도 및 야생 동물 이동 통로의 조성 필요성 검토
- 주요 생물서식공간의 훼손 정도 파악에 대한 기초자료 제공 등

• 환경의 보전 및 관리 계획
  - 점·비점 오염원 관리의 기초자료
  - 지하수의 새로운 형성을 위해 보호해야 할 지역의 선정 평가
  - 물과 바람에 의한 토양 침식의 위험성이 높은 지역의 선정
  - 엔트로피 저감에 효과가 있는 녹지의 기능 평가
  - 생태·자연도 갱신 및 토지적성 평가 시 자연보전 평가를 위한 기초자료 제공 등

• 공원·녹지 계획
  - 법정 공원(어린이공원, 근린공원, 도시자연공원 구역 등) 및 법정 녹지(경관녹지, 연결녹지, 완충녹지)의 배치 및 관리
  - 도시공원 및 녹지의 추가 지정을 위한 적지 선정
  - 비법정 녹지의 생태적 관리
  - 생태적으로 뒷받침된 공원녹지 연계망 및 비오톱 네트워크 구축
  - 도시공원 내 보전 가치가 높은 비오톱의 관리(특히 도시 자연공원 구역 및 자연형 근린공원 등)
  - 불투수성 포장지의 녹지공간으로의 전환을 위한 우선순위 평가
  - 도시녹화사업 대상지 선정의 우선순위 평가

- 비오톱 평가에 기초한 법적 보호지역의 지정 및 관리
- 생태하천 조성에 필요한 정보 제공(예: 자연형 제방 조성, 수변 비오톱 개선 및 홍수조절용 저류지 조성 등)
- 대표 비오톱 및 우수 비오톱의 선정 및 관리에 관한 기초자료 제공 등

• 경관 계획
- 지형적으로 독특성이 있는 자연경관 지역의 선정 및 관리
- 역사·문화적 정체성 및 고유성이 있는 자연경관 지역의 보전 및 관리
- 생태적·미시각적으로 가치 있는 생태·경관 보호지역의 선정 평가
- 경관적·미시각적으로 가치 있는 자연형 활력·충전 요소의 선정 및 배치에 관한 기초자료 제공 등

• 기후변화 대응 및 에너지 절약 계획
- 도시·군 계획권 내 바람길 숲 조성을 위한 적지 선정 및 추가 지정을 위한 적지 선정 평가(특히, 바람생성숲, 바람연결 숲, 바람디딤·확산 숲)
- 미세먼지 및 대기오염 저감에 가치 있는 비교적 규모가 큰 숲의 선정
- 에너지 절약형 녹화 계획 추진에 필요한 기초자료 제공 등

• 방재·방범계획
- 자연재해 방지를 위한 근거자료 제공
- 집중호우로 인한 산사태 위험 지역 평가, 홍수로 인한 침수 위험 지역 검토 및 홍수조절용 저류지 조성을 위한 대상지 선정 평가에 필요한 기초자료 제공 등

1.1.3 도시·군 관리계획

도시·군 관리계획은 도시·군 계획권의 전부 또는 일부 지역을 대상으로 하고 있으며, 시행을 전제로 한 상세한 물적 계획의 성격을 가지고 있다. 도시·군 관리계획으로 결정되는 계획의 종류로는 용도지역·용도지구·용도구역 계획(제), 지구단위계획, 도시·군 계획 사업·시설계획으로 구분된다.

용도지역·용도지구·용도구역 계획에서 의미하는 용도지역은 토지의 이용 및 건축물의 용도, 건폐율, 용적률, 높이 등을 제한함으로써 토지를 경제적·효율적으로 이용하고, 토지이용의 특화 또는 순화를 위하여 도시의 토지이용을 구분하여 도시·군 관리계획으로 결정하는 지역을 말한다.「국토계획법」 제36조에서는 용도지역에 대해 도시·군 계획권 전체를 대상으로 도시지역(주거지역, 상업지역, 공업지역, 녹지지역), 관리지역(보전관리지역, 생산관리지역, 계획관리지역), 농림지역, 자연환경보전지역으로 구분하고 있으며, 지역적 특성에 따라 이를 보다 더 세분하여 지정할 수 있도록 하고 있다.

용도지구는 토지이용 및 건축물의 용도, 건폐율, 용적률, 높이 등에 대한 용도지역의 제한을 강화하거나 완화하여 적용함으로써 용도지역의 기능을 증진하고 경관·안전 등을 도모하기 위하여 도시·군 관리계획으로 결정하는 지역을 말하며, 특히 용도지역제를 보완할 목적으로 운용하고 있는 제도이다.「국토계획법」 제37조 및 동법 시행령 제31조에 의하면, 용도지구는 도시·군 계획권의 일부 지역을 대상으로 경관지구, 미관지구, 고도지구, 방화지구, 방재지구, 보호지구, 취락지구, 개발진흥지구, 특정용도제한지구, 복합용도지구로 구분하고 있으며, 지역적 특성에 따라 이를 보다 더 세분하여 지정할 수 있도록 하고 있다. 용도구역은 토지의 이용 및 건축물의 용도, 건폐율, 용적률, 높이 등에 대한 용도지역 및 용도지구의 제한을 강화하거나 완화하여 따로 정함으로써 시가지의 무질서한 확산 방지, 계획적이고 단계적인 토지이용 도모, 토지이용의 종합적 조정·관리 등을 위하여 도시·군 관리계획으로 결정하는 지역을 의미한다. 용도구역은 도시·군 계획권의 일부 지역을 대상으로 개발제한구역, 도시 자연공원 구역, 시가화 조정 구역, 수산자원 보호구역, 입지규제 최소구역으로 구분한다.

지구단위계획은 도시·군 계획권의 일부 지역에 대하여 토지이용의 합리화 및 그 기능 증진, 미관 개선, 양호한 환경 확보를 하고 그 지역을 체계적·계획적으로 관리하기 위하여 수립하는 도시·군 관리계획이며, 건축허가 요건만을 규제하는 용도지구제와는 달리 획지, 기반시설, 경관, 생태 등의 내용을 포괄하는 공간계획적 수단이다. 「국토계획법」 제51조에 따르면, 지구단위계획구역의 지정은 용도지구, 도시개발구역, 택지개발예정지구를 포함하여 총 10지역 또는 지구를 대상으로 하고 있다. 도시·군 관리계획으로 결정되는 지구단위계획의 내용에는 기반시설(공원녹지 포함)의 규모 및 배치 계획, 건축물의 배치·형태·색채 또는 건축선에 관한 계획, 생물서식공간의 보호·조성 및 연결 계획, 물과 공기의 순환 등에 관한 계획, 환경관리계획 또는 경관계획 등을 포함하도록 규정하고 있다(동법 제52조).

도시·군 계획 사업·시설계획은 도시·군 계획을 시행하기 위해 실시하는 것으로 도시·군 계획 시설사업, 도시개발법에 따른 도시개발사업, 도시 및 주거환경정비법에 따른 정비사업이 이에 해당된다. 여기서 도시·군 계획 시설사업은 기반시설 중 도시·군 관리계획으로 결정된 시설을 설치·정비 및 개량하는 사업을 의미한다. 「국토계획법」 제2조에 따른 기반시설의 종류로는 교통시설, 공간시설(공원, 녹지, 광장 등)을 포함한 총 7개를 규정하고 있다. 또한 도시·군 계획 사업·시설계획은 도시·군 계획권의 일부 지역을 대상으로 하며, 도시·군 관리계획의 결정으로 지정 또는 변경된다. 사업시행 및 관리는 용도구역과 마찬가지로 개별 해당법에 따라 수행된다.

동법 시행령 제19조에 의하면, 이와 같은 도시·군 관리계획을 수립할 경우에는 반드시 "녹지축, 생태계, 산림, 경관 등과 같은 양호한 자연환경과 우량 농지, 국가유산 및 역사문화환경 등을 고려하여 토지이용계획을 수립"하도록 명시하고 있다. 이 중 양호한 자연환경, 생태, 경관 등을 고려해서 도시·군 관리계획을 수립하려면 도시 비오톱 지도를 효과적으로 활용할 필요가 있으며, 특히 용도지역·용도지구·용도구역 계획(제), 지구단위계획, 도시·군 계획 사업·시설계획 수립 시 도시 비오톱 지도를 핵심적인 기초자료로 활용하면 효용성을 배가시킬 수 있다. 1/5,000~1/1,000을 기본으로 수립하는 도시·군 관리계획을 자연환경 및 경관 친화적으로 유도해 나감에 있어서 도시 비오톱 지도가 핵심적인 기초자료로서 적용 가능한 주요 내용을 일례로 요약해 보면 아래와 같다. 다만 상기 도시·군 기본계획에서 제시된 활용방안은 도시·군 관리계획(특히, 지구단위계획)에서도 대부분 적용 가능하다는 점을 감안하여 가급적 중복기술은 피했으며, 특히 도시·군 기본계획에서 제시된 활용방안 이외의 도시·군 관리계획에서 도시 비오톱 지도를 중요하게 고려해 볼 수 있는 활용방안에 주안점을 두어 기술하였다.

- 용도지역, 용도지구, 용도구역계획(제)
  - 비오톱 평가에 기초한 경관생태적으로 뒷받침된 용도지역·용도지구·용도구역 선정 및 입지 배분을 위한 기초자료 제공
  - 비오톱 평가에 기초한 녹지지역, 자연환경보전지역, 경관지구, 보전지구 및 시가화예정지구 등의 선정 평가

- 법정 보호지역의 지정 및 개선을 위한 근거자료(야생 생물보호구역, 습지 보호구역, 지질공원 등)
- 자연공원구역 내 보전지역 선정 및 생태적 토지이용 적합성 평가
- 개발제한구역의 보전 및 개발 가능 적지 선정을 위한 근거자료 제공 등

- 지구단위계획
  - 건축물 및 기반시설의 배치, 규모, 입지 선정에서 생태적 적합성 검토
  - 비시가화 지역을 대상으로 하는 제2종 지구단위계획 용지 지정(특히 시가화예정용지 목적의 계획관리지역)에서 비오톱 평가에 기초한 수요량 산출 근거자료(기존의 과다한 용지 선정 억제)
  - 비오톱 가치 평가에 기초한 주요 생물서식공간의 선정
  - 생태적으로 가치 있는 잔여 경관 요소의 보전 및 개선
  - 지구단위 규모에 부합하는 공원녹지의 적정 배치
  - 바람길을 고려한 건축물의 배치
  - 바람길 숲 조성(바람생성 숲, 바람연결 숲, 바람디딤·확산 숲 조성 및 추가 확보를 위한 생태적 정보 제공)
  - 보전 가치가 높은 비오톱의 훼손이 불가피할 경우 대체 비오톱 조성을 위한 입지 평가
  - 생태면적률 적용 및 개선을 위한 기초자료
  - 개발행위 인허가를 위한 경관생태적 기초자료로 활용 등

- 도시·군 계획 사업·시설계획
  - 사업 시행으로 인한 자연환경 훼손의 위험성 평가

- 사업 및 시설 설치에 따른 입지 선정의 생태적 적합성 검토를 위한 근거자료로 활용 등

1.2 경관생태계획에서의 활용

경관생태계획은 경관자원의 각 기능들을 조사·분석 및 평가한 결과를 실제 국토공간계획 속으로 반영시켜 전체 국토공간을 자연환경 및 경관 친화적으로 유도해 나가기 위한 공간계획적 핵심도구이다. 도시공간에서 경관자원의 각 기능들을 조사·분석 및 평가한 결과를 도면으로 제시한 것은 도시 비오톱 지도이며, 이를 토대로 전체 도시공간을 자연환경 및 경관 친화적으로 유도하기 위한 공간계획적 핵심도구는 도시 경관생태계획이다. 다시 말해 도시 비오톱 지도는 도시 경관생태계획의 수립에 직접적으로 활용 및 연계될 수 있도록 작성한 정밀공간생태정보지도이다.

도시 비오톱 지도와 직접적으로 연계된 도시 경관생태계획 모형 개발에 관한 연구는 지금까지 많이 수행되어 왔다. 일례로 나정화(2021), 김진효(2020), 김진효 등(2020a), 김진효 등(2020b), 조현주(2011)의 연구 결과를 종합해 보면, 도시 경관생태계획의 내용은 크게 4가지 측면, 즉 종과 비오톱 보전적 측면, 휴양 및 자연체험적 측면, 미시각적 측면, 무생물생태적 요소(지형, 토양, 물, 기후 등)의 보전적 측면으로 구성되어 있다. 종과 비오톱 보전적 측면에서의 주요 내용을 살펴보면, 크게 자연과 경관으로부터 특별히 보호되어야 할 부분, 휴경지의 목표 설정, 산림의 이용에 관한 특별규정, 추가적으로 개선·관리하거나 개발하는 방안으로 구분되며, 이에 귀속되는 세부 항목으로 구성되어 있다.

휴양 및 자연체험적 측면에서는 크게 휴양 및 자연체험을 위해 특별히

보호되어야 할 부분과 추가적으로 개선·관리하거나 개발하는 방안으로 구분되며, 이에 귀속되는 세부 항목으로 구성되어 있다. 미시각적 측면에서의 주요 내용을 살펴보면, 미시각적 기능 유지를 위해 특별히 보호되어야 할 부분과 추가적으로 개선·관리하거나 개발하는 방안으로 구분되며, 이에 귀속되는 세부 항목들로 구성되어 있다. 무생물생태적 요소(지형, 토양, 물, 기후 등)의 보전적 측면에서는 지형, 토양, 물, 기후의 조절 및 보전을 위해 특별히 보호되어야 할 부분과 추가적 개선·관리하고 개발하는 방안으로 구분되며, 이에 귀속되는 세부 항목들로 구성되어 있다. 일례로 종과 비오톱 보전적 측면의 도시 경관생태계획 모형을 제시해 보면 〈그림 6-1〉과 같다.

아래에서는 도시 경관생태계획의 4가지 측면, 즉 종과 비오톱 보전적 측면, 휴양 및 자연체험적 측면, 미시각적 측면, 무생물생태적 측면(지형, 토양, 물, 기후 등) 가운데 일례로 종과 비오톱 보전적 측면에 대한 도시 비오톱 지도의 활용방안을 기술해 본다.

- 자연과 경관으로부터 특별히 보호되어야 할 부분
  - 생태적 가치에 따른 토지이용의 배분(보전, 보완, 복원지역 등의 선정)
  - 자연보호지역, 경관보호지역 및 천연기념물 보호지역의 적지 선정 평가
  - 보호가치가 높은 자연형의 잔여 경관 요소의 위치, 수량, 추가 조성지 파악
  - 비오톱 네트워크 구축에 중요한 전략적 핵심 및 거점 비오톱의 선정 등

- 휴경지의 목표 설정
  - 자연 천이에 의한 식생 발달이 필요한 지역의 선정 평가

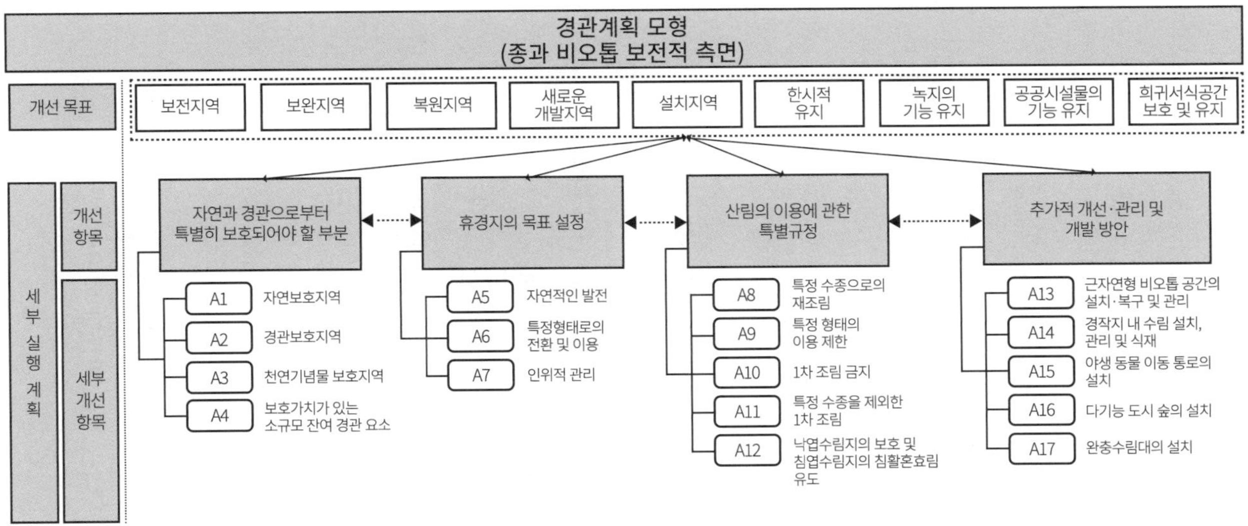

그림 6-1 종과 비오톱 보전적 측면의 도시 경관생태계획 모형

출처: 김진효(2020), 수정 후 재작성.

- 인위적 관리에 의한 식생 발달이 필요한 지역의 선정 평가
- 특정 목적으로의 전환 및 이용이 필요한 지역의 파악 등

• 산림의 이용에 관한 특별규정
- 특정 형태로의 산림 이용 제한(완전벌목 등)
- 특정 수종으로의 재조림이 필요한 적지 선정
- 수림지의 종류 및 형태에 따른 차별화된 개선 방안(낙엽 수림지의 보호, 침엽수림지의 침·활엽수 혼효림 유도 등)

• 추가적 개선, 관리 및 개발 방안
- 보전 가치가 높은 근자연형 비오톱 공간(경작지 가장자리 띠형 수림, 비경작 테두리 띠숲, 경작지 내 소규모 자연형 수림지, 습지 및 늪지 비오톱, 유수지변의 자연형 수변 비오톱, 수림의 가장자리 등)의 위치, 분포, 수량, 개선 및 추가 조성에 필요한 생태적 정보 제공
- 덤불림 형태의 키가 높거나 낮은 띠형 수림과 띠숲, 파편화된 소규모 수림, 수변의 선형 수람대, 선형의 보호수림대, 단본 노거수목 또는 군락지 등의 위치, 분포, 수량, 개선 및 추가 조성에 필요한 생태적 정보 제공
- 비오톱 네트워크 구축에서 소규모 징검다리 녹지 또는 연결녹지 조성이 필요한 적지 평가
- 야생 동물 이동 통로 적지 선정
- 완충 수림대 조성이 필요한 지역의 선정(예: 보전이 필요한 지역과 이용 강도가 높은 개발지 사이의 공간) 등

2. 환경영향평가에서의 활용

도시 비오톱 지도는 도시·군 계획권 내에서 수행되는 각종 도시개발사업의 환경영향평가, 전략 환경영향평가 및 소규모 환경영향평가에서도 중요한 기초자료로 활용될 수 있다. 다만 환경영향평가서의 내용이 동식물상, 자연환경자산, 기상, 대기 질, 악취, 온실가스, 수질, 수리·수문, 해양환경, 토지이용, 토양, 지형·지질, 소음·진동, 경관 분야 등과 같이 각 부문별로 광범위하고 이에 따른 각 부문별 도시 비오톱 지도의 활용방안도 광범위함과 동시에 중복기술될 수 있다는 점을 고려할 필요가 있다. 아래에서는 환경영향평가의 내용들 중 일례로 자연경관 분야의 평가로 한정해서 도시 비오톱 지도의 활용방안을 모색해 본다.

2.1 자연경관 평가의 목적

자연경관 평가는 각종 단위 개발사업으로 인해 야기되는 자연경관 및 경관생태자원에 미치는 부정적인 영향을 사전에 최소화하여 각종 단위 개발사업을 자연환경 및 경관 친화적으로 유도하는 데 가장 큰 의의를 두고 있다.

2.2 자연경관 평가의 대상사업 종류 및 기준

「자연환경보전법」 제28조 및 동법 시행령 제20조에서는 자연경관 및 경관생태자원에 미치는 영향이 크다고 판단되는 각종 개발사업 등 가운데 자연경관에 대한 심의 및 평가를 받아야 하는 대상사업의 종류 및 기준을 아래와 같이 규정해 놓고 있다.

- 환경영향평가 대상사업, 전략 환경영향평가 대상사업, 소규모 환경영향평가 대상사업
- 자연공원(최고봉 1,200m 이상은 경계로부터의 거리 2,000m 이내, 최고봉 700m 이상은 1,500m 이내, 최고봉 700m 미만은 1,000m 이내), 습지보호지역(경계로부터의 거리 300m 이내), 생태·경관 보전지역(최고봉 700m 이상은 경계로부터의 거리 1,000m 이내, 최고봉 700m 이하는 500m 이내)에서의 개발사업

2.3 평가 및 심의의 주요 내용

「자연환경보전법」 시행령 제21조에 따르면, 자연경관 평가 및 심의에서 고려해야 할 주요 내용으로는 자연경관자원의 현황, 보전 가치가 있는 자연경관의 훼손 여부, 주요 조망점 및 조망 대상을 연결하는 경관축, 주변 자연경관과의 조화성, 경관 영향 저감 방안, 경관 변화의 예측 및 평가 등을 명시해 놓고 있다.

2.4 도시 비오톱 지도의 활용방안

환경영향평가 대상사업, 전략 환경영향평가 대상사업, 소규모 환경영향평가 대상사업 등에서 자연경관 분야의 평가 및 심의를 위한 중요한 기초자료로서 도시 비오톱 지도의 활용 가능한 주요 내용을 정리해 보면 다음과 같다.

- 사업 시행으로 인한 경관변화에 대한 예측 및 평가
- 절대 보전을 필요로 하는 Ⅰ등급 비오톱 지역 및 보전을 우선하는 Ⅱ등급 비오톱 지역의 훼손 여부

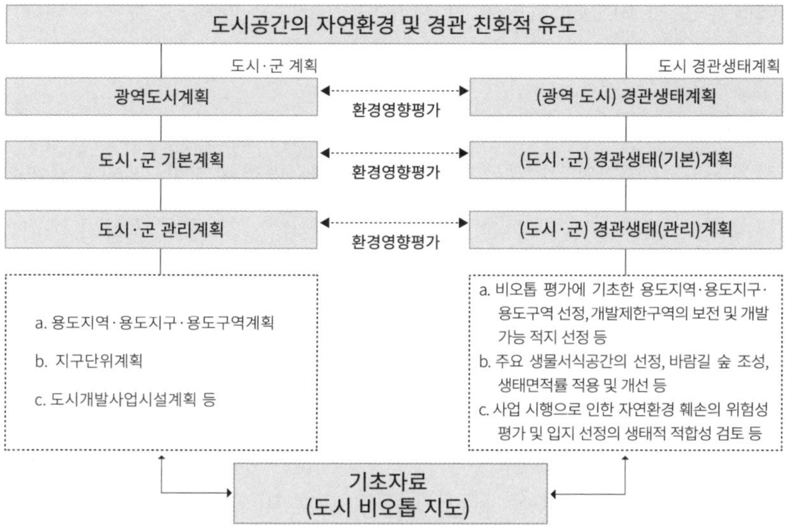

그림 6-2 도시·군 계획 및 도시 경관생태계획 체계 속에서 도시 비오톱 지도의 역할

- 경관생태적으로 가치 있는 종과 비오톱의 보전 방안
- 비오톱 네트워크의 훼손 및 복원 정도의 검토
- 생태계 보전 부담금 산정을 위한 기초자료
- 가치 있는 비오톱이 개발사업으로 인해 불가피하게 훼손될 경우 대체 비오톱 조성을 위한 입지 선정 평가
- 바람길 숲 조성을 고려한 개발사업의 입지 타당성 또는 건축물의 배치
- 자연지형 경관의 훼손 여부
- 경관축의 단절 또는 훼손 정도의 파악
- 주요 조망 대상이 되는 자연경관지역의 파악
- 건축물과 산림 또는 능선의 자연형 스카이라인과의 조화성 평가를 위한 근거자료 제공 등

이상은 도시 비오톱 지도의 활용방안을 도시·군 계획, 도시 경관생태계획, 환경영향평가의 제도적 기본틀 속에서 기술해 본 것이다. 이들 상호 간의 관계를 종합적으로 도식화해 보면 〈그림 6-2〉와 같다.

상기 국토공간계획 속에서의 경관생태계획은 환경계획, 공원녹지계획, 경관계획의 내용을 상당 부분 포괄하고 있으며, 법적 계획 명칭이 아니라 저자가 임의로 부여한 계획 명칭임을 밝혀 둔다.

3. 추가적 활용방안

3.1 생물상 목록 도출을 통한 생물종 보호 및 법정 보호지역 설정을 위한 기초자료

도시 비오톱 지도 작업 시 수행되는 생물상의 분류군별 현장조사는 포유류, 조류, 양서·파충류, 어류, 곤충류, 식물상 등으로 구분된다. 이들은 각각의 현장 조사표에 의거해서 도시·군 계획권 내에서 분류된 모든 비오톱 유형별, 대표 비오톱 및 우수 비오톱별로 현장조사를 수행하게 되며, 조사 결과는 분류된 모든 비오톱 유형별, 대표 비오톱 및 우수 비오톱별로 각각의 생물상 목록을 작성하게 된다. 이렇게 도출된 생물상 목록은 기본적으로는 주요 생물종 보호 및 법정 보호지역 지정을 위한 기초자료로 활용된다.

일례로 대전광역시 도시 비오톱 작성을 위한 생물상 조사 목록에 따르면, 보전 가치가 높은 생물종이 각 비오톱 유형별로 다양하게 출현하고 있는 것으로 확인되었다. 먼저 조류의 경우 큰기러기, 큰고니, 원앙, 황조롱이, 수리부엉이, 붉은배새매 등등 총 12종의 법정 보호종(멸종 위기종)이 조사되었다(그림 6-3).

a. 수리부엉이

b. 붉은배새매

그림 6-3 비오톱 현장조사 결과 확인된 멸종 위기 조류
출처: 대전광역시(2020).

양서·파충류의 경우 양서류는 총 7과 10종, 파충류는 총 6과 10종이 조사되었으며 이 중 양서류에서 멸종 위기 야생 생물 Ⅱ급인 맹꽁이가 서식하고 있는 것으로 나타났다. 어류의 경우 유등천 비오톱에서는 환경부 지정 멸종 위기 야생 생물 Ⅰ급 대상종인 감돌고기가, 갑천 비오톱에서는 환경부 지정 멸종 위기 야생 생물 Ⅰ급 대상종인 천연기념물 미호종개가 출현하고 있는 것으로 조사되었다. 또한 하늘다람쥐, 이끼도롱뇽, 감돌고기를 깃대종(한 지역의 생태적·지리적·문화적 특성을 반영하는 상징성 있는 동식물종 또는 사람들이 중요하다고 인식해 보호할 필요가 있다고 생각하는 종)으로 지정하여 관리하고 있다. 이 중 하늘다람쥐는 천연기념물 제328호 및 멸종 위기 야생 생물 Ⅱ급으로도 지정되어 있으며 산림 비오톱(보문산과 식장산)에서 서식하고 있는 것으로 확인되었다. 이끼도롱뇽은 국내 고유종으로 지정되어 있으며 낙엽과 돌이 많은 계곡 주변 비오톱에서 조사되었고, 감돌고기는 멸종 위기 야생 생물 Ⅰ급으로 유등천 비오톱에서 조사되었다.

이 외에도 생물상 조사 목록은 생태·경관보전지역, 자연보호지역, 야생생물(특별)보호구역, 습지보호구역, 천연기념물(식물)보호구역 등과 같은 법정 보호지역의 지정을 위한 근거자료로 활용될 수 있다. 일례로 대구광역시에서는 비오톱 조사 결과에 기초해서 습지보호지역(안심습지, 달성습지 등)을 지정하여 관리하고 있다. 또한 서울특별시에 위치하고 있는 밤섬의 경우를 살펴보면 다양한 동식물들의 서식이 확인되어 1999년 서울시 최초로 생태경관지역으로 지정되었다(그림 6-4). 이후에는 도심 내 철새 도래지로서 생태적 보호가치를 인정받아 2012년 국내에서는 18번째 람사르 습지로 지정이 되었다.

a. 백로　　b. 쇠부엉이

그림 6-4 밤섬 내 출현이 확인된 여름철새 및 멸종 위기 야생 동물
출처: 한강공원(https://hangang.seoul.go.kr).

추가적으로 생태경관보전지역인 밤섬에서 금지된 행위를 살펴보면 다음과 같다.

- 생태경관보전지역 내의 야생 생물을 포획, 채취, 이식, 훼손하거나 고사시키는 행위 또는 포획하거나 고사시키기 위해 화약류, 덫, 올무, 그물, 함정 등의 설치 및 그 밖에 유독물·농약 등을 살포 또는 주입하는 행위
- 하천·호소 등의 구조를 변경하거나 수위 또는 수량에 증감을 가져오는 행위

• 토석의 채취
• 수면의 매립
• 불을 놓는 행위
• 건축물 및 기타 공작물의 신축·증축 및 토지의 형질 변경

3.2 비오톱 네트워크 조성을 위한 기초자료

비오톱 네트워크는 비오톱의 공간적 배치, 형태 및 규모 등을 고려하여 생태적으로 중요한 비오톱 상호 간을 연결하여 생태계 기능의 연속성을 유지하고, 생물 다양성을 증진하기 위하여 서식공간을 조성하는 것을 의미한다(사공정희·나정화, 2006; Moseley et al., 2013; Pullinger and Johnson, 2010; Mougiakou and Photis, 2014; Mutbwa et al., 2015; Ignatieva et al., 2011). 비오톱 네트워크의 기본모형은 핵심지역, 완충지역 및 연결통로로 구성된다(그림 6-5).

핵심지역은 생태적으로 가치가 가장 높은 비오톱 공간으로 비오톱 네트워크 구성의 중심이 되는 지역이다. 완충지역은 외부로부터의 위협요인을 저감시켜 핵심지역과 연결통로의 생태적 기능을 유지시켜 주는 가장자리 비오톱 공간이다. 연결통로는 핵심지역 간 물질 및 에너지 흐름(생물종 이동 등)을 원활하게 해주는 소규모의 징검다리 기능을 수행하는 소규모 비오톱 공간을 의미한다. 그렇다면 핵심지역은 비오톱 Ⅰ등급 또는 Ⅱ등급 지역을 중심으로 선정하고, 완충지역은 비오톱 Ⅱ등급 또는 Ⅲ등급 지역으로 선정 또는 조성하고, 연결통로는 핵심녹지들 사이에 생태적으로 가치가 있는 소규모의 징검다리 비오톱을 선정 또는 조성할 필요가 있다.

일례로 「2030년 대구광역시 공원녹지기본계획」의 내용을 살펴보면(그림 6-6) 핵심녹지, 거점녹지, 연결축을 활용하여 보전 녹지축을 제시하고 있

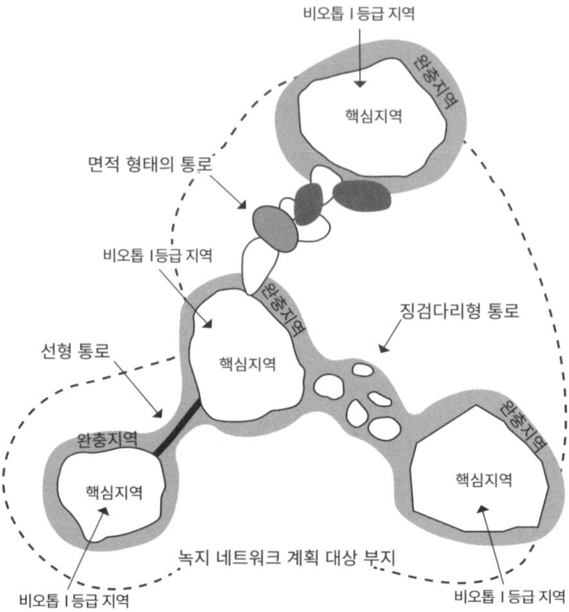

그림 6-5 비오톱 네트워크 조성을 위한 기본 모형
출처: 권오성(2021), 수정 후 재작성.

다. 이러한 녹지축은 생태적으로 가치가 높은 지역의 보전 및 생태 녹지축 단절구간의 생태통로 복원, 하천의 생태적 복원과 도시생태계와 자연생태계의 연결통로 및 바람길 확보를 주목적으로 하고 있다. 이 중 특히 보전핵(Core)의 경우 생태·자연도 I 등급 지역, 개발제한구역, 도시자연공원, 도시자연공원구역, 상수원보호구역 등 생태적 가치가 높아 개발이 불가능한 지역, 그리고 훼손이 되었을 경우 복원이 어려우며 주변 환경에 미치는 영향이 매우 큰 공간을 대상으로 설정할 수 있다. 이러한 측면에서 핵심(Core)은 상기 언급한 바와 같이 비오톱 I 등급 또는 II 등급 지역을 중심으로 선정하는 것이 바람직하며 녹지축을 설정할 때 비오톱 지도를 적극적으로

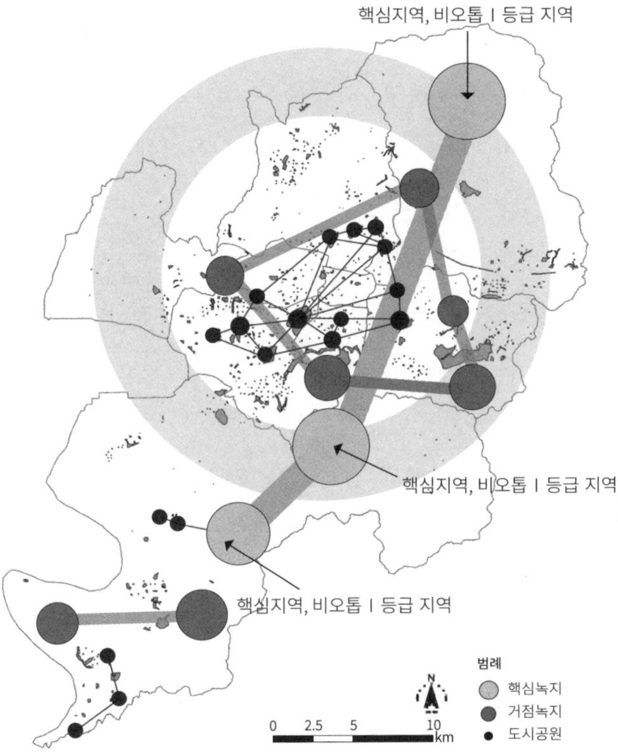

그림 6-6 대구광역시 보전 녹지축 사례
출처: 대구광역시(2017), 수정 후 재작성.

활용할 필요가 있다.

향후 이와 같은 보전 녹지축을 비오톱 네트워트의 형태로 재정비할 경우 특히 핵심녹지, 거점녹지, 연결축 등을 선정함에 있어서 비오톱 가치평가를 포함한 도시 비오톱 지도가 핵심적인 기초자료를 제공해 줄 수 있을 것으로 사료된다.

3.3 탄소흡수원총량제 산정을 위한 기초자료

「탄소흡수원 유지 및 증진에 관한 법률」(2024. 05. 01. 시행)에 의하면 탄소흡수원이란 탄소를 흡수하고 저장하는 입목, 죽(대나무), 고사유기물, 토양, 목제품 및 산림 바이오매스 에너지를 말하며, 이러한 탄소흡수원은 탄소흡수원총량제 산정을 위한 핵심기초자료이다. 탄소흡수원총량제란 배출되는 이산화탄소 양과 비례하여 이산화탄소 흡수원을 늘려 배출되는 이산화탄소 총량을 중립(neutral) 상태로 만들기 위하여 보전하여야 할 탄소흡수원의 총량을 정한 뒤 모니터링을 통해 총량이 유지되도록 관리하기 위한 제도이다. 주요 산림 수종의 탄소흡수량 산정식을 살펴보면 다음과 같다. 산림 수종의 표준 탄소흡수량은 IPCC 가이드라인에 따른 방식으로 산정하며, 수종별 정기평균생장량에 목재기본밀도, 바이오매스 확장계수, 뿌리함량비, 탄소전환계수와 탄소-이산화탄소 분율을 곱하여 산정한다.

- 산림 수종의 탄소흡수량 산정식

$$Co_2removals = Vol \times WD \times BEF \times (1+R) \times CF \times \frac{44}{12}$$

- Vol : 수종별 정기평균생장량(㎥/ha)
- WD : 목재기본밀도(t d.m/㎥)
- BEF : 바이오매스 확장계수
- R : 뿌리함량비
- CF : 탄소전환계수
- $\frac{44}{12}$: 탄소-이산화탄소 분율

특히 도시공간에서 배출된 탄소를 상쇄하는 탄소흡수원으로는 산림, 공원녹지, 도시 숲 등과 같은 녹지공간이 대표적이다(Ryan et al., 2010; Tolunay, 2011; Gough et al., 2013; Hardiman et al., 2013; Kaplan et al., 2012). 이와 같은 도시녹지는 탄소를 직접저감(탄소 흡수 및 저장)하거나, 에너지 절감(그늘, 증발산 등)을 통해 간접저감하기도 하며, 분해 및 유지·관리하는 과정에서 탄소를 배출하기도 한다(그림 6-7).

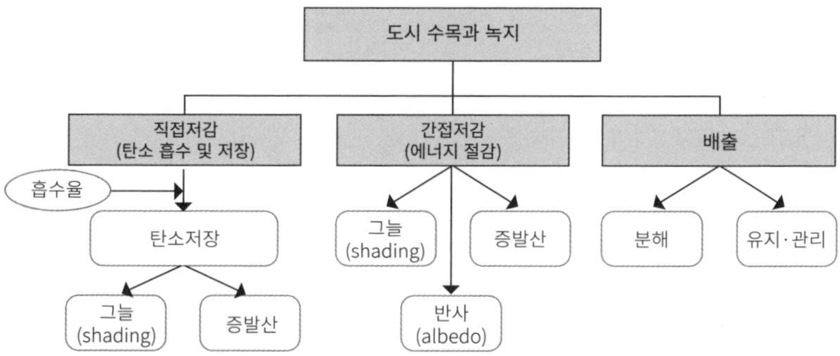

그림 6-7 도시녹지의 이산화탄소 흡수 및 배출 개념도
출처: 경기개발연구원(2009), p. 13.

그러나 직접저감 및 간접저감을 포함한 도시녹지의 탄소 흡수 총량은 녹지를 구성하고 있는 수종, 임령, 식생 구조(단층구조, 중층구조, 다층구조 등), 식생 형태(초지, 관목, 교목 등) 등에 따라 큰 차이가 있다. 일례로 산림을 대상으로 수종, 임령에 따른 연간 대기 질 개선 효과를 살펴보면, 임령이 30년까지는 연간 이산화탄소 흡수량이 증가하지만 30년이 경과하게 되면 이산화탄소 흡수량이 감소하는 것을 알 수 있으며, 침엽수와 활엽수의 평균을 비교해서 살펴보면 전반적으로 활엽수의 이산화탄소 흡수 능력이 침엽수의 경우보다 높음을 알 수 있다(표 6-1).

표 6-1 수종별 임령에 따른 대기 질 개선 효과(CO_2, ton/ha/년)

수종 \ 임령	10년	20년	30년	40년	50년	60년
소나무(강원지방)	7.35	9.92	9.40	8.08	6.61	5.25
소나무(중부지방)	3.40	6376	12.14	6.29	3.22	1.77
잣나무	5.31	11.55	10.61	8.90	7.45	6.37
낙엽송	8.96	10.31	9.27	8.33	7.70	7.31
리기다소나무	4.42	13.60	12.16	6.47	5.06	4.02
편백	5.10	8.67	8.03	6.347	5.06	4.02
상수리나무	11.72	16.53	14.55	12.83	11.43	10.22
신갈나무	9.00	15.62	9.73	8.79	7.80	7.08
침엽수(평균)	5.76	10.14	10.27	7.42	5.85	4.79
활엽수(평균)	10.36	16.08	12.14	10.81	9.62	8.65

출처: 국립산림과학원(2019), 수정 후 재작성.

따라서 도시녹지의 탄소흡수 총량 산정을 위해서는 무엇보다 도시 전체에 분포하고 있는 녹지 유형별 수종, 임령, 식생 형태(단층구조, 중층구조, 다층구조 등), 식생 유형(초지, 관목, 교목 등) 등에 관한 기초자료의 제공이 중요하다. 도시 비오톱 지도는 전체 도시공간 내 분포하고 있는 모든 비오톱 유형별 수종, 임령, 식생 형태(단층구조, 중층구조, 다층구조 등), 식생 유형(초지, 관목, 교목 등) 등에 관한 정보를 포함하고 있어 도시녹지의 탄소흡수 총량 산정에 매우 중요한 기초자료로 활용될 수 있으며, 이를 통해 기본적으로는 도시녹지의 탄소흡수 총량 산정에 소요되는 인력, 시간, 재원을 크게 절감할 수 있을 것으로 기대된다.

3.4 도시 열 쾌적성 분석을 위한 기초자료

열 쾌적성이란 도시 공간 내에서 개인이 느끼는 열 환경에 대한 만족 정도를 의미한다. 열 쾌적성 분석을 위해 많이 활용되는 지표 중의 하나는 PET(Physiologically EquIValent Temperature)이다. PET는 일사량의 영향을 받는 여름철 야외공간에서 기온, 상대습도, 풍속, 복사에너지를 사용하여 인체로 흡수되는 에너지 양과 주변으로 방출되는 에너지 양을 정량적으로 계산하여 인간이 느끼는 열 스트레스를 아래와 같이 제시하고 있다.

- 23~29도: 약한 열 스트레스
- 29~35도: 중간 열 스트레스
- 35~41도: 강한 열 스트레스
- 41도 이상: 극심한 열 스트레스

위의 분석 결과에 기초해 볼 때, 특히 건축물 및 도로 중심의 과도한 개발공간은 열 쾌적성이 매우 낮으며, 반대로 공원, 가로수 등과 같은 녹지공간은 열 쾌적성이 매우 높게 나타나고 있다(임현우 등, 2022; 박수국과 강훈, 2022; Howe et al., 2017; Armson et al., 2012; Schwaab et al., 2021; Bowler et al., 2010; Marando et al., 2022). 또한 산림청(2023)에서 수행한 여름철 온도가 가장 높은 낮 시간대를 기준으로 도시 내 열 환경에 대한 분석 결과를 살펴보면, 녹지 비율과 건물 높이는 표면 온도와 음의 상관관계를 보이는 반면, 도로율은 표면 온도와 양의 상관관계를 보이는 것으로 나타났다. 즉, 녹지 비율이 높아지면서 건물의 높이가 올라감에 따라 형성되는 그늘 면적이 커질수록 지표면의 온도는 낮아지는 것으로 보고되고 있다.

그렇다면 도시 비오톱 지도가 도시 열 쾌적성 분석에서 녹지공간과 관련하여 활용 가능성이 매우 높을 것으로 판단된다. 우선 도시 비오톱 지도에서 제시하고 있는 많은 도시 비오톱 유형들 가운데 열 쾌적성을 높이는 데 중요한 공원, 도시 숲, 완충녹지, 연결녹지, 가로녹지, 수변 및 습지 등과 같은 비오톱 유형들과 녹지율이 낮으면서 불투수성 포장면적률이 높은 중심 상업업무지, 공업지, 단독 및 공동주택단지 등과 같은 비오톱 유형들을 도출할 필요가 있다. 이후 이를 근거로 PET 지수를 산출하여 열 쾌적성을 진단할 경우 도시 비오톱 지도가 매우 중요한 근거자료로 활용될 수 있으며, 또한 분석 결과를 토대로 열 쾌적성을 향상시킬 수 있는 비오톱의 배치 및 개선 방안 검토에서도 크게 기여할 수 있을 것으로 사료된다.

3.5 도시 바람길 숲 조성을 위한 기초자료

바람길이란 녹지와 물, 오픈 스페이스의 네트워크를 구축함으로써 도시 내부로 산이나 바다로부터 생성된 신선한 공기가 흐르도록 유도하는 통로(corridor)를 의미한다. 바람길은 도시 내에서 시민들이 느끼는 체감온도를 낮추어 주는 동시에 대기오염 물질을 도시 외곽으로 운반하여 도시환경을 쾌적하게 조성하는 역할을 수행하는바 환경친화적인 도시환경 구축을 위한 핵심요소로 주목받고 있다(정응호, 2015; 차재규 등, 2019; Säumel and Kiwaruk, 2010; Adamek et al., 2017; Mutiibwa et al., 2015; Liu et al., 2020; Damschen et al., 2014).

바람길은 크게 바람생성 숲, 바람연결 숲, 바람디딤·확산 숲으로 구분할 수 있다. 우선 바람생성 숲은 찬 공기가 생성되는 녹지지역으로 도시 외곽에 위치하고 있는 산림이 대표적이다. 이러한 바람생성 숲은 산림의 밀도가 클수록 찬 공기 생성이 더욱 활발하다. 바람연결 숲은 바람생성 숲과 바람디딤·확산 숲을 연결하는 가로수, 하층식재, 하천변 녹지 등과 같은 선적인 녹지공간을 의미한다. 특히, 하천, 도로 등에 위치한 선형의 녹지는 찬 공기의 이동을 더욱 원활하게 하며, 하천 및 도로의 경사, 폭과 같은 독특한 지형적 구조는 찬 공기를 수송하는 통로로서의 기능에 직접적인 영향을 미친다. 바람디딤·확산 숲은 도시 내 시가화 지역과의 기온 및 기압차에 의해 바람이 발생하며 생성된 바람을 주변으로 확산시킴으로서 바람길 효과를 강화해 주는 면적인 녹지공간을 의미한다. 도시 내부의 바람디딤·확산 숲은 규모가 큰 도시공원이 대표적이다.

도시 바람길 숲 조성을 위한 바람생성 숲, 바람연결 숲, 바람디딤·확산 숲의 평가 기준을 살펴보면 다음과 같다(Dornier System GmbH, 1981; SSU, 1994).

- 바람생성 숲
  - 바람 통행구와 가급적 연계되어 있는 녹지
  - 바람 통행구보다 지형적으로 더 높은 곳에 위치하고 있는 녹지
  - 키가 낮은 식생(약 1.5m 이하)으로 조성되어 있는 경작지 및 초원지
  - 최소면적 5ha 이상의 녹지

- 바람연결 숲
  - 바람 발생 지역과 가급적 연계되어 있는 녹지
  - 주변 지역보다 지형적으로 낮고, 경사각은 5° 이상인 녹지
  - 움푹하게 파인 선형의 협곡 형태를 보이는 지형을 가진 녹지
  - 키가 낮은 식생으로 조성되어 있는 초원지
  - 계곡 바닥면의 경사가 1° 이상인 녹지

- 바람디딤·확산 숲
  - 바람생성 숲이나 바람연결 숲을 연계시켜 줄 수 있는 면적 형태의 녹지
  - 불투수성 포장면적비율이 낮고 대부분이 자연초지로 피복된 녹지
  - 식생의 층위구조가 다층으로 조성되어 있는 녹지

이와 관련하여 대구광역시(2019)의 경우 상세한 기초조사를 통해 바람길 숲 선정 및 바람길 기본계획을 수립하였다. 분석 결과, 우선 바람생성 숲은 규모가 큰 팔공산, 비슬산, 앞산, 법이산, 대덕산 등이 선정되었다. 구별로 바람생성 숲의 면적 분포를 살펴보면 달성군에서 가장 많은 면적의 바람생성 숲이 분포하는 것으로 분석된 반면, 중구는 바람생성 숲이 분포하지 않는 것으로 나타났다. 바람연결 숲의 경우, 가치가 높은 바람연결 숲은 금호강, 낙동강 주변으로 나타났으며 다음으로 신천, 팔거천, 동화천이 바람연결 숲으로서 가치가 높은 것으로 분석되었다. 바람디딤·확산 숲에 대한 분석 결과를 살펴보면 I 등급의 바람디딤·확산 숲은 두류공원, 달성공원, 범어공원 등 규모가 큰 도시공원인 것으로 나타났으며, 크기, 식생 형태에 따라 바람디딤·확산 숲으로서의 기능에 차이를 보이는 것으로 나타났다. 대구광역시의 바람길 흐름을 살펴보면 함지산에서 생성된 찬 공기는 바람연결 숲인 금호강을 따라 북구 및 서구의 산업단지 일대를 거쳐 북쪽으로 이동 후 칠곡을 통해 빠져나가는 것으로 나타났다. 또 다른 바람생성 숲인 앞산의 경우 앞산에서 생성된 찬 공기가 산업지역이 밀집해 있는 달서구 일대(상인동, 동원동, 진천동 등)로 유입되면서 온도 저감에 큰 영향을 미치는 것으로 분석되었다(그림 6-8).

이와 같이 바람생성 숲, 바람연결 숲, 바람디딤·확산 숲을 선정하고 바

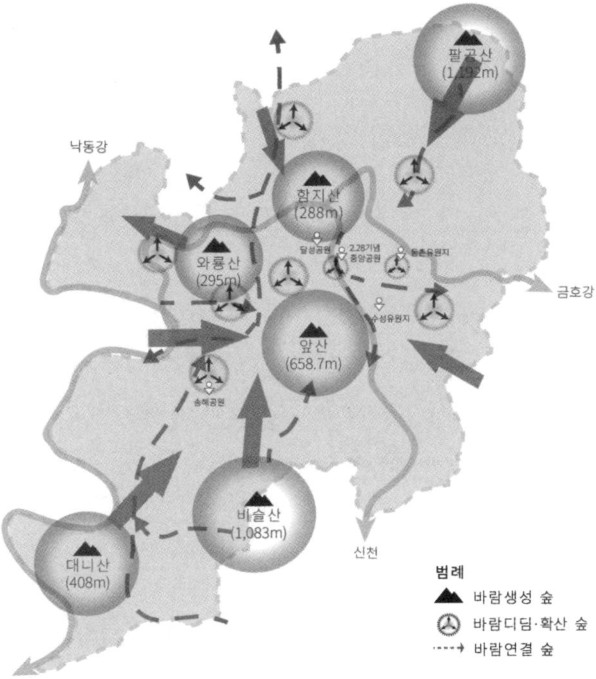

그림 6-8 대구광역시 바람길 개요
출처: 대구광역시(2019), p. 46, 수정 후 재작성.

람길 숲 기본계획을 수립하기 위해서는 무엇보다 도시 내 녹지들에 대한 상세한 정보를 파악하는 것이 중요하다. 요구되는 정보는 녹지의 크기, 표고, 식생 형태, 포장 형태 등이다. 도시 비오톱 지도는 상세한 기초조사를 통해 구축이 되는바 비오톱 유형별 크기, 표고, 인접 비오톱의 유형, 인접 비오톱 유형과의 거리, 식생 조성 형태(단층구조, 중층구조, 다층구조 등), 포장 형태(투수성, 불투수성), 하천 특성(하상재료, 경사, 너비, 깊이) 등에 대한 상세한 정보를 포함하고 있다. 따라서 바람길 숲을 조성할 때 핵심기초자료로 도시 비오톱 지도를 활용하면 시간, 인력, 재원을 크게 절감할 수 있을 것으로 판단된다.

3.6 생태·자연도 등급조정 및 갱신을 위한 기초자료

생태·자연도는 산, 하천, 내륙습지, 호소, 농지, 도시 등에 대하여 자연환경을 생태적·자연적·경관적 가치에 따라 등급화하여 도면으로 작성한 공간지도를 말하며, 1:25,000을 기본으로 작성한다. 이러한 생태·자연도는 각종 토지이용 및 개발계획의 수립이나 시행에서 생태적 기초자료로 활용하도록 하고 있다(「자연환경보전법」 제34조). 동법 제34조, 동법 시행령 제25조, 제28조 및 동법 시행규칙 제16조에 따르면, 생태·자연도는 아래와 같이 구분하여 작성하도록 규정하고 있다.

- Ⅰ등급 권역(자연환경의 보전 및 복원을 목적으로 하는 지역)
  - 멸종 위기 야생 생물의 주된 서식지·도래지 및 주요 생태축 또는 주요 생태통로가 되는 지역
  - 생태계가 특히 우수하거나 경관이 특히 수려한 지역
  - 생물의 지리적 분포 한계에 위치하는 생태계 지역 또는 주요 식생의 유형을 대표하는 지역
  - 생물 다양성이 특히 풍부하고 보전 가치가 큰 생물자원이 존재·분포하고 있는 지역 등

- Ⅱ등급 권역(자연환경의 보전 및 개발·이용에 따른 훼손의 최소화가 필요한 지역)
  - Ⅰ등급에 준하는 지역으로서 장차 보전의 가치가 있는 지역 또는 Ⅰ등

급 권역의 외부지역으로서 Ⅰ등급 권역의 보호를 위하여 필요한 지역

- Ⅱ등급 권역은 완충보전지역 및 완충관리지역으로 세분하여 지정할 수 있음

• Ⅲ등급 권역(체계적인 개발 및 이용이 가능한 지역)

- Ⅰ등급 권역, Ⅱ등급 권역 및 별도관리지역으로 분류된 지역 외의 지역으로서 개발 또는 이용의 대상이 되는 지역
- Ⅲ등급 권역은 개발관리지역 및 개발허용지역으로 세분하여 지정할 수 있음

• 별도관리지역

- 타 법에 따라 보전되고 있는 지역 중 역사적·문화적·경관적 가치가 있는 지역이거나 도시의 녹지 보전 등을 위하여 관리되고 있는 지역으로서 대통령령이 정하는 지역(자연공원구역, 생태·경관보호지역 등을 포함한 9개 지역)

그러나 위와 같이 작성된 생태·자연도의 등급 조정과 관련하여 각 지방자치단체에서는 매년 수많은 민원이 발생하고 있다. 이와 관련하여 환경부 예규 제684호「생태·자연도 작성 지침」제20조에서는 기존 고시된 생태·자연도의 등급에 대한 이의가 있을 경우에는 생태·자연도에 대한 수정 및 보완을 요청할 수 있도록 하고 있다.

이와 같은 생태·자연도의 등급 조정을 위한 판단의 기초자료로서 도시비오톱 지도의 활용 가능성이 매우 높다고 볼 수 있다. 특히 비오톱 지도

의 경우 1:5,000~1:1,000의 소축척으로 작성되어 매우 상세한 정보를 포함하고 있는바, 1:25,000의 대축척으로 작성되고 있는 생태·자연도와 비교할 때, 단일 도시 또는 소규모 공간단위에서의 상세한 생태적 정보를 파악하는 데 효과적이다. 실제로 충청남도 보령시와 부여시의 경우를 살펴보면 생태·자연도 등급 조정과 관련하여 도시공간 전체를 대상으로 비오톱 가치 등급, 광역축, 멸종 위기종의 출현 여부 등에 대한 상세한 조사 데이터를 포함하고 있는 도시 비오톱 지도를 활용하여 생태·자연도 등급의 상향 조정 및 하향조정에 대한 불허 의견을 제시한 바 있다.

3.7 생태계 보전 부담금 산정 및 개선을 위한 기초자료

생태계 보전 부담금 제도는 자연환경을 체계적으로 보전하고 자연자산을 관리·활용하기 위하여 개발로 인한 동식물 서식지 등 자연생태계 훼손을 최소화하고, 자연생태계의 훼손이 불가피한 경우에는 원인자부담원칙에 따라 훼손한 만큼의 비용을 개발사업자에게 부과·징수하는 제도를 말한다. 「자연환경보전법」 제46조 및 동법 시행령 제36조에 따르면, 생태계보전부담금의 부과 대상 사업으로는 개발면적 3만 m² 이상의 전략환경영향평가 대상계획, 환경영향평가 대상사업, 개발 면적 3만 m² 이상의 소규모 환경영향평가 대상 개발사업, 노천탐사·채굴사업(채광계획 인가 면적 10만 m² 이상, 허가 면적 5천 m² 이상) 등으로 규정하고 있다.

생태계 보전 부담금 제도의 부과금액은 부과 상한액인 50억 원의 범위 안에서 생태계의 훼손 면적에 단위면적당 부과금액과 지역계수를 곱하여 산정한다. 단위면적당 부과금액은 훼손된 생태계의 가치를 기준으로 하며, 300원/m²을 적용한다. 지역계수는 「국토의 계획 및 이용에 관한 법률」에 따른 토지의 용도를 기준으로 하고, 훼손 행위 이전의 토지의 용도에 따르도록 하고 있다. 구체적인 생태계 보전 부담금 산정 기준은 다음과 같다(표 6-2).

표 6-2 생태계 보전 부담금 제도의 부과금액 산정기준

토지용도	주거·상업·공업지역 및 계획관리지역		녹지지역	생산관리지역	농림지역	보전관리지역	자연환경보전지역
	전·답·임야·염전·하천·유지 또는 공원	그 밖의 지목					
지역계수	1	0	2	2.5	3	3.5	4

생태계 보전 부담금(원) = 생태계 훼손면적(m^2) × 단위면적당 부과금액(300원/m^2) × 지역계수
출처: 고보경 등(2023).

그러나 생태계 보전 부담금 제도는 아래와 같은 몇 가지 문제점이 지적되고 있다. 첫째, 훼손이 불가피할 경우에는 금전적 가치로 부담금을 환산하기 이전에 사업대상지 내 또는 주변에 훼손된 비오톱과 동일하거나 유사한 특성 및 크기를 가진 대체 비오톱을 조성하도록 하는 것이 바람직하다(나정화, 2021). 둘째, 대체 비오톱 조성이 곤란하다고 판단될 경우에 한해서 개발사업자에게 생태계 보전 부담금을 부과하도록 절차과정을 보다 더 구체화·체계화할 필요가 있다. 셋째, 위의 부담금 산정 방식을 비오톱 가치평가 결과에 따른 방식으로의 개선이 필요하다. 이와 관련하여 고보경 등(2023)의 연구 결과에 따르면, 단위면적당 부과금액이 현재 300원/m^2으로 책정되어 있지만, 산림, 농경지, 습지, 하천 등과 같은 자연형 비오톱 공간이 가지는 생태적·공익적 측면을 반영한 단위면적당 부과금액은 약 1,420원/m^2으로 상향조정되었다. 또한 현재 획일적으로 적용하고 있는 지역계수를 생태적·공익적 측면에서 비오톱의 가치등급에 따라 Ⅰ등급은 가

치계수를 4.0, Ⅱ등급은 3.4, Ⅲ등급은 2.8, Ⅳ등급은 2.2, Ⅴ등급은 1.6으로 차별화된 가치계수를 적용할 필요가 있음이 지적된 바 있다.

도시 비오톱 지도는 대체 비오톱을 조성하는 문제, 생태적·공익적 측면을 반영한 단위면적당 부과금액의 상향조정 문제, 비오톱의 가치등급에 따른 차별화된 가치계수의 적용 문제 등을 해결하는 데 핵심적인 기초자료로서의 가치가 있다.

이상과 같이 도시 비오톱 지도의 활용방안을 도시·군 계획, 도시 경관생태계획, 환경영향평가 및 추가적 활용방안으로 구분하여 기술하였다. 그러나 도시 비오톱 지도는 실제로 위에서 제시한 것보다 훨씬 더 다양하게 각종 개발계획, 사업 또는 제도 등에서 활용될 수 있다는 점, 또한 비오톱 지도가 아직 작성되어 있지 않은 지역으로까지 활용방안을 시급히 적용하거나 확대해 나갈 필요가 있다는 점 등을 감안해 보면, 비오톱 지도의 적용대상을 더욱 확대하고, 특히 도시보다 규모가 더 큰 지역이나 상대적으로 규모가 작은 시·군에서도 도시 비오톱 지도의 작성을 보다 더 강도 높게 추진해 활성화시켜 나갈 필요가 있다.

*

마치며

비오톱 연구가 국내에 처음으로 도입된 지도 벌써 약 30년의 세월이 흘렀다. 그간 학계에서는 국내 여건에 부합하는 비오톱과 관련한 많은 연구결과를 축적해 왔다. 그 중요성을 감안하여 「자연환경보전법」 제34조의2에서는 특별시장, 광역시장, 시장 등 각 지방자치단체장들은 의무적으로 도시 비오톱 지도를 작성해야 하고, 5년 단위로 재정비를 하도록 규정해 놓고 있다. 이러한 중요한 시점에 도시 비오톱 지도 작성에 관한 방법론에 대해 국내에서는 처음으로 교재용 저서로 출간되었다는 점에서 본서의 출간이 시사하는 바가 크다고 하겠다.

이 책에서 제시하고 있는 도시 비오톱 지도 작성에 관한 주요 내용을 살펴보면, 우선 생물·생태적 측면에서 동질성을 표현하고 있는 비오톱 유형분류 방법을 제시하고, 이를 토대로 분류된 각 비오톱 유형별 다양한 기능들 가운데 특히 생물종 및 비오톱 보전적 기능을 중심으로 경관생태적 가치를 평가할 수 있는 평가 방법을 제시한 후, 그 결과를 도시·군 계획, 도시경관생태계획 및 각종 도시개발사업 등에 직접적으로 적용하기 위해 도면화한 정밀공간생태정보지도를 작성하는 데 주안점을 두고 있다.

향후 도시 비오톱 지도 작성의 방법론을 고도화하기 위해서는 지금까지 제기되어 왔던 몇 가지 문제점들에 대해 다시 한번 재검토하고 논의할 필요가 있다.

첫째, 협의적 의미의 비오톱 개념을 경관 단위 개념의 맥락 속에서 광의적 의미로 확대해 나갈 필요가 있다. 지금까지 국내 비오톱 지도 작성에서는 비오톱의 다양한 기능들 가운데 특히 종과 비오톱 보전을 위한 생물·생태적 기능은 강조하고 있으나, 지 생태적 기능(지형, 토양, 물, 기후 등), 휴양 및 자연체험적 기능, 미시각적 기능 등에 대한 고려는 배제되어 있었다. 이러한 단편적인 시각에서 오는 비오톱 해석의 오류를 최소화할 수 있는 새로운 접근방법이 요구된다.

광의적 의미에서 비오톱이 가지고 있는 다기능적 측면들을 포괄하기 위해서는 무엇보다 통섭적 접근방법, 특히 전체론적, 분야 초월적, 상호보완적 및 무게중심 이동적 접근방법 등과 같은 새로운 접근방법을 통해 도시 비오톱 지도 작성의 방법론을 지속적으로 발전시켜 나갈 필요가 있다. 또한 종과 비오톱 보전을 위한 평가 방법상에서도 현재 상태의 비오톱 가치에 대한 평가는 기술되어 있으나 현재 및 예상 가능한 침해에 대한 평가는 제외되어 있어 사전 예방적 차원에서의 기초자료로 활용하는 데에는 한계가 있다.

둘째, 도시·군 계획, 도시 경관생태계획 및 각종 도시개발사업들과의 연계성을 보다 더 강화시켜 나갈 필요가 있다. 일례로 대구광역시 신서지구의 경우 개발 이전에 진행된 비오톱 조사 결과, 습지, 소택지, 자연형 소하천 등과 같은 보전 가치가 매우 높은 Ⅰ등급으로 평가된 비오톱 지역이 매우 많이 분포해 있었으나 도시·군 계획에서 충분히 반영되지 않아 현재는 모두 사라진 상태이다. 다행히 서울특별시의 도시계획 조례에서는 보전 가치가 매우 높은 Ⅰ등급 비오톱 지역에 대한 각종 도시개발 행위를 엄격히 제한하고 있다. 또한 충청남도의 경우 앞서 작성된 비오톱 지도를 생태·자연도에 대한 등급을 재조정할 때 기초자료로 활용하고 있으며, 특히 각종 도시개발 및 환경오염시설 등의 인허가 과정에서 비오톱 지도를 적극적으로 활용하고 있다는 점에 대해 매우 긍정적으로 평가할 수 있다.

또한 확대된 비오톱의 개념을 수용할 수 있는 경관생태계획의 모형이 정립되어 있지 않은 상태에서 먼저 각 지자체별로 비오톱 지도를 작성하였거나 작성하는 중이어서 경관생태계획과의 직접적인 연계는 사실상 제대로 이루어지지 못하고 있다. 5년 단위 재정비계획 수립 이전에 비오톱의 다양한 기능들을 포괄하여 작성한 도시 비오톱 지도를 핵심적인 기초자료로 활용할 수 있는 공간계획적 도구, 즉 경관생태계획의 모형정립에 관한 논의가 필요하다.

셋째, 비오톱 지도 작성을 위한 대상 영역을 확대할 필요가 있다. 현재 국내에서 추진 중인 비오톱 지도 작성을 위한 대상 영역은 도시공간으로 제한되어 있으며, 도시공간 이외의 나머지 지역 및 국토공간에 대해서는 기존의 생태·자연도를 활용하도록 하고 있다. 더구나 도시 비오톱 지도(「자연환경보전법」에서는 도시생태현황지도로 명시하고 있음)를 작성할 때에도 생태·자연도를 고려하도록 하고 있다. 생태·자연도와 비오톱 지도를 상호 보완적 차원에서 연계하는 것은 바람직하나, 다만 이 두 가지는 그 작성 목적 및 활용방법에서, 특히 도시·군 계획, 도시 경관생태계획 및 각종 도시개발사업 등과의 원활한 접목을 위한 축척 조정 및 내용의 정밀도 등에서 근본적으로 차이가 있음을 이해할 필요가 있다. 그렇다면 비오톱 지도 작성을 위한 대상 영역을 도시공간으로 제한하기보다는 오히려 지역 및 국토공간 전체로 확대·발전시켜 지역 및 국토공간을 환경적으로 지속 가능하게 유도해 나가는 데 필요한 핵심적인 기초자료로 활용할 필요가 있다.

넷째, 도시 비오톱 지도의 활용방안을 다양화할 필요가 있다. 특히 광의적 의미에서 도시 비오톱 지도가 작성될 경우 활용성은 지금보다 훨씬 더 확대될 것으로 기대된다. 궁극적으로는 광의적 의미에서 작성한 도시 비오톱 지도를 직접적으로 활용할 수 있는 경관생태계획의 모형을 법제화하여 효용성과 적용성을 극대화할 수 있는 방안 마련이 무엇보다 시급하다. 또한 광의적 의미에서 작성한 도시 비오톱 지도는 국토계획법상 도시·군 계획 수립에서뿐만 아니라, 각 부문별 세부계획들 가운데 특히 자연환경보전계획, 공원녹지계획, 경관계획, 환경계획 등과는 직접적으로 관련 있는 계획 내용을 상당 부분 포함하게 될 것으로 예측된다. 물론 현재에도 이들 계획을 수립하는 과정에 도시 비오톱 지도를 간접적으로 많이 활용하고 있으나 활용 강도를 보다 더 강화할 필요가 있으며, 특히 향후에는 광의적 의미에서 작성한 도시 비오톱 지도를 감안하여 이들 계획의 수립 과정에서 재량이 아니라 의무적으로 활용하도록 하는 법·제도적 보완 조치가 수반될 필요가 있다. 또한 각종 단위개발사업 및 환경영향평가 상의 자연경관분야 평가에서 핵심적 기초자료로 활용해 나갈 수 있는 방안 마련이 필요하다.

마지막으로 도시생태현황지도(도시 비오톱 지도) 작성 지침을 보다 더 단순화시킬 필요가 있다. 물론 방대하면서도 상세한 환경생태정보를 오랜 시간에 걸쳐 학문적으로 모두 조사·분석 및 평가할 수는 있겠으나, 도시 비오톱 지도를 작성해야 하는 각 지방자치단체에서는 현실적으로 특히 한정된 시간, 재원, 인력으로 인해 지침에 수록된 방대한 내용을 모두 충족시키는 데에는 큰 어려움이 있다. 따라서 도시·군 계획 및 각종 도시개발사업 등을 환경친화적으로 유도하는 데 실질적으로 요구되는 내용을 중심으로 조사·분석 및 평가 방법을 보다 더 단순화시킬 필요가 있으며, 이를 통해 각 지방자치단체의 한정된 시간, 재원, 인력 내에서도 충분히 도시 비오톱 지도를 작성할 수 있도록 지침 내용을 재검토해 볼 필요가 있다.

■ 참고문헌

국내 문헌

「거제시 도시계획 조례」[시행 2022. 7. 7.](경상남도거제시조례 제1941호, 2022. 7. 7., 일부개정).
경기연구원(2019), 경기도 도시생태현황지도 현안과 대안.
경기연구원(2019), 도시수목의 이산화탄소 흡수량 산정 및 흡수 효과 증진 방안.
경기연구원(2020), 경기도 기초지자체 도시생태현황지도 작성 및 운영방법에 관한 연구.
「경주시 도시계획 조례」[시행 2023. 10. 4.](경상북도경주시조례 제1737호, 2023. 10. 4., 일부개정).
「계룡시 도시계획 조례」[시행 2024. 5. 20.](충청남도계룡시조례 제1023호, 2024. 5. 20., 일부개정).
고보경·권오성·김진효·나정화(2023), 「경관자원관리를 위한 생태계보전부담금 제도 개선방안」, 『국토지리학회지』, 57(3), pp. 321-331.
고철환(1987), 『수리분류학』, 민음사.
고치웅·임종수·김동근·강진택(2021), 「디지털 산림자원정보 구축을 위한 최적의 지상 LiDAR 스캔 경로 분석」, 『대한원격탐사학회지』, 37(2), pp. 245-256.
공주시(2010), 공주시 생태지도(Biotop Map) 작성 연구.
광양시(2006), 생태지도(Biotop Map) 및 현황도 제작.
「광주광역시 도시계획 조례」[시행 2024. 7. 1.](광주광역시조례 제6404호, 2024. 7. 1., 일부개정).
국립공원연구원(2021), 야생동물 영상인식 딥러닝 소프트웨어 개발 연구.
국립산림과학원(2019), 주요 산림종의 표준 탄소흡수량.
「군위군 도시계획 조례」[시행 2021. 12. 10.](경상북도군위군조례 제2104호, 2021. 12. 10., 일부개정).
권오성(2021), 「대도시 환경보전을 위한 녹지네트워크 개선방안: 회로이론과 API 정보를 활용하여」, 경북대학교 조경학 박사학위논문.
권용정(1993), 「곤충의 채집방법에 대하여」,『한국곤충동호회지』, 4(1), pp. 3-13.
권용정 외 9인(1994), 『곤충 및 거미류, 한국의 생물다양성 2000』, 민음사, pp. 53-70.
권용정·서상재·안승락·김도남·임재영(2004), 『울릉도 자연생태보호구역의 곤충상 조사. 성인봉의 원시림과 도동 섬개야광나무, 섬댕강나무군락 학술조사』, 울릉군 용역연구보고서.
권용정·서상재·안승락·허은엽(1996), 「울릉도 및 독도의 곤충다양성」, 『자연실태종합보고서』, 10, pp. 439-532.
김용수·L. Finke·나정화.(1994), 「독일의 생태학적 조경계획 정책분석 -독일 자연환경보전법을 중심으로」, 『한국조경학회지』, 22(2), pp. 105-122.
김진효·나정화·이순주·권오성·조현주(2015), 「군집분석을 통한 한국 도시 비오톱 유형 특성분석」, 『한국 조경학회지』, 43, pp. 112-123.
김진효(2020), 「경관단위 유형분류 및 평가도면에 기초한 지구단위 경관계획 기법 개발」, 경북대학교 조경학 박사학위논문.
김진효·나정화·권오성(2020a), 「경관단위 유형분류에 기초한 생태적, 휴양적 측면에서의 가치평가 및 개선방안」, 『한국산림휴양학회지』, 24(4), pp. 39-55.
김진효·나정화·권오성(2020b), 「경관단위 유형분류 및 가치평가에 기초한 경관 개선방안 설정 및 적용」, 『휴양및경관연구』, 14(4), pp. 49-62.
「김천시 도시계획 조례」[시행 2022. 12. 29.](경상북도김천시조례 제1504호, 2022. 12. 29. 일부개정).

나정화(1997), 「한·독 간의 자연환경보전법 비교분석 (I): 목적, 기본원칙, 침해 규정을 중심으로」, 『한국환경정책학회지』, 5(1), pp. 77-89.
나정화·이석철(2000), 「대도시의 비오톱 구조분석: 자연체험 및 휴양의 관점에서」, 『한국조경학회지』, 28(3), pp. 72-87.
나정화(2001), 「Hemeroby 도면 작성과 녹지계획에서의 활용」,『한국조경학회지』, 29(2), pp. 33-41.
나정화·이석철·사공정희·류연수(2001), 「생물종 및 서식지 보전의 관점에서 본 대도시의 비오톱 구조분석: 대구광역시 수성구를 중심으로」, 『한국조경학회지』, 28(6), pp. 29-51.
나정화·도후조(2003), 「도시 중심부 지역의 비오톱 구조분석 및 평가: 대구광역시 중구 사례지를 중심으로」, 『한국환경복원녹화기술학회지』, 6(5).
나정화·이정민(2003), 「경관생태적 측면에서의 도시 에코톱의 분류방법 및 특성분석: 대구광역시를 사례지로」, 『한국환경과학회지』, 12(12), pp. 1215-1225.
나정화(2005), 「경관생태연구의 새로운 방법론 모색을 통한 도입 가능성과 한계성」, 『한국조경학회지』, 33(4), pp. 45-70.
나정화(2021), 『경관생태에 기초한 경관계획』, 경북대학교출판부.
「남해군 도시계획 조례」[시행 2024. 8. 6.](경상남도남해군조례 제2759호, 2024. 8. 6., 일부개정).
당진군(2008), 당진군 생태현황조사(비오톱 지도 작성) 연구보고서.
대구광역시(2011), 2020년 대구광역시 공원녹지기본계획.
대구광역시(2017), 2030년 대구광역시 공원녹지기본계획.
대구광역시(2019), 도시 바람길 숲 조성 기본계획 수립 용역.
대전광역시(2020), 대전광역시 도시생태현황지도 작성 연구 용역.
박수국, 강훈(2022), 「아파트 단지의 늦봄.여름철 인간 열환경 분석-서울특별 강서구 마곡동」, 『한국조경학회지』, 50(1), pp. 68-77.
박응용(2023), 『점프 투 파이썬』, 이지스퍼블리싱.
사공정희·나정화(2006), 「녹지 상호 간 연계성 및 기질특성 평가를 통한 녹지연계망 조성방안」, 『한국조경학회지』, 34(4), pp. 18-36.
산림청(2023), 기후대응 도시숲 산림자원조사 사업.
서울특별시(2005), 서울 도시생태현황도.
「서울특별시 도시계획 조례 시행규칙」[시행 2024. 10. 14.](서울특별시규칙 제4669호, 2024. 10. 14., 전부개정).
서울특별시(2021), 서울특별시 도시관리계획 환경성검토 업무지침.
「수원시 도시계획 조례」[시행 2024. 7. 16.](경기도수원시조례 제4592호, 2024. 7. 16. 일부개정).
「아산시 도시공원 및 녹지 등에 관한 조례」[시행 2024. 5. 27.](충청남도아산시조례 제2462호, 2024. 5. 27., 일부개정).
「안양시 환경 기본조례」[시행 2019. 7. 29.](경기도안양시조례 제 3109호, 2019. 7. 29., 일부개정).
「원주시 도시계획 조례」[시행 2023. 6. 11.](강원특별자치도원주시조례 제2228호, 2023. 5. 19., 일부개정).
「원주시 도시공원 및 녹지 등에 관한 조례」[시행 2022. 12. 30.](강원특별자치도원주시조례 제2166호, 2022. 12. 30., 일부개정).
이석철(1999), 「도시 비오톱에 대한 구조분석 및 수치지도화: 대구광역시 수성구를 중심으로」, 경북대학교 석사학위논문.

이우신·박찬열·임신재·허위행·정옥식·최창용·박용수·이은재(2017), 『야생동물생태관리학』, 라이프사이언스.

임현우, 조상만, 박수국(2022), 「ENVI-Met 시뮬레이션을 통한 도로 방향별 가로수 식재 형태에 따른 여름철 열환경 개선 효과 분석」, 『한국조경학회지』, 50(2), pp. 1-22.

「자연환경보전법 시행규칙」[시행 2024. 10. 31.](환경부령 제1127호, 2024. 10. 31. 일부개정).

정응호(2015), 『친환경 도시계획을 위한 바람길 도입 이론과 사례연구』, 문운당.

조현주·나정화·박인환·김수봉·류연수·장갑수(2008), 「지구단위 차원에서의 비오톱 보전가치평가 연구 - 대구광역시 신서동 택지개발 사업지구를 사례로」, 『한국환경복원녹화기술학회지』, 11(5), pp. 38-59.

조현주(2011), 「비오톱 지도를 기반으로 한 경관계획 모형개발 및 적용」, 경북대학교 조경학 박사학위 논문.

차재규, 최태영, 강다인, 정응호(2019), 「도시 바람길 활용을 위한 수원시 찬공기 유동 분석」, 『한국지리정보학회지』, 22(4), pp. 24-38.

최일기·오충현·이은희(2008), 「전국적 적용을 위한 비오톱유형분류 제안」, 『한국환경생태학회지』, 22(6), pp. 666-678.

최태영·최현명(2007), 『야생동물 흔적도감』, 돌베개.

「춘천시 도시공원 및 녹지 등에 관한 조례」[시행 2018. 6. 29.](강원특별자치도춘천시조례 제1340호, 2018. 6. 29. 전부개정).

충청남도(2013), 금산군 비오톱(생태) 지도.

「탄소흡수원 유지 및 증진에 관한 법률」[시행 2024. 5. 1.](법률 제19806호, 2023. 10. 31., 일부개정).

「파주시 환경 기본조례」[시행 2020. 9. 25.](경기도파주시조례 제1630호, 2020. 9. 25., 일부개정).

환경부(2020), 「도시생태현황지도 작성 매뉴얼」.

환경부(2021), 「도시생태현황지도의 작성방법에 관한 지침」.

국외 문헌

金子武蔵(1979), 『自然 -倫理學的 考察-』, 以文社.

伊藤精晤(1991), 『森林風致計劃學』, 文永堂出版.

武內和彦(1995), 『地域の 生態學』, 朝倉書店.

沼田眞(1996), 『景相生態學 -ランドスケープ.エコロジー入門-』, 朝倉書店.

Adamek, K., Vasan, N., Elshaer, A., English, E. & Bitsuamlak, G.(2017), Pedestrian level wind assessment through city development: A study of the financial district in Toronto, *Sustainable cities and society*, 35, pp. 178-190.

Arbeitsgruppe(1993), "Flächendeckende Biotopkartierung im besiedelten Bereich als Grundlagen einer am Naturschutz orientierten Planung", *Natur und Landschaft*, 68(10), pp. 491-526.

Armson, D., Stringer, P. & Ennos, A. R.(2012), The effect of tree shade and grass on surface and globe temperatures in an urban area, *Urban forestry & urban greening*, 11(3), pp. 245-255.

Berlin(2016), Landschaftsprogramm Artenschutzprogramm Begründung und Erläuterung.

Bishop, I. D.(2011). Landscape planning is not a game-Should it be?-, *Landscape and Urban Planning*, 100, pp.390-392.

Blab, J.(1993), *Grundlagen des Biotopschutzes für Tiere*, Kilda Verlag.

Bowler, D. E., Buyung-Ali, L., Knight, T. M. & Pullin, A. S.(2010), Urban greening to cool towns and cities: A systematic review of the empirical evidence, *Landscape and urban planning*, 97(3), pp. 147-155.

Croci, S., A. Butet, A. Georges, R. Aguejdad & P. Clergeau(2008), "Small urban woodlands as biodiversity conservation hot-spot: a multi-taxon approach", *Landscape Ecology 23(10)*, pp. 1171~1186.

Moseley, D., Marzano, M., Chetcuti, J., & Watts, K.(2013), Green networks for people: Application of a functional approach to support the planning and management of greenspace, *Landscape and urban planning*, 116, pp. 1-12.

Mougiakou, E., & Photis, Y. N.(2014), Urban green space network evaluation and planning: Optimizing accessibility based on connectivity and raster gis analysis, *European Journal of Geography*, 5(4), 19-46.

Dornier System GmbH(1981), *Handbuch zur Ökologischen Planung(Band 1-3)*, Berlin: Schmidt.

Drachenfels, O.(2012), "Biotoptypen als Erfassungs-und Bewertungseinheiten von Naturschutz und Landschaftsplanung-Vorschläge für eine notwendige Standardisierung", *Naturschutz und Landschaftsplanung*, 44(12), pp. 357-363.

Finke, L.(1994), *Landschaftsoekologie*, Westermann Schulbuchverlag(2. Auf.).

Forman, R. T. T.(1995), *Land Mosaics: The ecology of landscapes and regions*, Cambridge University Press.

Forman, R. T. T. & M. Godron(1986), *Landscape ecology*, New York: John Wiley & Sons.

Gill, N., G. Waitt & L. Head(2009), "Local engagements with urban bushland-Moving beyond bounded practice for urban biodiversity management", *Landscape and Urban Planning*, 93(3-4), pp. 184-193.

Gough, C. M., Hardiman, B. S., Nave, L. E., Bohrer, G., Maurer, K. D., Vogel, C. S. … & Curtis, P. S.(2013), Sustained carbon uptake and storage following moderate disturbance in a Great Lakes forest, *Ecological Applications*, 23(5), pp. 1202-1215.

Damschen, E. I., Baker, D. V., Bohrer, G., Nathan, R., Orrock, J. L., Turner, J. R. … & Tewksbury, J. J.(2014), How fragmentation and corridors affect wind dynamics and seed dispersal in open habitats, *Proceedings of the National Academy of Sciences*, 111(9), pp. 3484-3489.

Haber, W.(1964), Über Landschaftspflege, *Landschaft+Stadt*, 16, pp. 194-198.

Hardiman, B. S., Gough, C. M., Halperin, A., Hofmeister, K. L., Nave, L. E., Bohrer, G. & Curtis, P. S.(2013), Maintaining high rates of carbon storage in old forests: A mechanism linking canopy structure to forest function, *Forest Ecology and Management*, 298, pp. 111-119.

Heydemann, B.(1983), "Vorschlag für ein Biotopschutzzonenkonzept am Beispiel Schleswig-Holsteins-Ausweisung von schutzwürdigen Ökosystemen und Fragen ihrer

Vernetzung. Schriftenr des dt", *Rates für Landespflege*, 41, pp. 95-104.

Howe, D. A., Hathaway, J. M., Ellis, K. N. & Mason, L. R.(2017), Spatial and temporal variability of air temperature across urban neighborhoods with varying amounts of tree canopy, *Urban Forestry & Urban Greening*, 27, pp. 109-116.

Hutchinson G. E.(1957), Concluding remarks. Cold Spring Harbor Symposia on Quantitative Biology.

Ignatieva, M., Stewart, G. H., & Meurk, C.(2011), Planning and design of ecological networks in urban areas, *Landscape and ecological engineering*, 7, pp. 17-25.

Jedicke, E.(1994), *Biotopverbund-Grundlagen und Maßnahmen einer neuen Naturschutzstrategie*, Stuttgart: Eugen Ulmer.

Kaplan, J. O., Krumhardt, K. M. & Zimmermann, N. E.(2012), The effects of land use and climate change on the carbon cycle of E urope over the past 500 years, *Global Change Biology*, 18(3), pp. 902-914.

Kim J. H., Kwon, O. S., Ra, J. H.(2021), Urban Type Classification and Characteristic Analysis through Time-Series Environmental Changes for Land Use Management for 31 Satellite Cities around Seoul, South Korea, *Land*, pp. 1-20.

Leser, H.(1984a), "Zum Oekologie-, Oekosystem- und Oekotopbegriff", *Natur und Landschaft*, 59, pp. 351-357.

Leser, H.(1991), *Landschaftsökologie*, Stuttgart: Eugen Ulmer.

Lipp, T.(2009), "Berücksichtigung der biologischen Vielfalt in der raumbezogenen Umweltplanung - Ein Beitrag zur Methodendiskussion", *Naturschutz und Landschaftsplanung*, 41(2), pp. 36-40.

Liu, Y., Cheng, P., Chen, P. & Zhang, S.(2020), Detection of wind corridors based on "Climatopes": a study in central Ji'nan, *Theoretical and Applied Climatology*, 142, pp. 869-884.

Marando, F., Heris, M. P., Zulian, G., Udías, A., Mentaschi, L., Chrysoulakis, N. … & Maes, J.(2022), Urban heat island mitigation by green infrastructure in European Functional Urban Areas, *Sustainable Cities and Society*, 77, p. 103564.

Marsh, W. M.(2010), *Landscape planning -environmental applications-*, New York: John Wiley & Sons(5 edition).

Mutiibwa, D., Strachan, S. & Albright, T.(2015), Land surface temperature and surface air temperature in complex terrain, *IEEE Journal of Selected Topics in Applied Earth Observations and Remote Sensing*, 8(10), pp. 4762-4774.

Naveh, Z. & A. S. Lieberman(1993), *Landscape Ecology: Theory and Application, Berlin and Heidelberg*, Springer Verlag.

Neef, E.(1963), Topologische und chorologische Arbeitsweisen in der Landschaftsforschung, *PGM*, 107(4), pp. 249-259.

Neef, E.(1969), "Der Stoffwechsel zwischen Natur und Gesellschaftals geographisches Problem", *Geographische Rundschau*, 21(12), pp. 453-459.

Neef, E.(1981), "Stages in the development of landscape ecology", *In 1, IALE-World*

Congress(Abstract), Veldhoven(Netherlands), pp. 19-28.

Marks, R., M. J. Müller, H. Leser & H. J. Klink(1989), *Anleitung zur Bewertung des Leistungsvermögens des Landschaftshaushaltes Forschungen zur Deutschen Landeskunde(BALVL), Band 229*, Zentralausschuß für deutsche Landeskunde, Selbstverlag, Trier, pp. 19-36.

Pullinger, M. G., & Johnson, C. J.(2010), Maintaining or restoring connectivity of modified landscapes: evaluating the least-cost path model with multiple sources of ecological information, *Landscape Ecology*, 25, pp. 1547-1560.

Ra, J. H.(1995), *Stadtbiotopkartierung als Grundlage einer oekologisch orientierten Planung in Deutschland und ihre Uebertragbarkeit auf Suedkorea*, Universitaet Dortmund Post Doc.(Bericht), Unveroeffentlicht.

Rudnick, D., Ryan, S. J., Beier, P., Cushman, S. A., Dieffenbach, F., Epps, C., … & Merenlender, A. M.(2012), The role of landscape connectivity in planning and implementing conservation and restoration priorities, *Issues in Ecology*.

Ryan, M. G., Harmon, M. E., Birdsey, R. A., Giardina, C. P., Heath, L. S., Houghton, R. A. … & Skog, K. E.(2010), A synthesis of the science on forests and carbon for US forests, Ecological Society of America, *Issues In Ecology*, 13, pp. 1-16.

Säumel, I. & Kowarik, I.(2010), Urban rivers as dispersal corridors for primarily wind-dispersed invasive tree species, *Landscape and Urban Planning*, 94(3-4), pp. 244-249.

Schmithüsen, J.(1948), “Fliesengefüge der Landschaft” und “Ökotop: Vorschläge zur begrifflichen Ordnung und zur Nomenklatur in der Landschaftsforschung”, *Berichte zur Deutschen Landeskunde(Bad Godesberg)*, 5, pp. 74-83.

Schwaab, J., Meier, R., Mussetti, G., Seneviratne, S., Bürgi, C. & Davin, E. L.(2021), The role of urban trees in reducing land surface temperatures in European cities, *Nature communications*, 12(1), p. 6763.

SSU(1994), *Umweltatlas Berlin: Luft/Klima(Band 2)*, Senatsverwaltung fuer Stadtentwicklung und Umweltschutz.

Sukopp, H. & S. Weiler(1988), “Biotope mapping and nature conservation strategies in urban areas of Federal Republic of Germany”, *Landscape and Urban Planning*, 15, pp. 39-58.

Sukopp, H. & R. Wittig(1998), *Stadtökologie: Ein Fachbuch für Studium und Praxis*, Gustav Fischer.

Thornton, D. H., L. C. Branch & M. E. Sunquist(2011), The influence of landscape, patch, and within-patch factors on species presence and abundance -a review of focal patch studies-, *Landscape Ecology*, 26(1), pp. 7-18.

Tolunay, D.(2011), Total carbon stocks and carbon accumulation in living tree biomass in forest ecosystems of Turkey, *Turkish Journal of Agriculture and Forestry*, 35(3), pp. 265-279.

Troll, C.(1939), “Luftbildplan und ökologische Bodenforschung”, *Zeitschrift der Gesellschaft für Erdkunde zu Berlin*, 7(8).

Walter, R.(2011), “Mehrjährige Zielartenkartierung in einem Flurneuordnungsverfahren: Entwicklung und Erfolgskontrolle eines Maßnahmenkonzeptes für den Arten-und

Biotopschutz", *Naturschutz und Landschaftsplanung*, 43(12), pp. 364-370.
Willam, J. S., I. Newton & R. E. Green(2005), *Bird ecology and conservation*, New York: Oxford University Press.

홈페이지(국내/국외)

공공데이터포털(https://www.data.go.kr)
국립생태원(http://www.nie.re.kr)
국토정보플랫폼(http://map.ngii.go.kr)
대구광역시 도시생태현황지도(http://gis.go.kr/bc)
대전깃대종(http://djflagship.or.kr)
디지털트윈국토(https://www.vworld.kr)
산림공간정보서비스(FGIS)(http://fgis.forest.go.kr)
한강공원(https://hangang.seoul.go.kr)
환경공간정보서비스(http://egis.me.go.kr)
환경디지털도서관(http://library.me.go.kr)
환경부 국립생물자원관(http://www.nibr.go.kr)
Berlin.de Das offizielle Hauptstadtportal(https://www.berlin.de)
NASA MODIS(https://modis.gsfc.nasa.gov)
QGIS(https://www.qgis.org)

■ 찾아보기

ㄱ

경관단위 20
경관단위 유형 21
경관 모자이크의 다양성 229
경관생태 17
경관생태계획 293
경관생태계획 모형 293
고유종 111
광역도시계획 283
구조적 다양성 228
규모 225

ㄴ

녹지보전지구 256
녹지축 284, 286

ㄷ

대상법 126
대표적 지도화 28
도시·군 계획 사업·시설계획 290
도시·군 관리계획 289
도시·군 기본계획 285
도시 비오톱 지도 작성절차 41
도시생태현황지도 29

ㄹ

라이다 54

ㅁ

면적 144
멸종 및 위험에 처한 종들이 출현할 수 있는 현장부지 조건 189
무인항공기 63

ㅂ

바람길 310
바람디딤·확산 숲 311
바람생성 숲 310
바람연결 숲 310
방형구법 122
복원 잠재성 236
부정형의 식생조사구 설치를 통한 조사 126
비뱃 215
비오톱 23
비오톱 가치평가 185
비오톱 가치평가도 239
비오톱 네트워크 303
비오톱 유형 23, 133
비오톱 유형 분류기준 139
비오톱 유형 분류도 178
비오톱 유형 분류를 위한 목록 검색키 161
비오톱 유형 분류체계 136
비오톱 유형화 133
비오톱 전형종의 다양성 188
비오톱 지도 26

ㅅ

생태경관보전지역 270, 302
생태계 보전 부담금 316
생태·자연도 52
선조사법 75
선택적 지도화 27
섬 생물지리 평형이론 225
세력권 도식법 77
수치지형도 49
수치표고모형 56
시각적 일체성 144
식생 형태 및 구조 142

ㅇ

연결성 232
연속지적도 53
열 쾌적성 308

완충 기능 235
용도구역 289
용도지구 289
용도지역 289
우수 비오톱 250
위성영상 53
위험성 199
2차 평가 185, 221
2차 현장조사 60
이용 강도 143, 190
1차 평가 185
1차 현장조사 57
임상도 51

ㅈ

자연경관 평가 297
자연침해조정제도 279
재생·복원성 203
전산화된 평가모형 212
전수조사법 75, 122
전통적 평가모형 186
정사영상 47
정점조사법 76
종과 비오톱 보전적 기능 24
종 다양도 125
종 조성 형태의 완전성 231
종 풍부도 125
주거지와의 인접성 230
지구단위계획 290
지질도 56
지형적 조건 141
지형, 토양, 물, 대기의 조절 및 보전적 기능 25

ㅊ

최소비용거리 분석 233
층위구조 192

ㅋ

QGIS 147

ㅌ

탄소흡수원총량제 306
토양도 55
토양적 조건 142
토지이용형태 141
토지피복지도 50
특별한 현장조건 193

ㅍ

파이썬 216
포괄적-대표적 지도화 28
포괄적 지도화 28
포장률 142, 191
포획조사 70

ㅎ

합산평가 매트릭스 213
환경성 검토 268
환경영향평가 297
휴양, 자연체험 및 미시각적 기능 24
흔적 조사 68
희귀성 196